精密机械设计

惠　梅　赵跃进 ◎ 编著

PRECISION MACHINERY DESIGN

北京理工大学出版社
BEIJING INSTITUTE OF TECHNOLOGY PRESS

内容简介

本书涵盖精密机械设计方面的主要设计理论，对仪器仪表中常用机构和零件的工作原理、结构分析、设计方法和材料选择，以及机构的设计基础知识进行了系统的阐述。考虑到测控技术与仪器专业不同的人才培养特色和机械类课程总学时普遍减少的情况，编著者根据多年的教学经验，对知识点进行了精心编排和必要的精简取舍，突出精密机械的特色，期望在学时少的条件下，帮助学生掌握相对系统实用的精密机械设计知识，使学生掌握与测控技术与仪器领域相关的精密机械设计方法，并能用于解决测控技术与仪器工程研制方面的复杂过程问题，以及具备运用工程基础知识和测控技术与仪器领域基本理论知识解决问题的能力。

本书是高等学校测控技术与仪器、光电、自动化仪表等专业的本科生教材，亦可作为其他机电结合专业学习的教材。本书既可作为教材，也可作为相关专业师生和工程技术人员的参考书。

图书在版编目（CIP）数据

精密机械设计 / 惠梅，赵跃进编著. —北京：北京理工大学出版社，2018.5（2019.12重印）
ISBN 978-7-5682-5650-6

Ⅰ. ①精…　Ⅱ. ①惠…　②赵…　Ⅲ. ①机械设计-高等学校-教材　Ⅳ. ①TH122

中国版本图书馆 CIP 数据核字（2018）第 089397 号

出版发行 / 北京理工大学出版社有限责任公司
社　　址 / 北京市海淀区中关村南大街 5 号
邮　　编 / 100081
电　　话 /（010）68914775（总编室）
（010）82562903（教材售后服务热线）
（010）68948351（其他图书服务热线）
网　　址 / http://www.bitpress.com.cn
经　　销 / 全国各地新华书店
印　　刷 / 北京九州迅驰传媒文化有限公司
开　　本 / 787 毫米×1092 毫米　1/16
印　　张 / 12.25
字　　数 / 305 千字
版　　次 / 2018 年 5 月第 1 版　2019 年 12 月第 2 次印刷
定　　价 / 29.00 元

责任编辑 / 杜春英
文案编辑 / 党选丽
责任校对 / 周瑞红
责任印制 / 王美丽

前言

PREFACE

精密机械是现代仪器仪表的主体，在科学技术发展过程中起着重要的作用，可实现对各种信息的采集、传输、转换、处理、存储、显示控制。精密机械设计是决定机械制造工艺、质量与性能的最重要因素之一。现代精密机械已经被广泛地应用于国民经济、国防等与人类生存、发展和进步密切相关的各个领域，在当今信息时代的工业、农业、国防和科学技术现代化建设的各行各业中，精密机械促进了光电、传感、微电子、通信和计算机应用技术的发展，通过和这些技术的结合，加速了精密机械自身的发展，形成了一些新的研究领域和技术，并且其技术水平从一个侧面代表了国家科技发展的水平。

为了满足现代科学技术的发展和进步，对仪器仪表的精度和性能要求也越来越高，同时对精密机械设计也提出了新的要求，精密机械设计在未来的高精尖仪器仪表设计中将会扮演越来越重要的角色。精密机械设计作为一项系统性很强的综合性技术，已引起国家的高度重视，并被纳入“中国制造2025”计划。

随着仪器科学与技术的不断发展，对课程知识体系和人才知识结构都提出了新的要求。精密机械设计已作为仪器仪表类专业重要的专业基础课程。对于现代精密仪器总体设计来说，在掌握好光学、电子和计算机等先进技术的同时，掌握好精密机械设计的基本原理和方法是不可或缺的，只有这样才能设计出先进的、多功能的和智能化的光机电一体化的新型仪器设备，让所学知识和技术有的放矢，才能满足国家经济建设和国防建设的需要。为了更好地适应仪器科学与技术类专业的教学要求，我们编写了这本教材，供各院校精密机械设计类课程使用。

作为仪器仪表专业基础课的教材，本书对原“精密机械设计基础”的内容进行了调整和补充，对知识点进行了精心编排，突出了精密机械设计的特色，形成了以机械学基础、齿轮传动、轴和轴系为主的体系。齿轮传动是对齿轮机构的扩展延伸，轴和轴系涉及主轴和支承，是机械设计中最为重要的运动——回转运动的关键部件。全书内容以编著者长期从事精密机械设计课程教学和精密仪器研制的经验为基础，对现代精密机械设计领域的基础设计理论、工程实用知识和最新研究成果进行了较全面的总结。以基本的机构学原理为起点，将精密机械及仪器仪表中常用机构和轴系的工作原理、适用范围、结构、设计方法、计算校核方法、工程材料选择和热处理以及零件的几何精度设计的知识点融会贯通。结合后续课程设计和毕业设计，引导学生通过查阅参考书、设计手册拓宽所学的基础知识，以培养和提高学生运用精密机械设计基础知识和参考文献资料解决工程实际问题的能力。

本书研究机械中机构的结构、运动和受力等共性问题，重点研究精密机械的基本理论、设计方法和设计手段。主要阐述了精密机械及仪器仪表中常用机构及通用零部件的组成、功能原理、结构特点、适用范围、设计计算方法、工程材料选择、热处理以及精度分析等基础知识。

本书既有优选的基础理论体系，又特别重视工程实际。全书将精密机械作为一个各个部件之间相互协作的集成系统，重点放在精密机械设计的机械原理、结构设计及其系统集成；在设计中，强调设计将如何影响整个系统的准确度、重复性和可靠性；提供了一些实际的工程设计案例。在内容编排上突出重点，相关的知识尽可能独立成章，既可以保持知识点的系统化，又方便教师按需取舍，适合不同专业背景的教学要求。

全书分六章，其中第一章、第二章、第四～六章由惠梅编写，第三章由赵跃进编写。全书主要对常用平面机构、平面连杆机构、凸轮机构、齿轮机构及齿轮传动、轴和轴系的类型、原理、功能、运动关系和设计方法进行了分析和介绍。

本书涉及的基础知识有：高等数学、工程力学、机械制图、计算机基础。

本书可作为高等学校测控技术与仪器专业、光电专业、自动化仪表以及其他机电结合专业的本科生学习精密机械设计课程的教材。同时也可供从事精密机械设计相关专业的师生和工程技术人员进行学习和参考。

编 著 者

2018 年 5 月

目　录

CONTENTS

第一章
平面机构的组成及运动关系

机械系统是由若干机构按照一定的功能要求组合而成的。例如，照相机包括变焦凸轮机构、输片齿轮机构、快门机构等。机构是实现机械系统的运动基础，没有机构就形成不了机械系统的各种功能。

机构的主体部分是由许多运动构件组成的，用于导引构件上的点按预先给定的轨迹运动，精确或近似地实现输出构件相对于输入构件的某种函数关系，以传递或变换运动，也可以传递力和能量。

根据机构中各构件之间的相对运动形式，机构可分为平面机构和空间机构两大类。若组成机构的所有构件都在同一平面或相互平行的平面内运动，则称该机构为平面机构。若机构中至少有一个构件不在相互平行的平面内运动或至少有一个构件能在三维空间中运动，则称该机构为空间机构。平面机构是在平面内实现平移、旋转等运动的一种最通用的机构，得到了较广泛的应用。

设计机构时，首先要进行机构的组成及运动关系分析，其次看它是否能运动。如果能够运动，还要判断在什么条件下才能实现确定的构件间的相对运动。研究机构组成的目的之一，在于了解和掌握机构实现某种相对运动的可能及条件。研究运动关系的目的之一，在于了解和掌握机构的运动规律及各构件之间运动传递与转化的规律。

第一节　机构的组成

机构是多种实物的人为组合，各实物间具有确定的相对运动规律，其组成要素有构件和运动副。

一、构件

构件是组成机构的基本单元，具有独立的运动特性，称作独立的运动单元。机械零件是独立的制造单元。构件可以是一个零件，也可以是由若干个零件刚性连接在一起的一个整体。

例如，一个齿轮是一个单独制造的机械零件，可以抽象为一个具有独立旋转运动的构件，而图 1－1 所示的内燃机连杆机构则由多个机械零件组成。图 1－1（a）所示的连杆由刚性的连杆体 1、连杆盖 2、轴瓦 3、螺栓 4、螺母 5 和轴瓦 6 等机械零件组成，这些零件间没有相对的运动，它们作为一个刚性的整体做独立的运动。在机构分析设计时，它可以抽象为一个刚性的具有独立运动的“杆”，见图 1－1（b）。

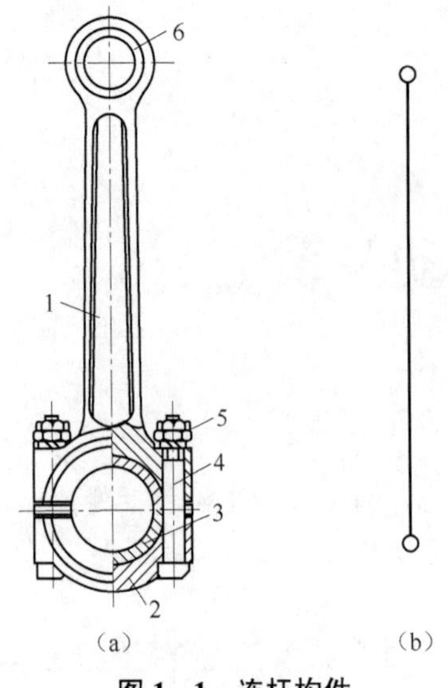

图 1-1 连杆构件

(a) 连杆机构；(b) 杆

1—连杆体；2—连杆盖；3，6—轴瓦；

4—螺栓；5—螺母

依其在机构中的功能，构件分为原动件、从动件和机架。机构中按照给定的运动规律做独立运动的构件称为原动件（运动规律已知的构件）。除原动件以外的其余所有活动构件称为从动件，其运动规律取决于原动件的运动规律、机构结构和构件尺寸（运动规律由原动件主导的构件）。机架为固定不动的构件，相对于地面固定，一般用作描述运动的参考系，如机床床身、车辆底盘、飞机机身（作为参考系的构件）。

多数情况下，原动件也是驱动力所作用的构件，又称主动件或输入件，是输入运动和动力的构件。从动件又称为被动件或输出件，是直接完成机构运动要求，跟随原动件运动的构件。机架是机构中相对静止，支承各运动构件运动的构件。

构件在机构中的组成形式为一个或几个原动件、若干个从动件和一个机架。

二、运动副

机构中各构件之间的运动传递通过构件间的连接来实现，既要使两个构件保持直接接触，又能产生一定的相对运动。由两个构件直接接触而组成的可动连接称为运动副。例如，轴与轴承、轴承中的滚动体与内外圈的滚道、齿轮啮合中的一对齿廓、滑块与导轨，均保持直接接触，并能产生一定的相对运动，因而都构成了运动副。

运动副是能产生相对运动的两个构件的有机组合，是两个构件直接接触且具有确定相对运动的连接部分。形成运动副的条件是：两个构件、直接接触、有相对运动。三个条件，缺一不可。

组成运动副的两构件之间的接触几何特征，如点、线或面，称为运动副元素。

根据构成运动副的接触特性，通常把运动副分为低副和高副。两构件间面接触的运动副称为低副，而两构件间点、线接触的运动副称为高副。

（一）低副

图 1-2 所示的两种运动副都是以面接触而形成的平面低副，其共同特点是两运动件之间的运动副元素为面。不同之处在于一个运动副为相对转动，另一个为相对移动。前者称为低副中的转动副，后者称为低副中的移动副。

图 1-2（a）为转动副，构成转动副的两构件只能在一个平面内相对转动。转动副常称为铰链，活动构件与机架组成的转动副称为固定铰链，两个活动构件组成的转动副称为活动铰链。若构件 1 固定，则构件 2 相对构件 1 沿 x 轴和 y 轴的两个相对移动受到限制，构件 2 只能绕其轴线 z 转动。

图 1-2（b）为移动副，构成转动副的两构件只能在一个平面内相对移动。若构件 1 固定，则构件 2 只能相对构件 1 沿 x 轴方向移动，而构件 2 相对构件 1 沿 y 轴的相对移动和绕垂直于 xOy 平面的轴的转动受到限制。

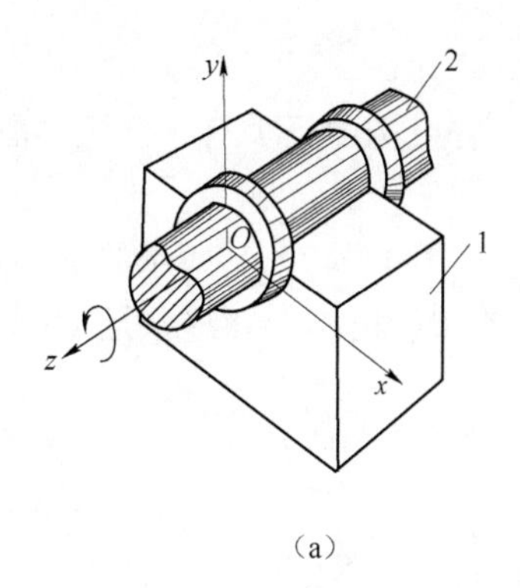

（a）

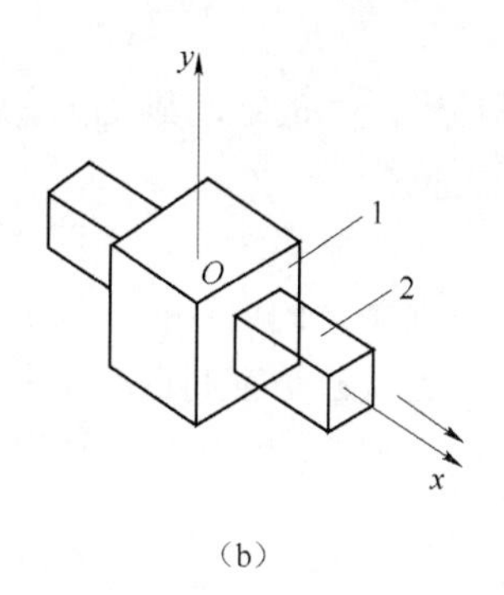

（b）

图 1-2　平面低副

（a）转动副；（b）移动副

1，2—构件

转动副和移动副的运动副元素分别是圆柱面和平面，结构简单，易于获得较高的制造精度。低副为面接触，具有压强小、耐磨损和易于实现几何封闭的特点，但低副中存在间隙，数目较多的低副会引起运动累积误差，设计计算比较复杂，不易精确地实现复杂的运动规律。

（二）高副

图 1-3 所示的两种运动副都是以点、线接触而形成的平面高副，凸轮与推杆、两齿轮之间的运动副元素为点或线。

图 1-3（a）为凸轮副，图 1-3（b）为齿轮副。两构件接触时沿公法线 *nn* 的相对移动受到限制，两构件之间只能沿公切线 *tt* 相对移动，并且可在平面内相对转动，是具有一个运动限制和两个相对运动自由度的平面运动副。

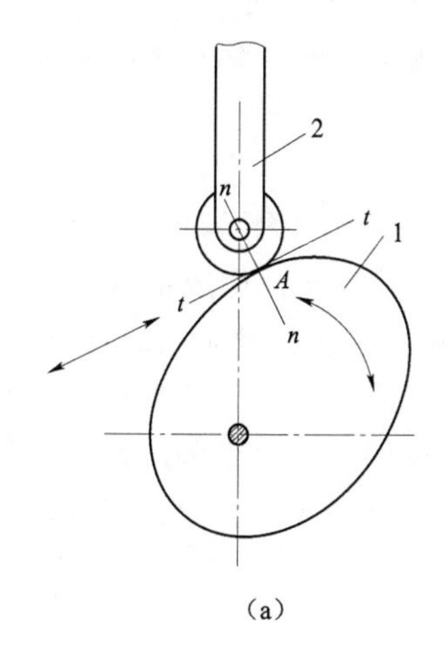

（a）

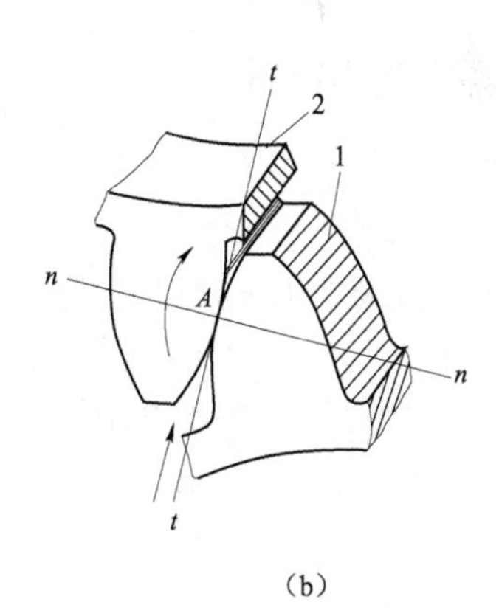

（b）

图 1-3　平面高副

（a）凸轮副；

1—凸轮；2—推杆

（b）齿轮副

1，2—齿轮

平面高副的运动副元素是点和线，可精确地实现复杂的运动规律，主要用于精密机械或测试仪器中，但高副承受载荷时单位面积压力较高，构件接触处容易磨损，制造维护较为困难。

若机构中所有的运动副均为低副，则称为低副机构；若机构中至少有一个运动副是高副，则称为高副机构。

另外，在机械系统中常用图 1-4 所示的空间运动副。图 1-4（a）所示的是由球面副构成的万向联轴器，图 1-4（b）所示的是由螺旋副构成的螺旋机构。在这些运动副中，两构件间的相对运动都是空间运动，称它们为空间运动副。

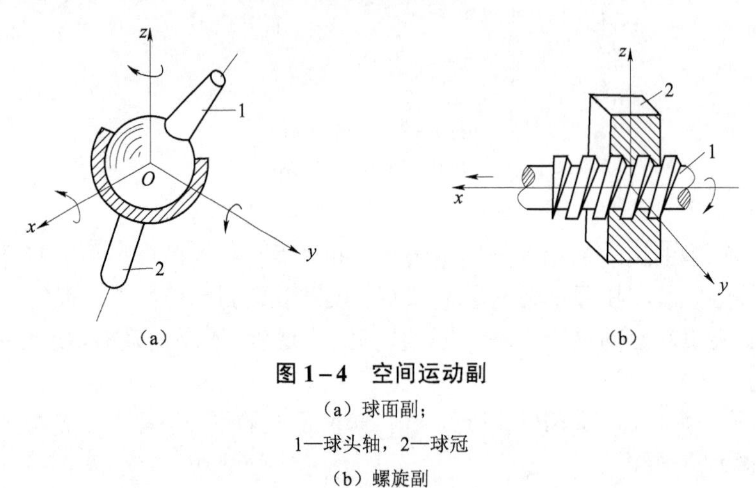

图 1-4　空间运动副

（a）球面副；

1—球头轴，2—球冠

（b）螺旋副

1—螺杆，2—螺母

平面运动副和空间运动副的相对运动特性不同，由于常用机构中多用平面运动副，因此，以下将主要讨论平面运动副。

平面机构的组成要素为构件（原动件、从动件、机架）及平面运动副（低副、高副）。

三、运动链和机构

两个或两个以上构件通过运动副连接而构成的可动系统称为运动链，如图 1-5 所示。图 1-5（a）称为闭式运动链（简称为闭链），运动链中的各构件构成了首末封闭的系统。图 1-5（b）、（c）称为开式运动链（简称为开链），运动链中的各构件未构成首末封闭的系统。闭式运动链是指组成运动链的每个构件至少包含两个运动副，组成一个首末封闭的系统。开式运动链的构件中有的构件只包含一个运动副，它们不能组成一个封闭的系统。在各种机械中，一般采用闭式运动链来传递运动和动力，而开式运动链多用在工业机械人、挖掘机等机械中。

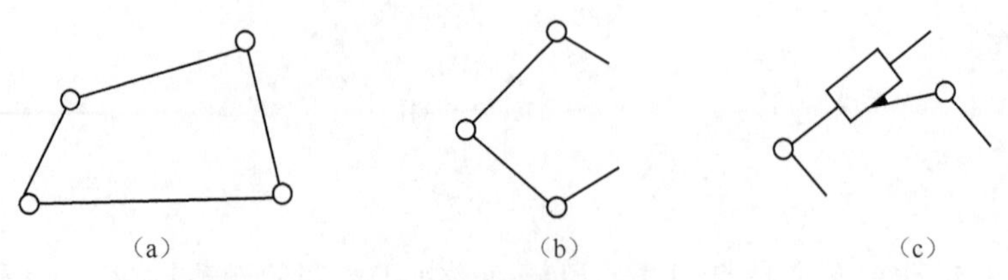

图 1-5　各种运动链

（a）闭式运动链；（b）开式运动链 1；（c）开式运动链 2

一个构件为机架，且构件间有着确定相对运动的构件系统称为机构。机构要实现预期的运动传递和变换，必须使其运动具有可能性和确定性。当机构运动关系确定后，从动件的运动规律由原动件的运动规律主导。

运动链和机构都是由构件和运动副组成的系统。在运动链中，将某一个构件固定为机架，一般情况下，将机架作为参考坐标系。原动件为含低副构件且与机架相连，常以转向箭头表示，其运动规律已知。其余构件（从动件）相对于参考坐标系（机架）按给定的运动规律做独立运动时，如果除机架以外其余所有的构件都能得到确定的运动，该运动链就成为一个机构。

运动链在有确定运动的条件下才能成为机构，做无规则运动的运动链不能成为机构。显然，不能产生构件间的确定运动和不动的构件组合就不是机构。由此可见，无确定运动的构件组合或无规则乱动的运动链都不能实现预期的运动变换。

如图 1-6 所示，由 4 个杆件组成的闭式运动链，如果把构件 1 作为原动件，当构件 1 以参变量 φ_1 相对于机架运动时，对于每一个确定的 φ_1 值，从动件 2、3 便有一个确定的位置。由此说明，在具有一个原动件时，构件间的相对运动是确定的，这时运动链成了机构。当给定构件 1 的位置时，其他构件的位置也被相应地确定。此时，四杆运动链成为四杆机构。

如图 1-7 所示，由 5 个杆件组成的闭式运动链，取构件 1（或构件 4）为原动件，对于给定的 φ_1（或 φ_4）值，从动件 2、3 和构件 4（或 1）既可以处在实线位置，也可以处在虚线或其他位置，因此，其从动件的位置是不确定的，此种情况下的运动链不能成为机构。如构件 1 和 4 皆为原动件，对于每一组给定的 φ_1 和 φ_4 数值，从动件 2 和 3 便有一确定的位置。在这种情况下，该运动链的运动是确定的，即该运动链可以成为机构。所以，当五杆运动链有两个原动件时，即原动件数等于独立位置参数的数目时，该运动链有确定的相对运动，此时，五杆运动链即成为五杆机构。

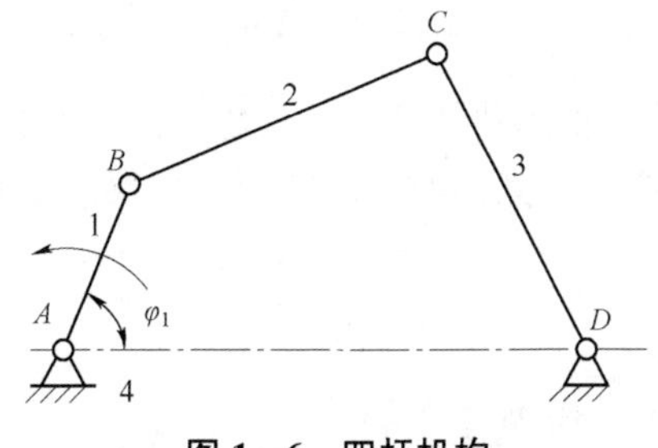

图 1-6 四杆机构

1—原动件；2，3—从动件；4—机架

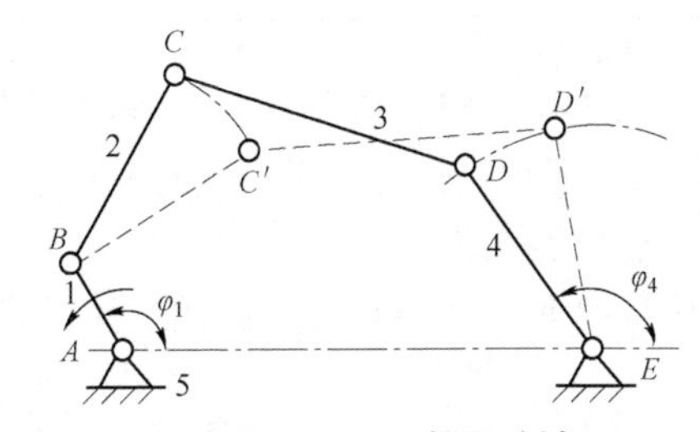

图 1-7 五杆运动链

1—原动件；2，3，4—从动件；5—机架

第二节 平面机构的运动简图

在分析现有机构和设计新机构时，都需要用一些简单的图形来说明构件间的组合及相对运动关系。用规定的符号和线条表示机构的组成和相对运动关系的简单图形称为机构运动简图，它们是描述机构运动原理的一种工程用图。

机构运动简图表示机构的结构方案和运动特征，其作用是作为运动分析和动力分析的依据。机构运动简图与原机构具有完全相同的运动特性，其特点是与实际机构位置相对应、尺寸成比例，并忽略与运动无关的因素。其表达方式为：用简单线条表示构件，用规定符号代表运动副，按比例确定运动副的相对位置。

表 1－1 所示为常用构件的分类及表示符号。

表 1－1　常用构件的分类及表示符号

构件分类	表示符号
杆、轴类构件	
固定构件	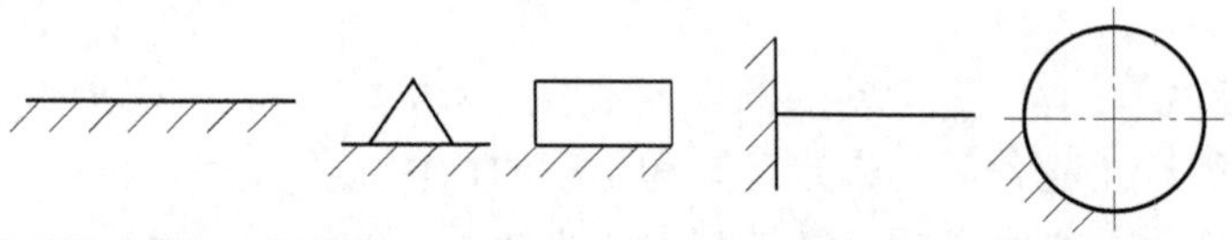
同一构件	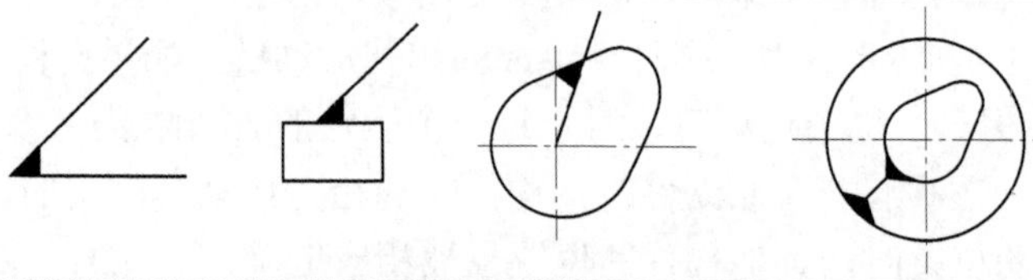
两副构件	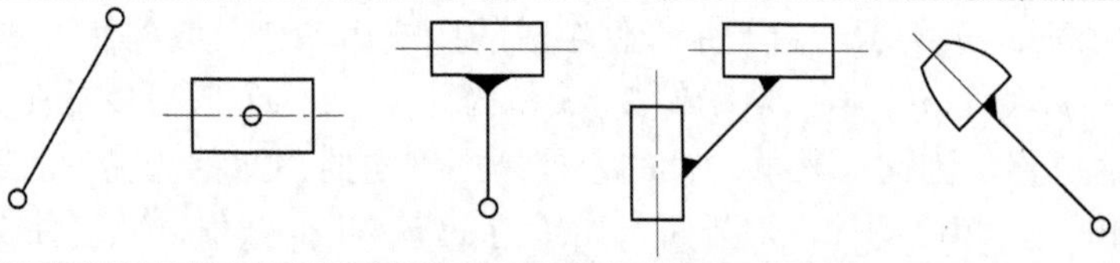
三副构件	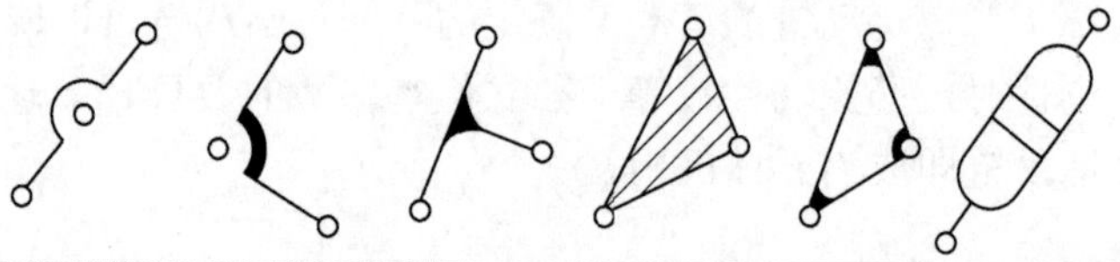

表 1－1 中，构件均用线条或小方块来表示，凸轮用封闭曲线表示，齿轮可用一个齿来表示，有 45° 短斜线的构件表示机架。一个构件有交叉线或多条线时，应在两条交叉线处涂黑，或在其内画上斜线。

表 1－2 所示为常用运动副的名称及表示符号。

表 1－2　常用运动副的名称及表示符号

运动副名称		两运动构件所形成的运动副	两构件之一为机架时所形成的运动副
平面运动副	转动副	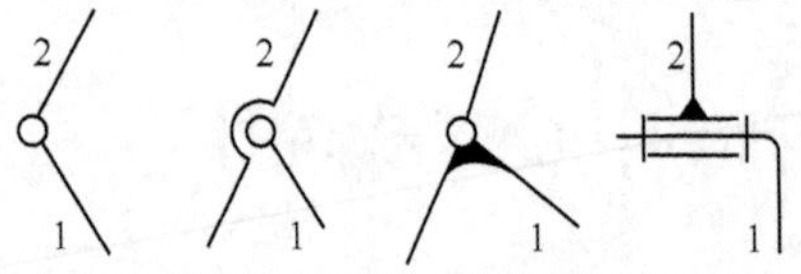	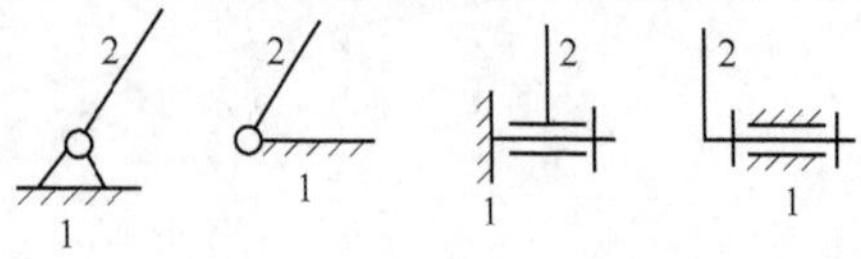
	移动副	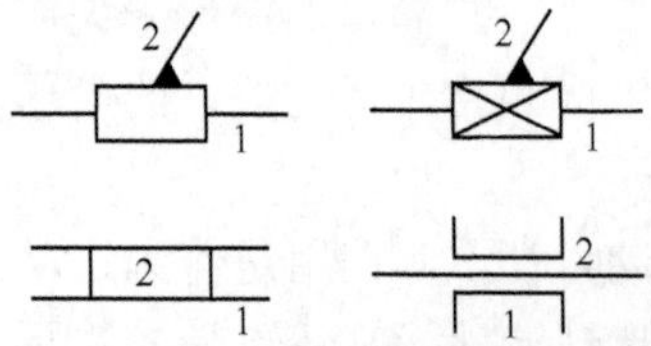	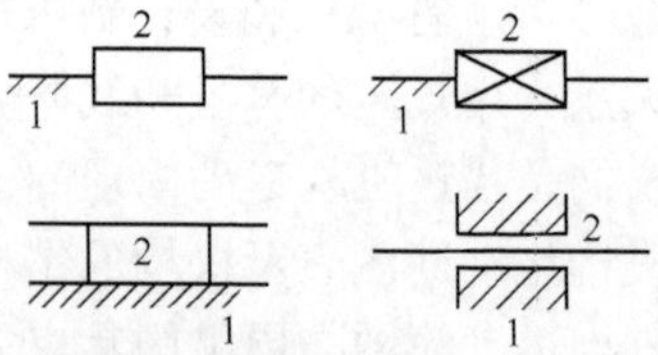

续表

运动副名称		两运动构件所形成的运动副	两构件之一为机架时所形成的运动副
平面运动副	平面高副	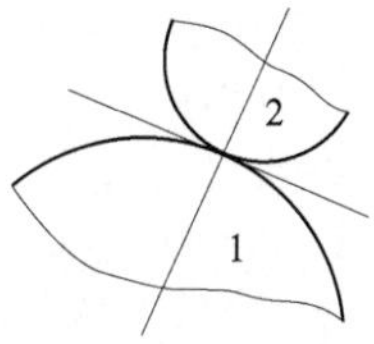	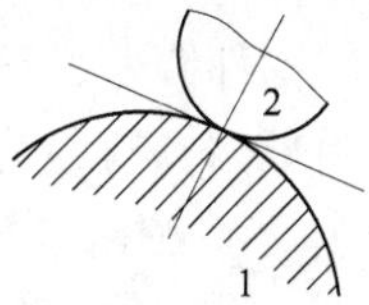
空间运动副	螺旋副	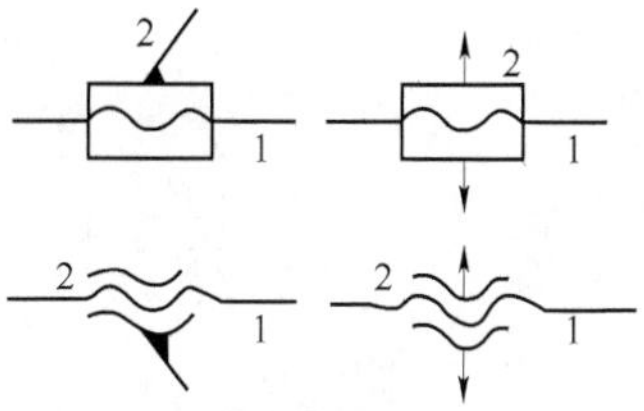	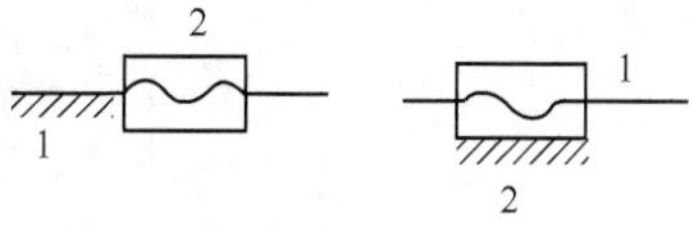
	球面副	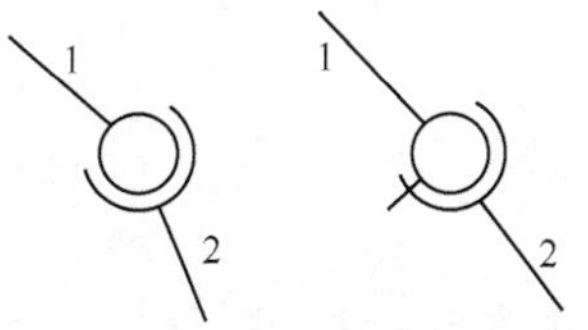	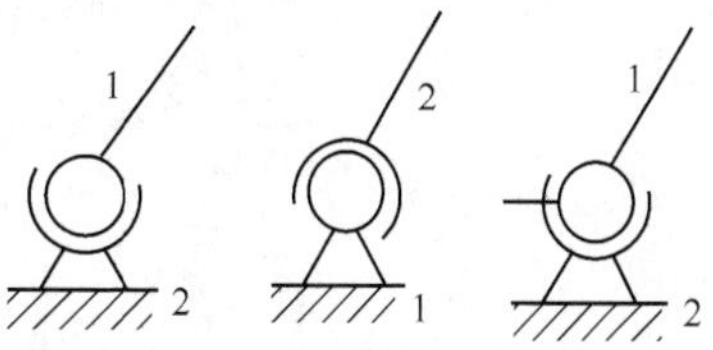

表 1－2 中，转动副用圆圈表示，圆心必须与回转轴线重合。移动副由矩形方块表示，移动副运动轨迹即移动导路必须与相对移动方向一致。两构件组成平面高副，机构运动简图中应画出两构件接触处的曲线轮廓，对于凸轮、滚子，画出其全部轮廓；对于齿轮，常用点画线画出其节圆或画出齿廓的局部曲线。

用表 1－1 中规定的线条和表 1－2 中规定的符号按一定的比例表示构件之间的相对运动关系和位置关系，并能完全反映机构特征的简图，称为平面机构运动简图。若只是为了表达机械的运动关系，也可以不严格按比例绘制简图，这种简图称为平面机构示意图。

平面机构运动简图是表明机构组成和各构件间真实运动关系的简单图形。由实际机构绘制而成的平面机构运动简图是反映运动本质的，由具体到抽象的过程。平面机构运动简图与原机构有完全相同的运动，能准确无误地表达原机构的组成和运动特点，能表示原机构的运动特性和构造特征，并完整地表达出与运动有关的因素，因而可根据该图对机构进行运动和受力分析。

平面机构运动简图应满足的条件为：

（1）构件数目与实际相同。

（2）运动副的性质、数目与实际相符。

（3）运动副之间的相对位置以及构件尺寸与实际机构成比例。

绘制时，需确定统一的适当比例尺，选择与多数构件运动平面相平行的平面作为平面机构运动简图的投影面。

用运动副和机构的表示符号绘制平面机构运动简图的步骤是：

（1）识别运动副的类型和数目，按实际机构的比例确定运动副的相对位置并用运动副符号表示。

（2）数清构件的数目，定出机架、动力输入（原动件）。从原动件出发，沿运动的传递关系，分析运动是通过哪些运动副和构件传递到执行部分的。

（3）用构件的表示符号将运动副连接起来。

（4）标注构件编号、运动副字母、原动件的转向箭头。

为了说明平面机构运动简图的绘制方法，示例如下。

图 1－8 所示为喷油泵机构及运动简图。喷油泵的吸油和压油，由柱塞 3 在泵体 4 内的往复运动来完成，原动件柱塞 3 上下移动，带动从动件杆 2 及 1 运动，泵体 4 为机架。

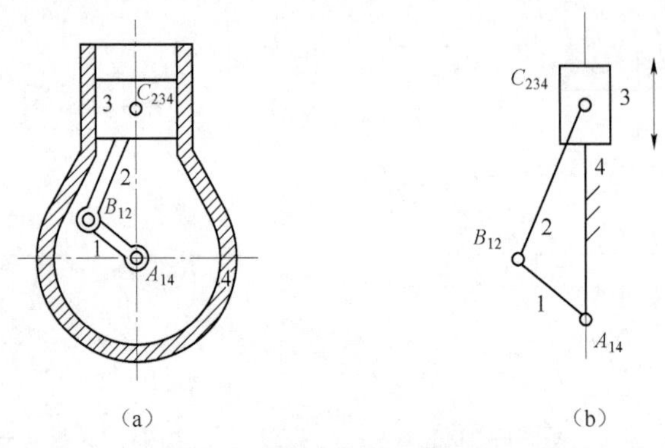

图 1－8　喷油泵机构及运动简图

（a）喷油泵机构；（b）运动简图

1，2—从动件杆；3—柱塞；4—泵体

杆 1 与泵体 4 构成转动副 A_{14}，杆 1 与杆 2 构成转动副 B_{12}，杆 2、柱塞 3 与泵体 4 构成转动副及移动副 C_{234}（两个低副中心重合、运动平面平行）。

根据图 1－8（a）的喷油泵平面机构，选定适当的比例尺，按实际机构的比例定出运动副 A_{14}、B_{12}、C_{234} 的相对位置并用运动副的符号表示，再用构件的表示符号将运动副连接起来，标注构件编号、运动副字母、原动件的移动箭头，绘出机构运动简图，见图 1－8（b）。

图 1－9 所示为气缸机构。喷油泵的吸油和压油，由原动件偏心圆盘 1 的转动、从动件活塞 3 的上下移动带动从动件缸体 2 的水平移动完成，构件 4 为机架。

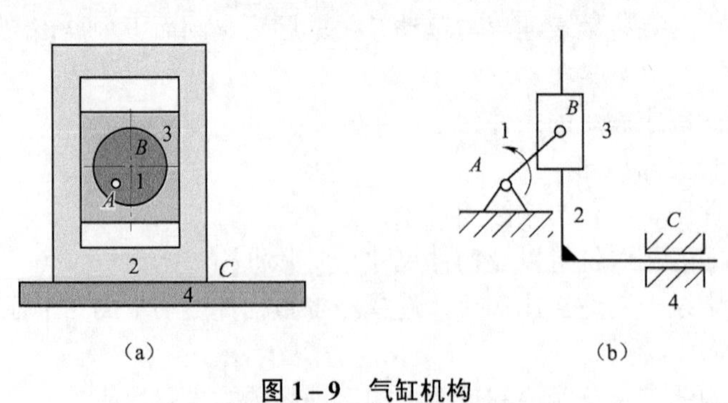

图 1－9　气缸机构

（a）气缸机构；（b）机构运动简图

1—偏心圆盘；2—缸体；3—活塞；4—机架

根据图 1－9（a）的气缸平面机构按比例定出运动副 A、B、C 的相对位置并用运动副的符号表示，用构件的表示符号将运动副连接起来，标注构件编号、运动副字母、原动件的移动箭头，绘出机构运动简图，见图 1－9（b）。

在上述的平面机构运动简图的绘制中，值得注意的是，应忽略与运动无关的因素，如构件的外形、截面尺寸、组成构件的零件数目、运动副的具体构造等，例如图 1－9 中的偏心圆盘，用连接运动副的直线表示而不是用圆表示。重视与运动有关的因素，如构件数目、运动副数目及类型、运动副之间的相对位置（各构件的运动尺寸）等。

画构件时，应撇开构件的实际外形，如图 1－10（a）所示中构件的形状可能有多种，无论构件外形形状如何变化，只要运动副的性质及位置不变，构件的表示符号均相同，具体表示为带有两个转动副元素的两副构件，如图 1－10（b）所示。

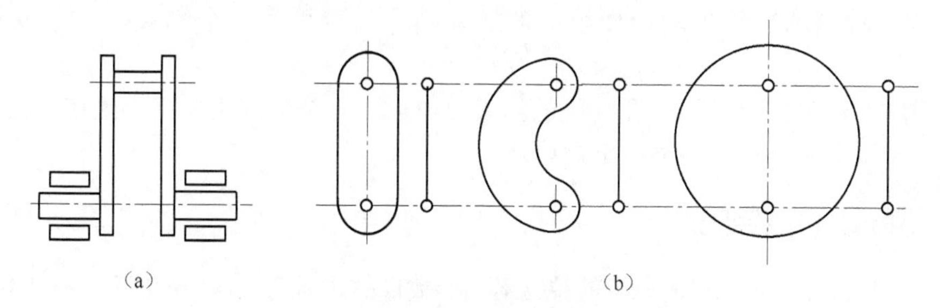

图 1－10　两副构件的实际外形

（a）原机构；（b）构件及运动简图

第三节　平面机构的自由度

平面机构由构件和运动副组成。平面机构的各构件之间通过运动副连接后，应具有确定的相对运动。显然，不能产生相对运动或做无规则运动的数个构件难以用来传递运动，这些构件只能组成运动链而不能组成机构。为了使组合起来的构件能产生相对运动并具有运动确定性，有必要探讨机构的自由度以及各机构具有确定运动的条件。平面机构的自由度是判别平面机构能否实现所要求的确定相对运动的根本。下面主要介绍什么条件才能保证构件间具有确定的相对运动。

一、构件的自由度

一个做平面运动的自由构件，具有 3 个独立的运动：沿 x 轴的运动、沿 y 轴的运动及绕 O 点的转动，如图 1－11 所示。

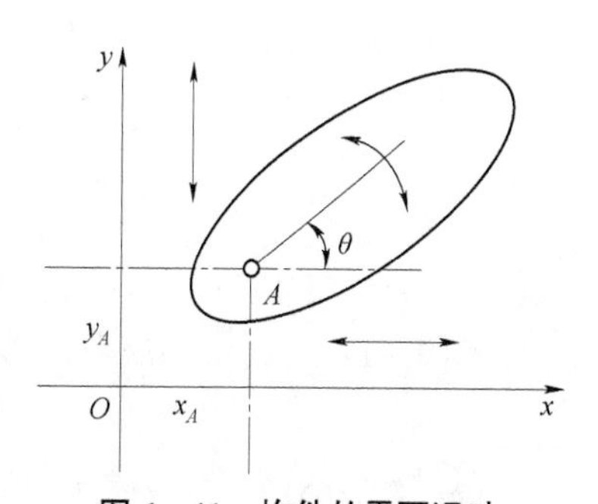

图 1－11　构件的平面运动

构件的平面运动由构件上任一点的坐标（x，y）和对任一直线的倾角（θ）这 3 个独立参数确定。构件相对于参考坐标系所具有的独立运动的数目或者确定构件位置的独立参数，称为自由度。构件的自由度定义为构件独立运动的数目，用字母 F 表示。一个做平面运动的自由构件具有 3 个自由度。

构件在 xOy 平面内具有 3 个运动自由度。若构件处于 xyz 空间内，就有 6 个运动自由度，即沿 x、y、z 的平移和

绕 x、y、z 轴的转动。

二、运动副的约束

两个构件直接接触，且有相对运动，即组成运动副。当构件组成运动副后，其独立运动将受到限制，自由度随之减少。这种对构件的独立运动所附加的限制称为约束，约束数即为对构件间相对运动的限制条件，用字母 P 表示。

构件组成运动副后，引入了约束数 P，自由度 F 随之减少。构件上每施加一个约束数，构件便失去一个自由度。自由度的减少数目等于运动副所引入的约束数目。

两构件间的约束数的多少，以及限制了构件的哪些独立运动，完全取决于运动副的形式，不同类型的运动副带来的约束数不同。反过来，亦可根据所引入的约束数 P 判定两构件组成运动副的类别。两构件组成的运动副应至少引入一个约束，也至少应具有一个自由度。

平面低副的约束数 $P=2$，平面高副的约束数 $P=1$。一个低副引入两个约束失去两个自由度，一个高副引入一个约束失去一个自由度。

三、平面运动链自由度

运动链中各构件相对机架所具有的独立运动的数目称为运动链自由度。运动链自由度由组成运动链的构件数目、运动副数目和类型决定。因为平面上任一个自由的构件在做平面运动时应具有三个自由度，当和其他构件一起形成运动副后，如有固定构件（即约束）存在，将使它们之间的相对运动受到约束，自由度也将随之减少，且自由度减少的数目与引入约束的数目相等。

设有一平面运动链，共有 n 个活动构件，各构件尚未通过运动副连接时，显然它们共有 $3n$ 个自由度。当构件构成运动副之后，它们的运动将受到约束，其自由度将减少。假设各构件间共构成了 P_L 个低副和 P_H 个高副，自由度的减少等于运动副引入的约束数（$2P_L+P_H$）（一个低副引入 2 个约束，一个高副引入 1 个约束），因此活动构件的自由度之和减去运动副引入的约束总数就是该运动链剩余的自由度，即

$$F=3n-(2P_L+P_H)=3n-2P_L-P_H \tag{1-1}$$

式（1-1）为平面运动链自由度的计算公式。利用该式，可求得图 1-12 中所示各运动链的自由度。

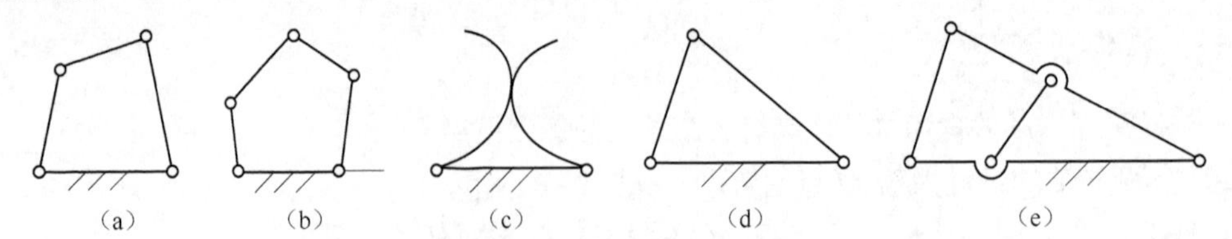

图 1-12　运动链的自由度

（a），（e）四杆；（b）五杆；（c）高副；（d）三杆

图 1-12（a）中，$n=3$，$P_L=4$，$P_H=0$，该运动链的自由度为

$$F=3\times3-2\times4-0=1$$

图 1-12（b）中，$n=4$，$P_L=5$，$P_H=0$，该运动链的自由度为

$$F=3\times4-2\times5-0=2$$

图 1－12（c）中，$n=2$，$P_L=2$，$P_H=1$，该运动链的自由度为

$$F=3\times2-2\times2-1=1$$

图 1－12（d）中，$n=2$，$P_L=3$，$P_H=0$，该运动链的自由度为

$$F=3\times2-2\times3-0=0$$

图 1－12（e）中，$n=3$，$P_L=5$，$P_H=0$，该运动链的自由度为

$$F=3\times3-2\times5-0=-1$$

四、运动链成为机构的条件

运动链的自由度说明了运动链相对机架的独立运动数目，即可能的原动件数目。原动件为含低副构件且与机架相连，是能独立运动的构件，一个原动件只有一个自由度。

通过对运动链自由度和运动链原动件数目的讨论，可以得出运动链成为机构的条件。下面通过分析图 1－12 中几种形式的运动链，来说明这个问题。

图 1－12（a）中 $F=1$，原动件数为 1，运动链有确定的运动，运动链成为机构。

图 1－12（b）中 $F=2$，当有 1 个原动件时，从动件的位置是不确定的，原动件数小于自由度，运动不确定（任意乱动），运动链不能成为机构。当有 2 个原动件时，有确定的运动，运动链成为机构。

图 1－12（c）中 $F=1$，原动件数为 1，运动链有确定的运动，运动链成为机构。

图 1－12（d）中 $F=0$，说明该运动链为不能产生相对运动的刚性桁架，3 个构件通过 3 个转动副相连，相当于一个构件，不能成为机构。

图 1－12（e）中 $F=-1$，这时的运动链自由度为小于零的值，说明该运动链由于受到的约束过多，已成为超静定桁架，同样不能成为机构。

由此可见，当运动链的自由度 $F\leqslant0$ 时，约束过多，构件间没有相对运动。当 $F>0$ 时，若原动件数 $<F$，运动不确定；若原动件数 $>F$，机构破坏；若原动件数 $=F$，机构各构件间的相对运动是确定的。

综上所述，运动链成为机构，要满足的条件是：$F>0$，且原动件数 $=F$。此条件也是机构具有确定运动的条件。

五、平面机构自由度计算中的特殊问题

运动链成为机构后，其运动链自由度就是机构自由度，并可用运动链自由度公式（1－1）计算。机构的自由度 $F=3\times$活动构件数 $-2\times$低副数 $-1\times$高副数，但在用式（1－1）计算平面机构自由度时，对下述的几种特殊情况必须加以注意。

（一）复合铰链

三个以上的构件在同一处用转动副连接时，形成复合铰链，如图 1－13 所示。

图 1－13（a）主视图中所示的 3 个构件用转动副连接。这时，该处转动副是一个复合铰链。图 1－13（b）是它的俯视图，从俯视图可以看出，3 个构件组成的是两个转动副。推而广之，若有 m 个构件用复合铰链连接时，其转动副的数目应等于（$m-1$）个。

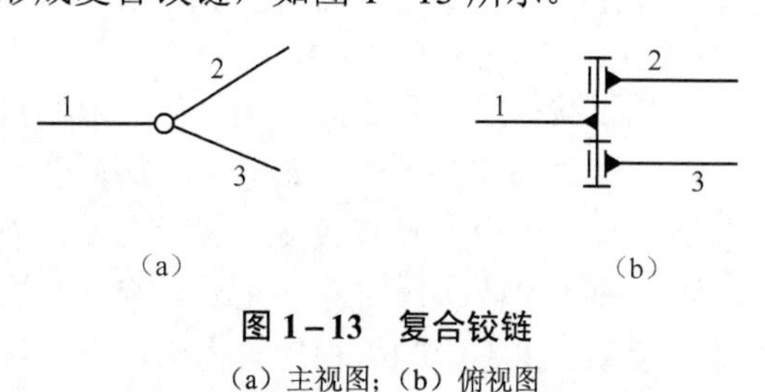

图 1－13　复合铰链

（a）主视图；（b）俯视图

在平面机构自由度的计算公式中，应注意识别复合铰链，以免漏算运动副。

图 1－14 所示为带有复合铰链的平面机构。若未考虑复合铰链，$n=5$，$P_L=6$，$P_H=0$，利用平面机构自由度的计算公式

$$F=3n-2P_L-P_H=3\times5-2\times6-0=3$$

事实上，该机构原动件数为 1，具有确定的运动，显然这个计算结果是错误的。将复合铰链计算在内，则机构的低副数为 7，重新计算得

$$F=3n-2P_L-P_H=3\times5-2\times7-0=1$$

结果与实际相符，正确。

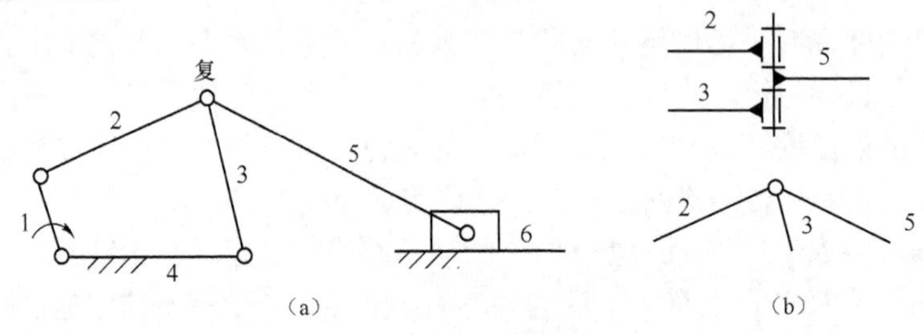

图 1－14　带有复合铰链的平面机构

（a）平面机构简图；（b）复合铰链

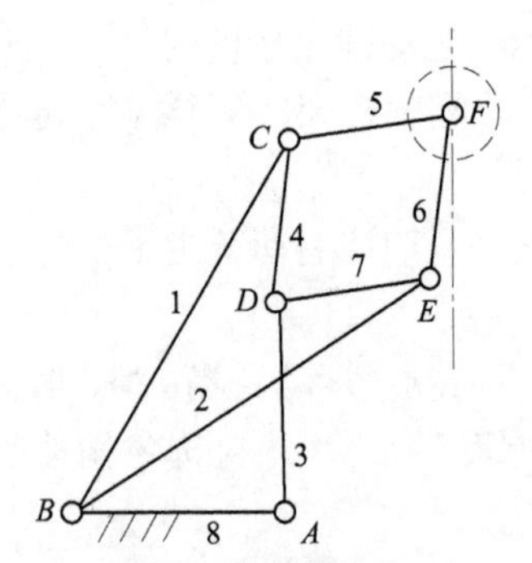

图 1－15　圆盘锯机构

图 1－15 所示为一圆盘锯机构，它在 C、D、E、F 4 处都是由 3 个构件组成的复合铰链，各具有两个转动副。若未考虑复合铰链，$n=7$，$P_L=6$，$P_H=0$，利用平面机构自由度的计算公式计算得

$$F=3n-2P_L-P_H=3\times7-2\times6-0=9$$

计算结果肯定不对，构件数不会错，只可能是低副数目搞错了。将 C、D、E、F 处的 4 个复合铰链计算在内，则机构的低副数 $P_L=10$，重新计算

$$F=3n-2P_L-P_H=3\times7-2\times10-0=1$$

结果与实际相符，正确。

（二）局部自由度

机构中某些构件所产生的局部运动，并不影响整个机构运动的自由度，称为机构的局部自由度。

图 1－16 所示为一对心直动滚子凸轮机构，若对图 1－16（a）直接计算，则 $n=3$，$P_L=3$，$P_H=1$，计算的机构自由度为

$$F=3\times3-2\times3-1=2$$

为了减少从动件 2 的磨损，在凸轮 1 和从动件 2 之间安装了一个滚子 3，安装滚子前后机构的自由度没有改变。实际上，滚子 3 绕其轴线的转动自由度，并不影响其他构件的运动，也不影响机构的自由度，因此它

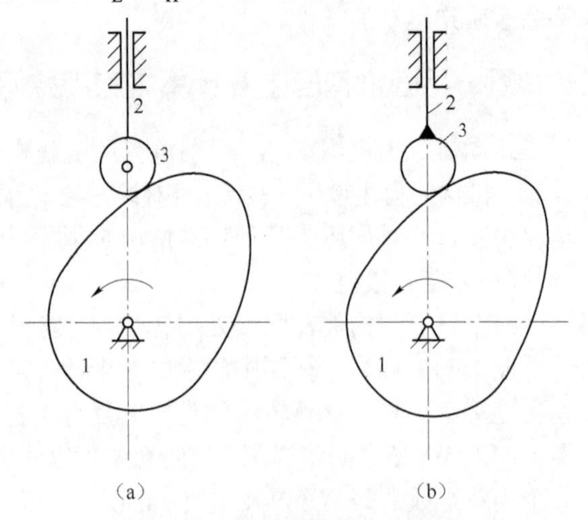

图 1－16　对心直动滚子凸轮机构

（a）滚子从动件凸轮机构；（b）滚子钢化

1—凸轮；2—从动件；3—滚子

是局部自由度。

将滚子 3 与从动件 2 刚性固化成一体，见图 1－16（b），这样并不改变机构的运动特性。当把滚子和从动件看作一个构件时，$n=2$，$P_L=2$，$P_H=1$，此时机构的自由度为

$$F=3\times2-2\times2-1=1$$

结构上为减小摩擦而采用的局部自由度，在计算机构自由度时不计入，并非实际拆除。上式的结果说明了机构的实际自由度。

（三）虚约束

在一些特定的几何条件和组合条件下，若机构中的某些运动副引入的约束与其他运动副的约束重复，它对机构的运动实际上不起独立限制作用，这类约束称为虚约束。虚约束为不产生实际约束效果的重复约束，在计算机构自由度时应将这些约束除去不计。

图 1－17 所示为平行四边形机构无虚约束和有虚约束的情形。图 1－17（a）所示的平行四边形机构中，连杆 2 做平移运动，连杆上各点的轨迹均为圆心在 *AD* 线上而半径等于 *AB* 的圆弧。该机构的自由度为

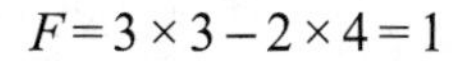

$$F=3\times3-2\times4=1$$

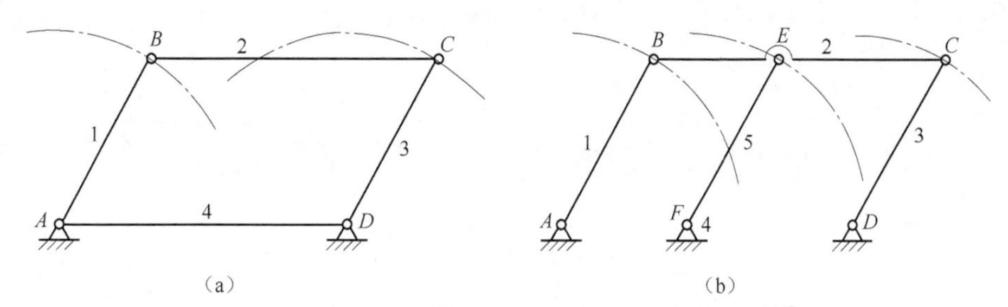

图 1－17　平行四边形机构无虚约束和有虚约束的情形

（a）无虚约束；（b）有虚约束

如果在连杆 *BC* 上的任一点 *E* 处再连接一个构件 5，该构件的另一端在 *F* 点与 *AD* 铰链相连，构件 5 与构件 1、3 平行且长度相等，见图 1－17（b）。显然，该构件的加入对机构的运动并不产生任何影响，但此时机构的自由度却变为

$$F=3\times4-2\times6=0$$

计算结果说明该机构无法运动，但实际上机构仍能运动。构件 5 以 *F* 为圆心、*FE* 为半径做圆周运动，对机构并没有实际约束作用，构件 5 和两个转动副 *E* 和 *F* 是虚约束。在计算机构的自由度时，应将产生虚约束的构件连同其上的运动副一起从机构中除去不计，所以该机构的自由度实际上仍为 1。图 1－17（b）中 *AB*、*CD*、*EF* 杆的长度必须相等，且 *AF* 和 *BE*、*FD* 和 *EC* 的长度必须相等，否则虚约束将变为实际约束，该机构的自由度将为零。

机构的虚约束经常出现在下列情况中。

1. 轨迹重合

在机构中，两构件用转动副连接前后，连接点的运动轨迹重合，则该连接引入的是一个虚约束。图 1－17（b）所示的平行四边形机构就是属于这种情况。机构中，$FE=AB=CD$，故增加构件 5 前后，*E* 点的轨迹都是相同的圆弧，增加的约束不起作用，在计算自由度时应去掉构件 5。

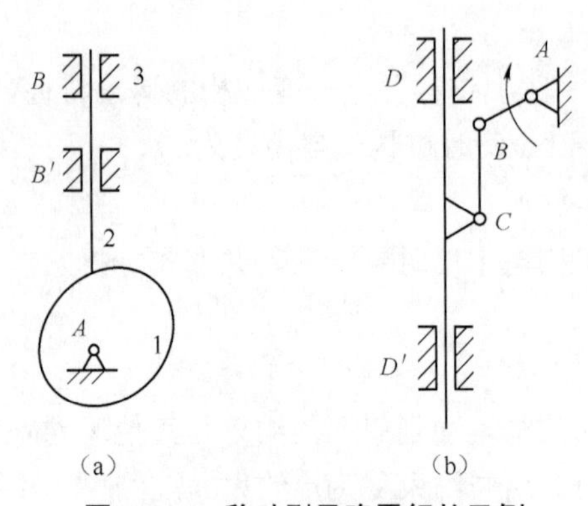

图 1-18 移动副导路平行的示例

(a) 凸轮机构；(b) 四杆机构

1—凸轮；2—从动件；3—机架

2. 两构件间构成多个运动副

(1) 移动副导路平行

当两构件构成多个移动副且移动副导路的中心线重合时，只有其中的一处移动副起约束作用，其余为虚约束。图 1-18 所示为移动副导路平行的示例。在图 1-18 所示的平面机构中，移动副 B 与 B'、D 与 D'，只有其中之一在起作用，另一个则是虚约束。

(2) 转动副轴线重合

两构件间多处组成转动副且其轴线互相重合时，只有一个转动副起约束作用，其余为虚约束。如图 1-19 所示，该齿轮轴虽然有两个轴承支承 A 和 A'，但只有一个转动副起约束作用，另一个为虚约束。

(3) 在输入件与输出件之间用多组完全相同的运动链

如图 1-20 所示，在输入件与输出件之间用多组完全相同的运动链时，只有转动副 A、B、C 一组运动链起约束作用，转动副 A'、B'、C'为虚约束。

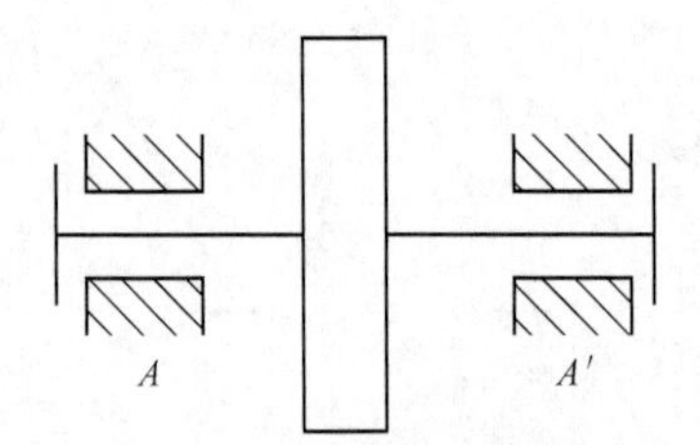

图 1-19 转动副轴线重合

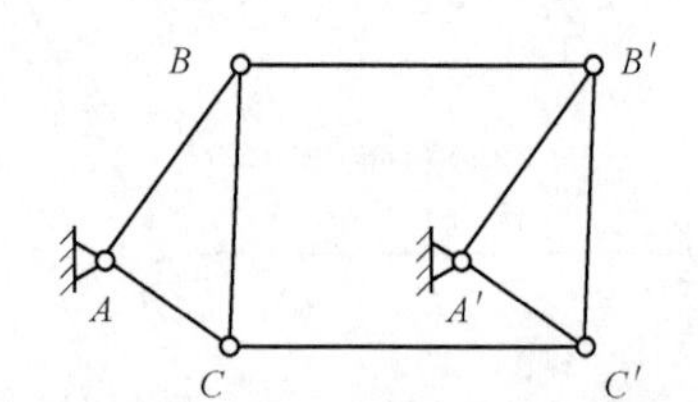

图 1-20 多组完全相同的运动链

图 1-21 所示为带有虚约束及局部自由度的平面机构。图 1-21 (a) 的平面机构中，已考虑 C 处的复合铰链。在未考虑虚约束、局部自由度的情况下，若直接计算，$n=12$，$P_L=18$，$P_H=1$，机构的自由度为

$$F=3\times 12-2\times 18-1=-1$$

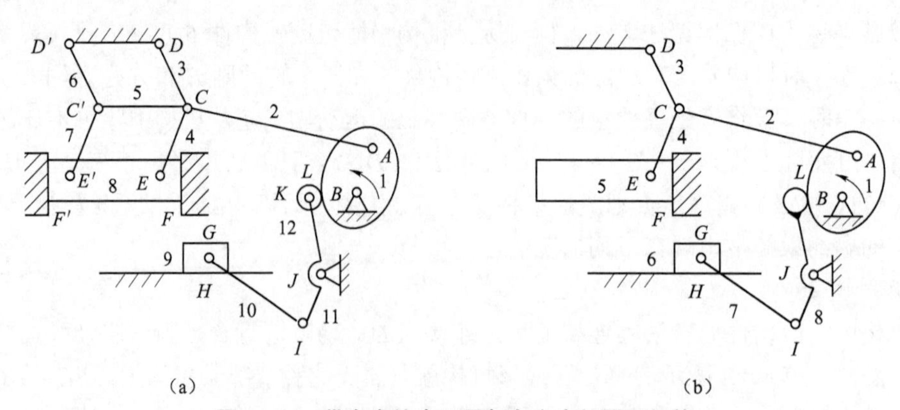

图 1-21 带有虚约束及局部自由度的平面机构

(a) 原机构；(b) 去除虚约束及局部自由度后的机构

计算结果显示，自由度为-1。但在实际应用中，该机构的原动件为1且有确定的运动，上述计算结果与实际不符。

图1－21（a）中，移动副F、F'导路平行，转动副C、D、E与转动副C'、D'、E'组成了完全相同的运动链，将这些虚约束去除，并将滚子刚化、去除局部自由度，形成了图1－19（b）所示的平面机构，与原机构具有完全相同的运动，则$n=8$，$P_L=11$，$P_H=1$，机构自由度为

$$F=3\times 8-2\times 11-1=1$$

计算结果与实际相符。

（4）平面高副接触点共法线

图1－22所示凸轮机构中的两个构件在B与B'处都形成高副，这时也只有一个平面高副起作用，另一个平面高副为虚约束。当法线不重合时，则变成实际约束。

3. 对运动起重复约束的对称部分

在机构中，某些不影响机构运动传递的重复部分或对运动不起独立作用的对称部分所引入的约束为虚约束。如图1－23所示的行星轮机构中，为了改善受力情况，在原动齿轮1和内齿轮3之间对称布置了三个齿轮，依运动的传递关系，只需要一个行星轮便能满足要求，其余两个行星轮引入的约束为虚约束。

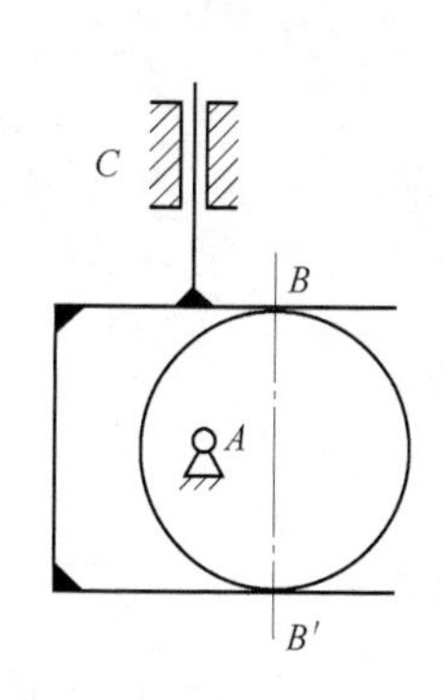

图1－22　平面高副共法线

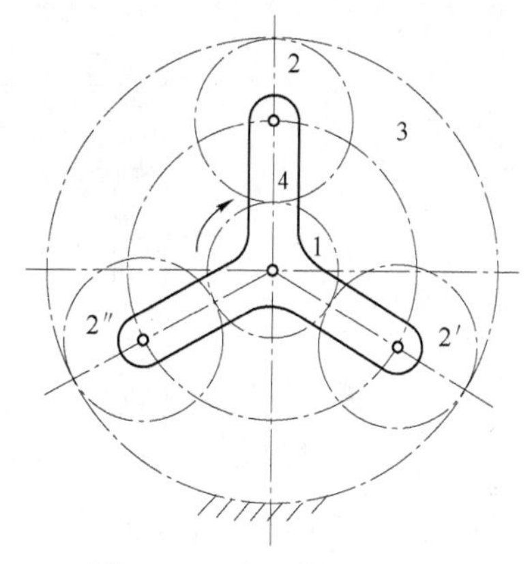

图1－23　行星轮机构

1—原动齿轮；2，2′，2″—行星轮；3—内齿轮；4—行星架

如果不考虑虚约束，$n=5$，$P_L=5$，$P_H=6$

$$F=3\times 5-2\times 5-1\times 6=-1$$

计算显示，自由度为小于零的值，不能成为机构，这与实际情况不符。

去除虚约束后，该机构的自由度应按$n=3$，$P_L=3$，$P_H=2$来计算，即

$$F=3\times 3-2\times 3-1\times 2=1$$

由上述分析可见，虚约束虽然不影响机构的运动，但引入虚约束后，可以使机构运动顺利，避免运动不确定，如火车车轮为带有虚约束的平行四边形机构（轨迹重合）；增加机构的刚度，如轴与轴承（转动副轴线重合）、机床导轨（移动副导路平行）；改善构件的受力情况，如多个行星轮机构（对运动起重复约束的对称部分）。

虚约束在机构的结构设计中得到了广泛的应用。但必须注意，虚约束通常都是在特定的几何条件下构成的。如果不满足这些几何条件，虚约束将变为有效约束，使机构的自由度减少。

第四节　平面机构的速度瞬心

速度瞬心法用于对构件数目较少的机构（平面四杆机构、凸轮机构、齿轮机构）进行运动分析，既直观又简便。

当平面上的两个构件做相对运动时，总可以找到一点，在该点上两构件的瞬时相对速度为零、瞬时绝对速度相等。该点称为瞬时速度中心，简称瞬心。

瞬心为两构件在任一瞬时具有相同绝对速度的重合点（同速点）。两构件在任一瞬时的相对运动都可以看成绕瞬心的相对运动。

当两构件组成运动副后，其瞬心的位置可以很容易地通过直接观察加以确定。转动副的速度瞬心位于转动中心处，如图 1－24（a）所示；移动副的速度瞬心位于垂直于从动件移动导路的无穷远处，如图 1－24（b）所示；纯滚动的高副的速度瞬心位于高副接触点，如图 1－24（c）所示；滚动兼滑动的高副，其速度瞬心位于过接触点的公法线上，如图 1－24（d）所示。

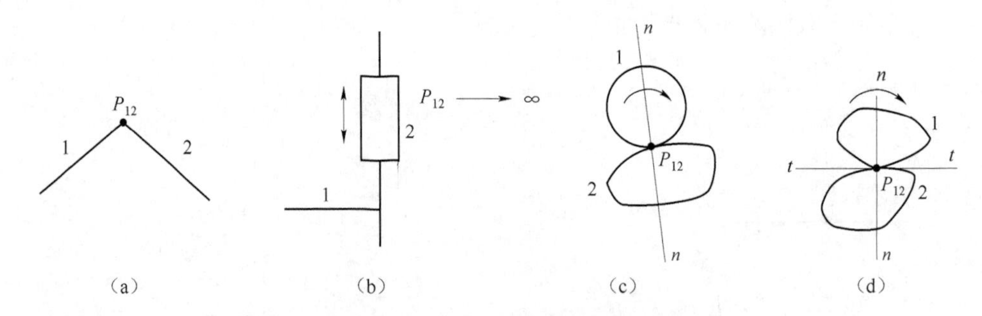

图 1－24　两个构件的速度瞬心

（a）转动副；（b）移动副；（c）纯滚动的高副；（d）滚动兼滑动的高副

如果两构件没有直接连接形成运动副，则它们的瞬心位置需要用三心定理来确定。三心定理的内容是：做平面运动的三个构件之间的三个速度瞬心（同速点）必定在同一条直线上。

图 1－25 所示为三个构件的速度瞬心的判定方法，运用三心定理，接触点公法线与回转副中心的延长线（垂直于从动件移动导路）的交点为凸轮副 1、2 的速度瞬心，如图 1－25（a）所示。接触点公法线与两个回转中心连心线的交点 P_{12} 为齿轮副 1、2 的速度瞬心，如图 1－25（b）所示。

对于平面四杆机构，如构件 1 和构件 4 不相连，但它们都和构件 2、3 相连，那么找 1、3 和 3、4 的瞬心，连成直线。再找 1、2 和 2、4 的瞬心，连成直线，这两条直线的交点就是 1、4 的速度瞬心。

在平面机构的运动关系分析中，可利用速度瞬心求解构件的线速度。在图 1－25（a）所示的凸轮机构中，从动件 2 的线速度即为速度瞬心 P_{12} 的线速度。对于平面连杆机构，当已知原动件的速度，则某个从动件的速度即为原动件与该从动件速度瞬心的速度，速度方向与原动件的运动方向相同。

瞬心法适合于求简单机构的速度。当机构复杂时，因瞬心数急剧增加而求解过程复杂，有时瞬心落在纸面外，仅适合于求线速度，使应用有一定的局限性。

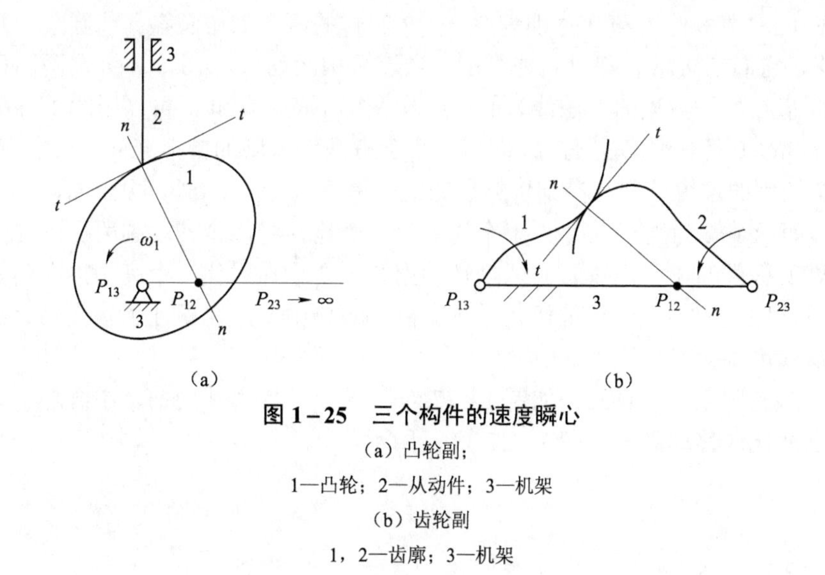

图 1-25　三个构件的速度瞬心

（a）凸轮副；

1—凸轮；2—从动件；3—机架

（b）齿轮副

1，2—齿廓；3—机架

第五节　平面机构的高副低代和组成原理

一、平面机构的高副低代

为了使平面低副机构结构分析和运动分析的方法适用于平面高副机构，可以将平面高副机构中的高副根据一定的条件虚拟地以低副来加以替代，这种以低副替代高副的方法称为平面机构的高副低代。这样，便于对含有高副的平面机构进行分析研究，使平面低副机构的运动和动力分析方法适用于一切含有高副的平面机构。

一般而言，高副低代只是一种运动上的瞬时代换。因此，为了保证机构的运动不变，进行高副低代时必须满足以下两个条件：

（1）替代前后机构的自由度不变；

（2）替代前后机构中各对应构件的瞬时速度和瞬时加速度不变。

（一）永久替代

以图 1-26 所示的偏心圆盘组成的高副机构为例，说明高副低代的永久替代方法。

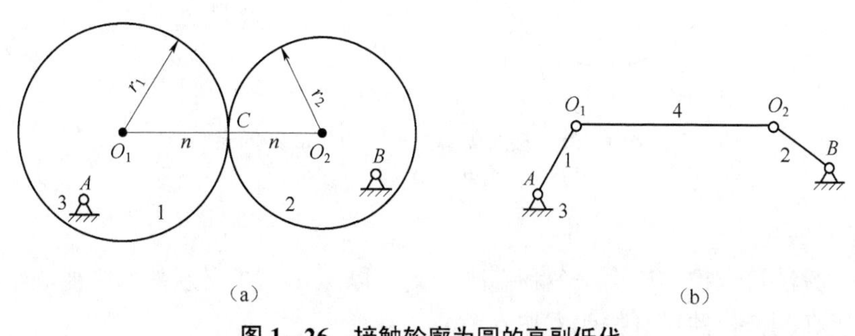

图 1-26　接触轮廓为圆的高副低代

（a）高副机构；（b）高副低代机构

图 1－26（a）中构件 1 和 2 分别为绕 A、B 回转的两个偏心圆盘。两圆盘的几何中心分别为 O_1 和 O_2，它们在接触点 C 处构成高副。当该机构运动时，AO_1、BO_2 及两圆盘的连心线 O_1O_2（即两圆盘在接触点处的公法线）的长度均保持不变。因此，可以用图 1－26（b）所示的四杆机构 AO_1O_2B 替代原高副机构，即用一个含有两个低副的虚拟连杆 4（两副构件）来替代高副，两个低副的位置分别在高副接触点处的曲率中心 O_1、O_2 处。由于加一个构件可增加 3 个自由度，而两个转动副却可提供 4 个约束，一个构件和两个转动副所提供的约束数刚好就是一个高副所提供的 1 个约束数。两个转动副和一个构件替代一个高副，高副低代前后两机构的运动特性完全相同。这种替代既不改变机构的自由度，也保证了替代前后机构的瞬时速度和瞬时加速度不变。

如果两接触轮廓之一为直线，如图 1－27（a）所示，因直线的曲率中心趋于无穷远处，所以该转动副演化成移动副，如图 1－27（b）所示。

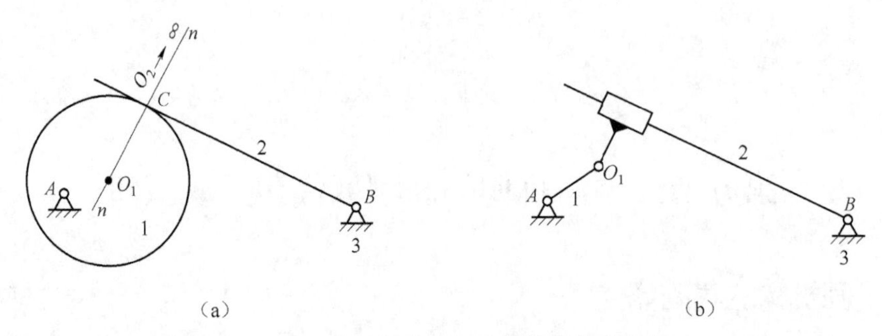

图 1－27　接触轮廓之一为直线的高副低代

（a）高副机构；（b）高副低代机构

如图 1－28（a）所示，如果两个接触轮廓之一为一点，那么因为点的曲率半径为零，其中一个转动副就在该点处。所以，其替代方法如图 1－28（b）所示。

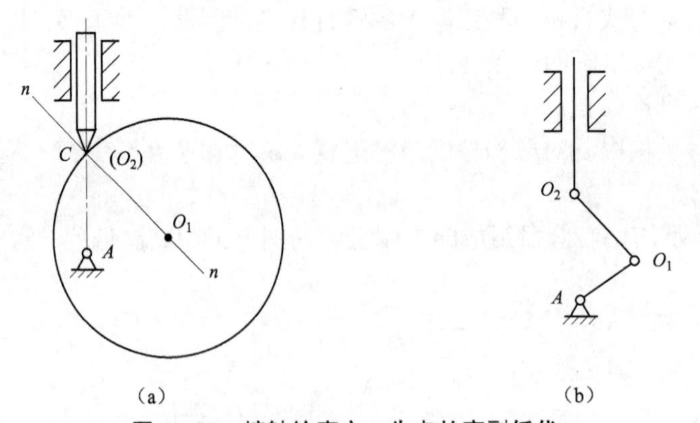

图 1－28　接触轮廓之一为点的高副低代

（a）高副机构；（b）高副低代机构

（二）瞬时替代

上述替代方法可以推广应用于各种高副元素。以图 1－29 所示的非圆曲线组成的高副机构为例，说明高副低代的瞬时替代方法。

图 1－29（a）所示为非圆曲线的机构，找出两高副元素的接触点 C 处的公法线 nn，在公

法线上找出两轮廓曲线在 C 点的曲率中心 O_1 和 O_2，再用两个转动副 O_1、O_2 将构件 4 与构件 1、2 分别相连即可，如图 1－29（b）所示。需要说明的是，两曲线轮廓各处的曲率中心位置不同，当机构运动时，随着接触点的改变，O_1 和 O_2 相对于构件 1 和 2 的位置也发生变化，O_1 与 O_2 间的距离也发生变化，组成高副的两元素为变曲率的一般曲线或其中一个元素为直线和点。该高副机构不能用同一个低副机构来替代，在各个不同位置存在着相应的瞬时低副替代机构。

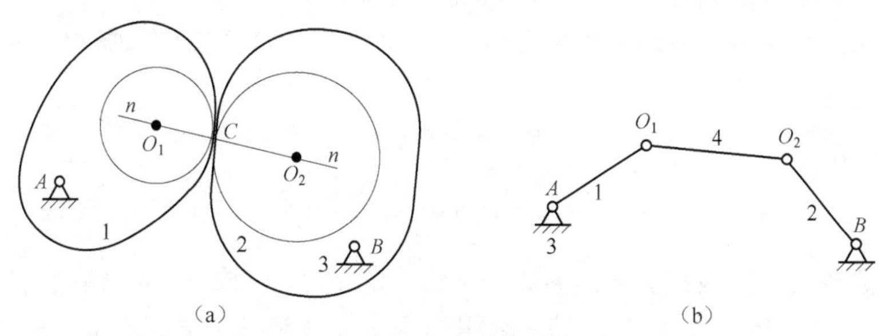

图 1－29　非圆曲线机构的高副低代

（a）高副机构；（b）高副低代机构

总之，进行平面机构的高副低代的方法为：

（1）永久替代——用一个虚拟连杆和两个转动副替代一个高副，这两个转动副分别位于两曲线轮廓接触点的曲率中心处。当组成平面高副的两元素为圆、直线（圆半径为无穷大）或点（圆半径为零）时，转动副演化成移动副或一个转动副就在该点处。

（2）瞬时替代——当组成平面高副的两元素为变曲率的一般曲线或其中一个元素为直线和点，找出两高副元素某个瞬时的接触点处的公法线和曲率中心，将转动副中心置于某个瞬时的曲率中心处，再将各转动副连接即可。当高副两元素之一为直线和点，转动副演化成移动副或一个转动副就在该点处。

二、平面机构的组成原理

机构中的构件包含原动件、从动件和机架三部分。对于高副机构，可将机构进行高副低代后再分析。现设想将机构中的原动件和机架与机构的其他部分断开，则原动件和机架构成了基本机构，其余构件则构成基本杆组。因此，平面机构由基本机构和基本杆组组成。

（一）基本机构

将机构中的机架和原动件与其余构件拆分开，机架与原动件构成了基本机构，其自由度 $F=1$（一个原动件）。一般情形下，基本机构为双杆机构，由一个机架和一个原动件组成，如图 1－30 所示。有两种表现形式：

（1）原动件做移动（直线电动机驱动），见图 1－30（a）。

（2）原动件做转动（电动机驱动），见图 1－30（b）。

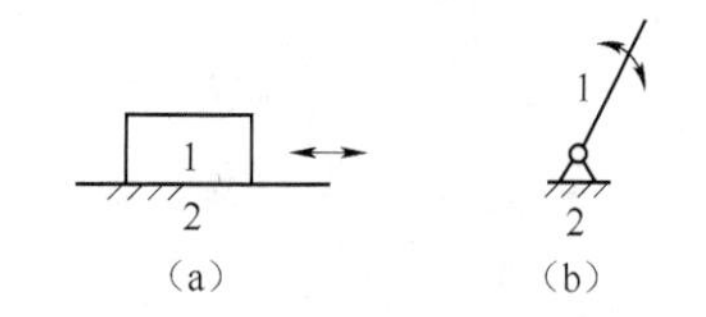

图 1－30　基本机构

（a）原动件做移动；（b）原动件做转动

1—原动件；2—机架

由于机构具有确定运动的条件是机构的原动件数等于机构的自由度，若每个原动件只有一个自由度，则基本机构的自由度等于机构的总自由度。

（二）基本杆组

机构的自由度等于原动件数，当在机构中去掉机架和原动件（基本机构）后余下的杆组

(从动件构件组)，必是一个自由度 $F=0$ 的构件组。这种自由度为零的构件组有时还可以再拆分成若干个更为简单的自由度为零的构件组。最后不能再拆的、最简单的、自由度为零的从动件构件组称为机构的基本杆组。

以上分析说明：任何机构都可以看作由若干个基本杆组依次连接于基本机构（原动件和机架）上而组成的，这就是所谓的机构组成原理。

不同类型的基本杆组具有不同的运动特性，并决定着机构的特点。下面讨论不同基本杆组的构成及特性。设基本杆组由 n 个构件和 P_L 个低副组成（高副低代后 $P_H=0$）。根据定义，应满足

$$F=3n-2P_L=0 \tag{1-2}$$

解得

$$P_L=\frac{3n}{2} \tag{1-3}$$

由于构件数和运动副数都必须是整数，所以，当 P_L 为整数时，n 只能取偶数，可能的最简单的组合为 $n=2$，$P_L=3$。此时，基本杆组由两个构件和三个低副组成。$n=2$ 的杆组称为Ⅱ级杆组，它是应用最广而又最简单的基本杆组。其形式如图 1-31 所示。

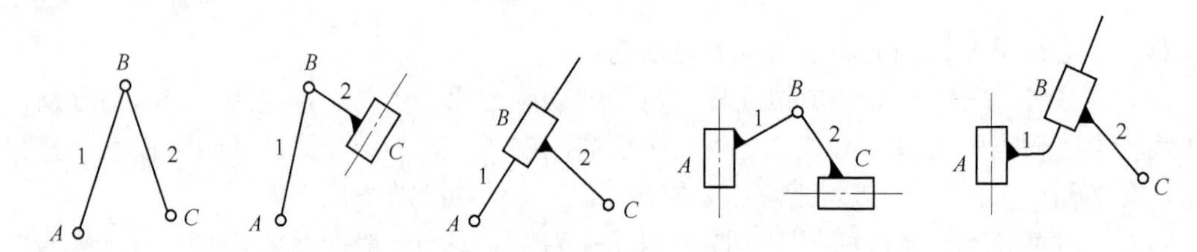

图 1-31　Ⅱ级杆组（$n=2$，$P_L=3$）

在少数比较复杂的机构中，除了Ⅱ级杆组外，可能还有其他较高级的基本杆组。图 1-32 所示的几种基本杆组，$n=4$，$P_L=6$，均由 4 个构件和 6 个低副组成，且都有一个含三个低副的构件，这种杆组称为Ⅲ级杆组。至于比Ⅲ级杆组更高的基本杆组，在实际机构中很少遇到，此处不再列举。应该注意的是，当 $n=0$ 和 $P_L=0$ 时，亦可称为Ⅰ级杆组。

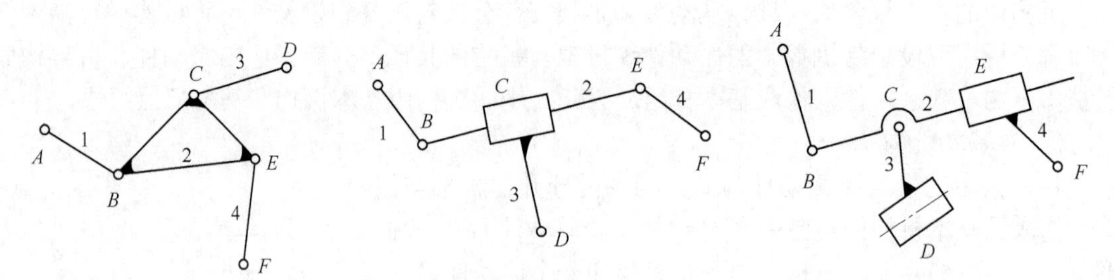

图 1-32　Ⅲ级杆组（$n=4$，$P_L=6$）

机构的命名方式按照所含最高杆组级别命名，如Ⅱ级机构、Ⅲ级机构。一个机构可以由不同级别的杆组来组成，机构的级别由杆组的最高级别所决定。由最高级别为Ⅱ级杆组组成的机构称为Ⅱ级机构，由最高级别为Ⅲ级杆组组成的机构称为Ⅲ级机构，由一个原动件和机架组成的机构称为Ⅰ级机构或基本机构。

当分析现有机构时，根据机构组成原理，就可以将机构分解为机架和原动件及若干个基本杆组。当设计新机构时，也可以将不同的基本杆组依次连接于机架和原动件上。但应注意，

不能将同一杆组的全部外接运动副都接到一个构件上，如图 1－33 所示。这样会使杆组与被接件构成桁架，从而起不到增加杆组的作用。

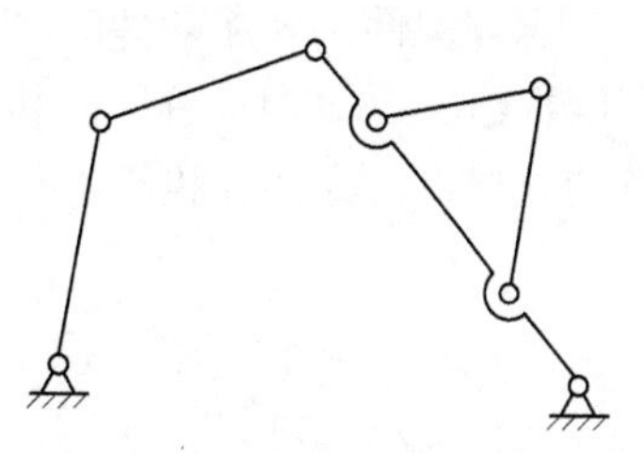

图 1－33　杆组的错误连接

三、平面机构的组成分析

平面机构的组成分析与其组成过程相反，是将已知的机构分解为机架、原动件和自由度为零的杆组，并确定机构的级别。步骤为：

（1）计算自由度，确定原动件。

（2）从远离原动件的构件开始拆杆组。先试拆Ⅱ级杆组，若不成，再拆Ⅲ级杆组。每拆一个杆组后，留下部分要求仍是与原机构有相同自由度的机构，一直拆到只剩下原动件和机架为止。

（3）由机构中所含杆组的最高级别定出机构的级别。

以图 1－34 为例，说明平面机构的组成分析。首先计算该机构的自由度

$$F=3n-2P_{\mathrm{L}}-P_{\mathrm{H}}=3\times5-2\times7=1$$

由机构自由度等于 1 可知，该机构的原动件数为 1，用箭头将原动件 1 标出，如图 1－34（a）所示。开始从远离原动件的构件分拆机构，先拆Ⅱ级杆组 4－5，这时机构被拆分为图 1－34（b）所示。再拆出一Ⅱ级杆组 2－3，则只剩下原动件 1 和机架，如图 1－34（c）所示。因为该机构是由两个Ⅱ级杆组组成，很明显该机构为Ⅱ级机构。

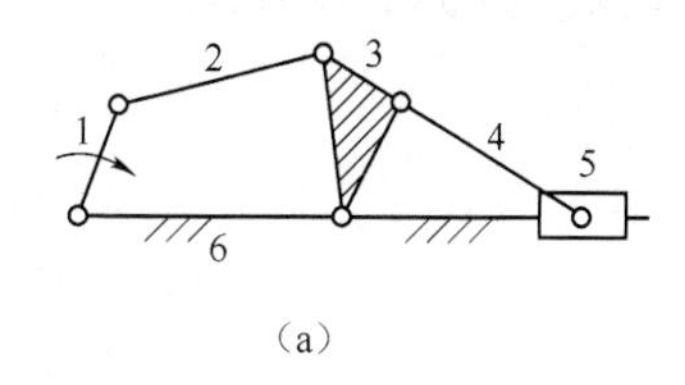

（a）

（b）

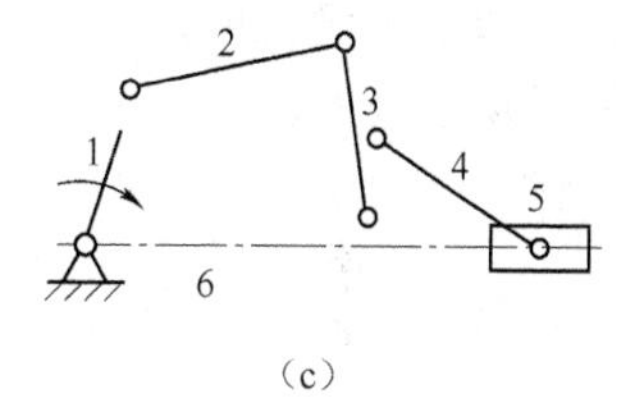

（c）

图 1－34　拆组步骤

（a）原机构；（b）步骤一；（c）步骤二

机构的级别由杆组的最高级别决定，但是机构的级别亦与原动件的选择有关。

以图 1－35 为例，将图 1－35（a）所示的八杆机构拆分成基本机构和基本杆组。

该八杆机构的自由度

$$F=3n-2P_{\mathrm{L}}-P_{\mathrm{H}}=3\times7-2\times10-0=1$$

由机构自由度等于 1 可知，该机构的原动件数为 1，在图 1－35（a）中用箭头将原动件标出。

当以构件 1 为原动件时，将该机构拆分为Ⅲ级杆组 4－7、Ⅱ级杆组 2－3、原动件 1 和机架，见图 1－35（b）。因为该机构由一个Ⅱ级杆组和一个Ⅲ级杆组组成，所以以构件 1 为原动件时的八杆机构为Ⅲ级机构。

当以构件 6 为原动件时，见图 1－35（c），该机构可拆分为Ⅱ级杆组 1－2、Ⅱ级杆组 3－4、Ⅱ级杆组 5－7、原动件 6 和机架。因为该机构由三个Ⅱ级杆组组成，所以以构件 6 为原动件时的八杆机构为Ⅱ级机构。

当以构件 7 为原动件时，见图 1－35（d），该机构可拆分为Ⅱ级杆组 1－2、Ⅱ级杆组 3－4、Ⅱ级杆组 5－6、原动件 7 和机架。因为该机构由三个Ⅱ级杆组组成，所以以构件 7 为原动件时的八杆机构亦为Ⅱ级机构。

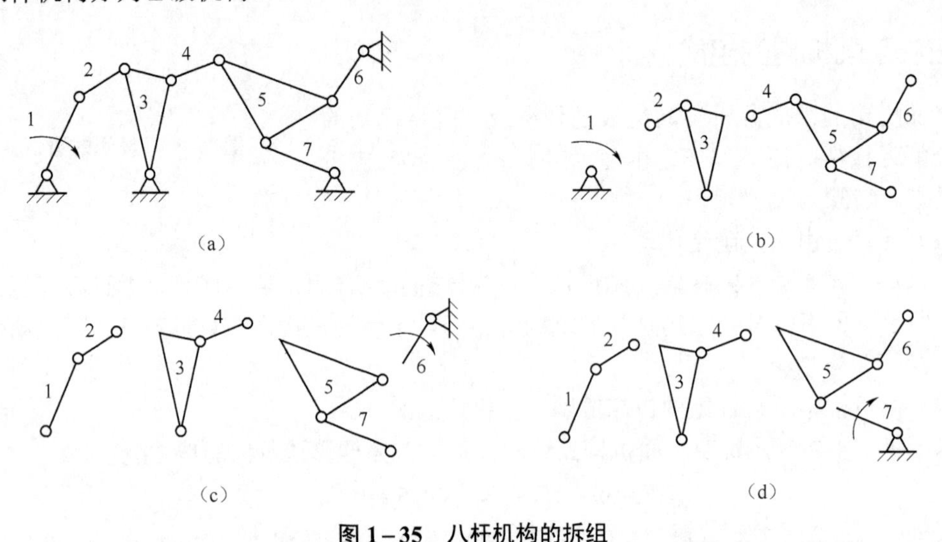

图 1－35　八杆机构的拆组

（a）八杆机构；（b）原动件为杆 1 拆组；（c）原动件为杆 6 拆组；（d）原动件为杆 7 拆组

从图 1－35 的分析中可以看出，八杆机构包含一个基本机构和两个或三个基本杆组，换句话说，将两个或三个基本杆组添加到基本机构上，就构成了八杆机构。

以上示例说明，任何一个平面机构都可以认为是在基本机构的基础上，依次添加若干个杆组所形成的。

第二章
平面连杆机构

由若干个刚性构件通过平面低副（转动副、移动副）连接，且构件上各点的运动平面均相互平行的机构，称为平面连杆机构，又称平面低副机构。这种低副机构在精密机械中常用来实现运动变换和动力转换、传递平面内的运动、放大位移或改变位移的性质。

平面连杆机构中，运动副均为低副。全低副机构的转动副和移动副的接触表面是圆柱面或平面，其几何形状能保持自身封闭，具有接触面积大、压强小、磨损轻、加工简便、易于获得较高的制造精度等优点，故平面连杆机构广泛应用于各种机械和仪器中。平面连杆机构的缺点是低副存在间隙，传动精度低，运动链较长，数目较多的低副和各构件的尺寸误差会引起运动累积误差，不能实现精确复杂的运动规律，不适用于高速传动。

可根据构件的数目来命名平面连杆机构，一般分为平面四杆机构和平面多杆机构。最简单的平面连杆机构由 4 个刚性构件用低副连接组成，称为平面四杆机构。在机构中它的构件数目最少，且能转换运动。多于四杆的平面连杆机构称为多杆机构，能实现一些复杂的运动，但多杆机构由于杆的增多会导致机构的稳定性较差。

平面四杆机构是组成多杆机构的基础，本章主要讨论平面四杆机构的基本知识和设计问题。

第一节　平面四杆机构的类型

一、平面四杆机构的基本形式

所有运动副均为转动副的平面四杆机构称为铰链四杆机构，它是平面四杆机构的基本形式，其他四杆机构都可以看成在此基础上演化而来的。选定其中一个构件作为固定不动的机架，直接与机架连接的构件称为连架杆，不直接与机架连接的构件称为连杆。如果以转动副连接的两个构件可以做整周相对转动，则称为整转副；反之称为摆转副。

铰链四杆机构中，按照连架杆是否可以做整周转动，可以将其分为三种基本形式：曲柄摇杆机构、双曲柄机构和双摇杆机构。

（一）曲柄摇杆机构

曲柄摇杆机构为两连架杆中一个为曲柄、一个为摇杆的铰链四杆机构。当主动曲柄连续等速转动时，从动摇杆一般做变速摆动。

图 2－1 所示为曲柄摇杆机构，在该机构中，构件 4 为机架，直接与机架相连的构件 1、3 称为连架杆。连架杆 1 能做整周的回转运动，称为曲柄。另一连架杆 3 仅做在一定角度范

围内的往复摆动，称为摇杆。不与机架相连的构件 2 称为连杆。

对于曲柄摇杆机构，根据机构完成的功能不同，曲柄和摇杆都可作为运动的输入端，即原动件。在图 2-2 所示的汽车雨刷机构中，曲柄 AB 为原动件，由电动机驱动，当它做整周的转动时，带动从动件雨刷 CD 做摆动，以便去除汽车前挡风玻璃上的雨水或其他污物。

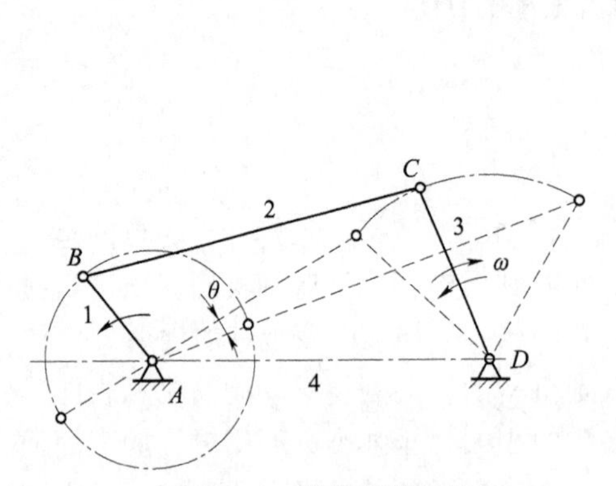

图 2-1　曲柄摇杆机构

1—曲柄；2—连杆；3—摇杆；4—机架

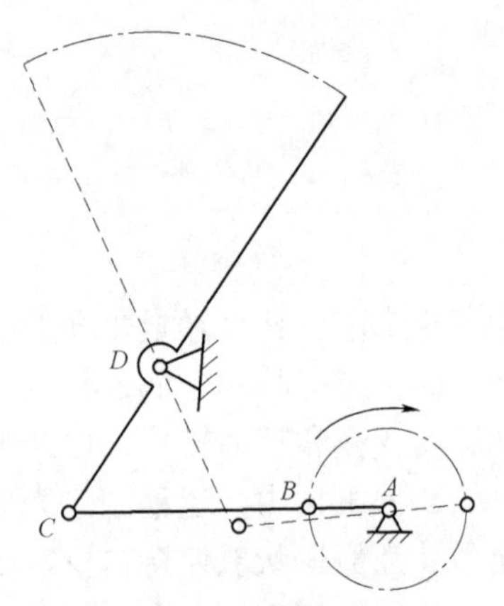

图 2-2　汽车雨刷机构

图 2-3 所示为缝纫机踏板机构。与上述情况不同的是，该机构是以踏板（摇杆）CD 作为原动件，当它在一定角度范围内上下摆动时，通过连杆使从动件 AB（曲柄）转动，实现缝纫机的运动输入。

（二）双曲柄机构

双曲柄机构为具有两个曲柄的铰链四杆机构。当主动曲柄连续等速转动时，从动曲柄一般做不等速转动。

图 2-4 所示为双曲柄机构，此机构的两连架杆均为曲柄，都可做整周转动。

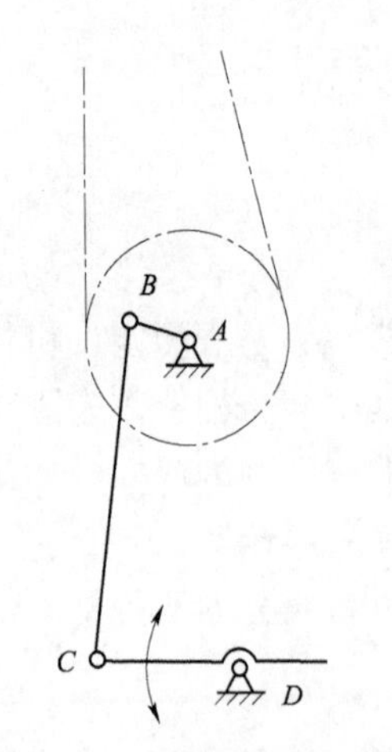

图 2-3　缝纫机踏板机构

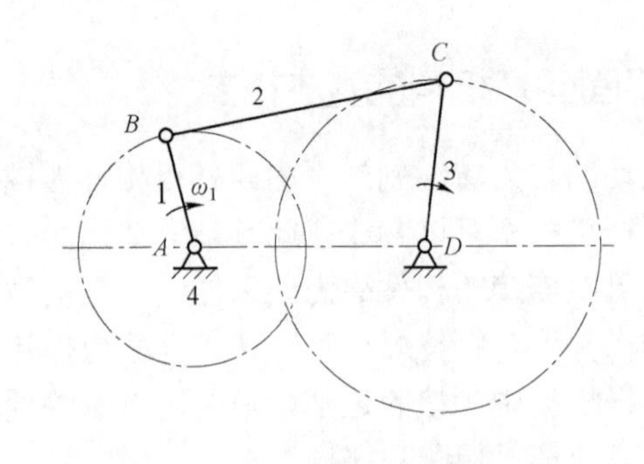

图 2-4　双曲柄机构

1，3—曲柄；2—连杆；4—机架

在双曲柄机构中，如果两个对边构件长度相等且平行，则成为平行四边形机构。这种机构的特点是主动曲柄和从动曲柄均以相同的角速度同向转动，而连杆做平动。图 2-5 所示的机车车轮联动机构就是典型的平行四边形机构。

两曲柄长度相同，而连杆与机架不平行的铰链四杆机构，称为反平行四边形机构。机构中的主从曲柄转向相反。图 2－6 所示的车门开闭机构是反平行四边形机构。

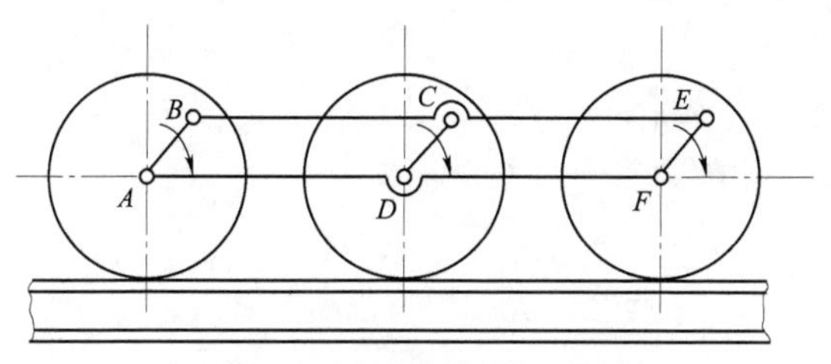

图 2－5　机车车轮联动机构

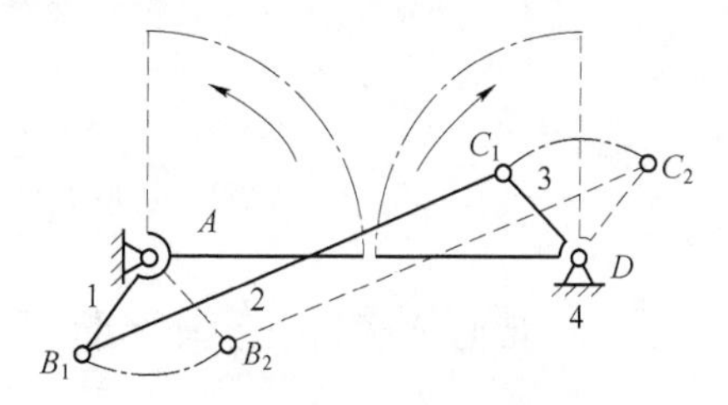

图 2－6　车门开闭机构

1，3—曲柄；2—连杆；4—机架

（三）双摇杆机构

双摇杆机构为两连架杆均为摇杆的铰链四杆机构。当主动摇杆连续等速摆动时，从动摇杆一般做不等速摆动。

图 2－7 所示为双摇杆机构，该机构的两连架杆均为摇杆，都仅能做在一定角度范围内的摆动。

图 2－8 所示的飞机起落架上着陆轮的收放机构是双摇杆机构应用的实例。

在双摇杆机构中，若两摇杆的长度相等，称为等腰梯形机构。图 2－9 所示的汽车前轮转向机构是等腰梯形机构。

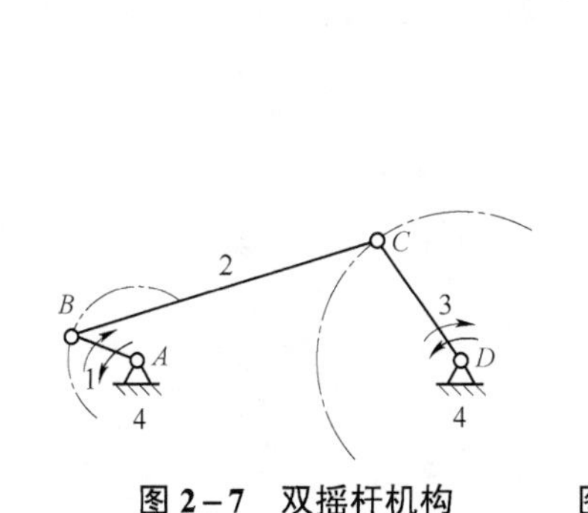

图 2－7　双摇杆机构

1，3—摇杆；2—连杆；4—机架

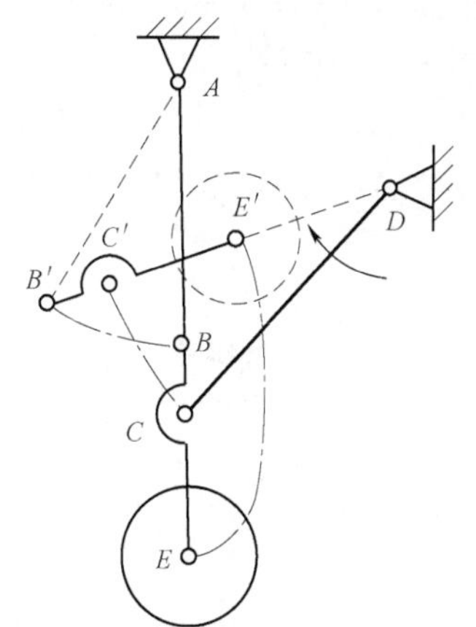

图 2－8　飞机起落架上着陆轮的收放机构

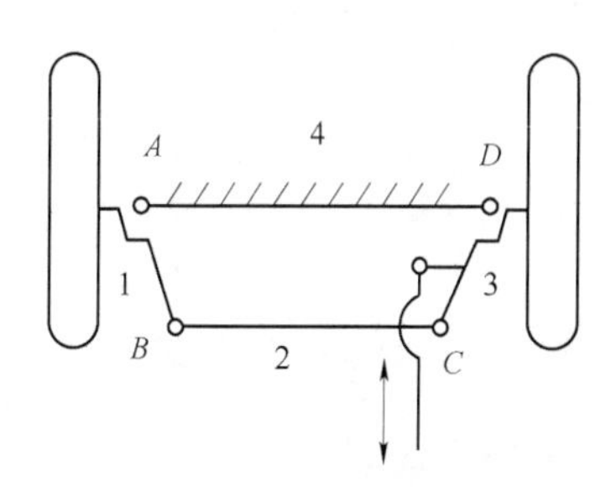

图 2－9　汽车前轮转向机构

1，3—摇杆；2—连杆；4—机架

（四）三种基本形式的转换

铰链四杆机构中，在杆长及运动副位置不变的情形下，当选用不同的构件为机架时，可实现铰链四杆机构三种基本形式的转换。

（1）当连架杆为最短杆，曲柄摇杆机构，如图 2－10（a）所示。

（2）当机架为最短杆，双曲柄机构，如图 2－10（b）所示。

（3）当最长杆为机架、连架杆为最短杆，曲柄摇杆机构，如图 2－10（c）所示。

（4）当连杆为最短杆，双摇杆机构，如图 2－10（d）所示。

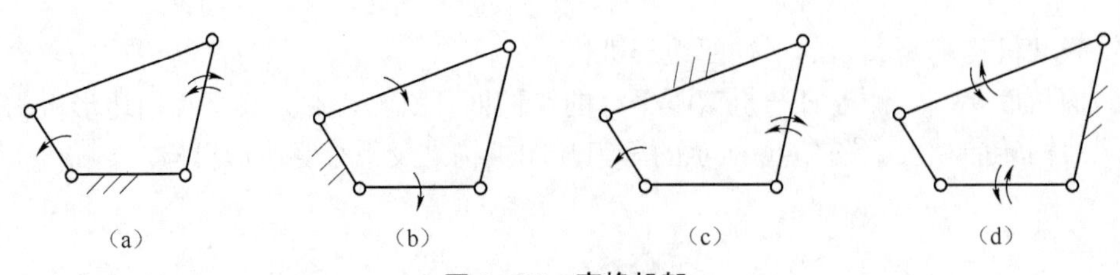

图 2-10　变换机架

(a)，(c) 曲柄摇杆机构；(b) 双曲柄机构；(d) 双摇杆机构

二、平面四杆机构的演化形式

在设计中，铰链四杆机构的基本形式中最基础的机构当属曲柄摇杆机构。在曲柄摇杆机构的基础上，演化而得到的一系列相应机构，才是铰链四杆机构应用的实质所在。通过这些演化将铰链四杆机构的基本形式转变成其他形式的平面四杆机构，即得到了新的机构。在精密机械系统中，广泛采用的有曲柄滑块机构、导杆机构、正弦机构等。

铰链四杆机构可以通过以下方法演化成衍生平面四杆机构。

(1) 变换构件的形状和运动尺寸。将铰链四杆机构中的铰链（转动副）演化成滑块（移动副），构件的长度增至无穷大，以这种方式演化而成的平面四杆机构有曲柄滑块机构、正弦机构和正切机构等。

(2) 选用不同的构件作为机架。曲柄滑块机构通过选取不同构件为机架可演化成转动导杆机构、摆动导杆机构、移动导杆机构、摇块机构和定块机构等。

(3) 扩大转动副的尺寸。通过扩大曲柄滑块机构中转动副的尺寸，演化成偏心轮机构。

以下进一步说明平面四杆机构的演化方法。

(一) 曲柄滑块机构

通过改变构件的形状和运动尺寸，铰链四杆机构可演化成曲柄滑块机构，如图 2-11所示。

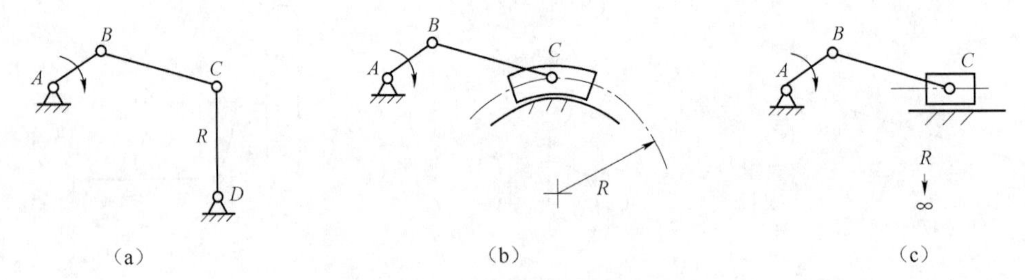

图 2-11　曲柄滑块机构的演化

(a) 曲柄摇杆机构；(b) 曲线导轨的曲柄滑块机构；(c) 曲柄滑块机构

图 2-11 (a) 为曲柄摇杆机构，构件 *AB* 是曲柄，*BC* 是连杆，*CD* 是摇杆，*A*、*D* 是机架。在不改变构件之间连接点运动轨迹的前提下，将图 2-11 (a) 中的摇杆 *CD* 变成圆弧状滑块，见图 2-11 (b)。虽然摇杆 *CD* 的形状发生了变化，但是 *C* 点的运动轨迹没有变化。此时，原来的铰链四杆机构演化为曲柄滑块机构，滑块的运动轨迹是圆弧形，称为曲线导轨的曲柄滑块机构。如果把圆弧的半径 *R* 逐渐增大到无穷大，*C* 点的轨迹将由圆弧变为直线，机构变为图 2-11 (c) 所示的形式，机构演化成为曲柄滑块机构。

曲柄滑块机构由曲柄、连杆、滑块通过三个转动副和一个移动副组成。根据实际应用的需要，可选曲柄滑块机构中的曲柄或滑块作为原动件，相应的从动件做移动或转动，以实现将转动变为移动或将移动变为转动的功能。图 2-12 所示为曲柄滑块机构在光学变倍系统中的应用。

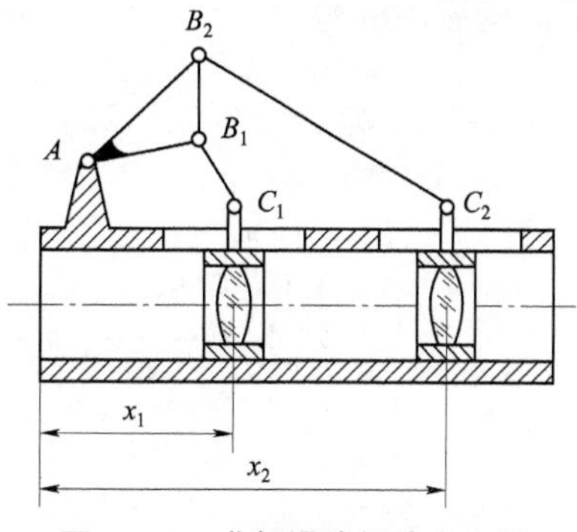

图 2-12　曲柄滑块机构在光学变倍系统中的应用

（二）导杆机构

选取不同的构件作为机架，曲柄滑块机构可演化成导杆机构。将曲柄滑块机构中的曲柄或连杆作为机架，就形成了如图 2-13 所示的导杆机构。

这两种导杆机构的区别是一个为转动导杆机构，另一个为摆动导杆机构。

图 2-13（a）为转动导杆机构，1 为机架，2 和 4 为连架杆，3 为连杆（演化为滑块）。当曲柄 2 为原动件并做整周转动时，滑块 3 在导杆 4 上做往复移动并和曲柄 2 一起做整周转动，同时带动导杆 4 做整周转动。因此，导杆 4 称为转动导杆。形成转动导杆机构的前提条件是构件尺寸 $AB>AC$。

图 2-13（b）为摆动导杆机构。当构件尺寸 $AB<AC$，曲柄 2 为原动件并做整周转动时，导杆 4 不能做整周转动，只能绕 C 点在小于 180° 范围内往复摆动。

图 2-14 所示为导杆机构在光具座的透镜夹持架中的应用。B 点固定于光具座外环 4 上，C 点固定于光具座内环 1 上，A 点与透镜相接触。当透镜挤压 A 点形成原动件时，杆 3 不能做整周转动，只能绕 B 点在小于 180° 范围内往复摆动，同时杆 3 与滑块 2 做相对滑动。

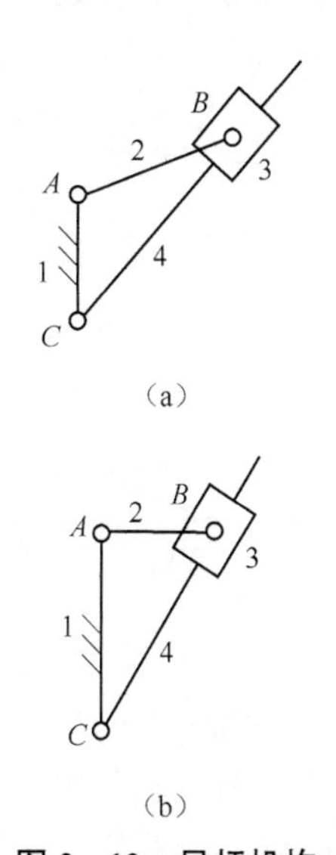

图 2-13　导杆机构

（a）转动导杆机构；（b）摆动导杆机构

1—机架；2—原动件（曲柄）；3—滑块；4—导杆

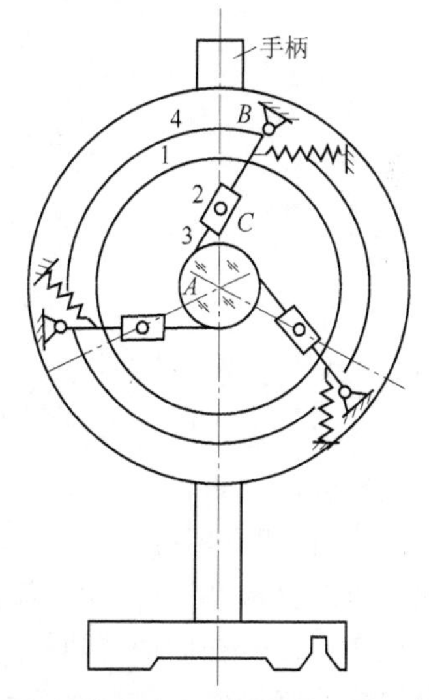

图 2-14　导杆机构在光具座的透镜夹持架中的应用

1—光具座内环；2—滑块；3—杆；4—光具座外环

（三）摇块机构

在转动导杆的基础上，通过改变机架，可演化成如图 2-15 所示的摇块机构。

图 2-15（a）中，杆 2 为机架，杆 1 为主动曲柄，则 C 点成为一个固定铰链，此时的滑块 3 不能滑动，只能转动，成为曲柄摇块机构。图 2-15（b）中卡车车厢自动卸料机构采用

了曲柄摇块机构。

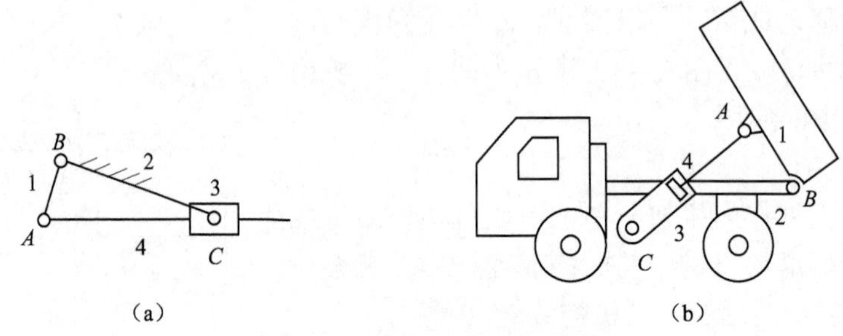

图 2-15　摇块机构及其应用

(a) 曲柄摇块机构；

1—曲柄；2—机架；3—滑块；4—连杆

(b) 卡车车厢自动卸料机构

1—车厢；2—车架；3—滑槽；4—滑块

(四) 定块机构

在摇块机构的基础上，通过改变机架，可演化成图 2-16 所示的定块机构。

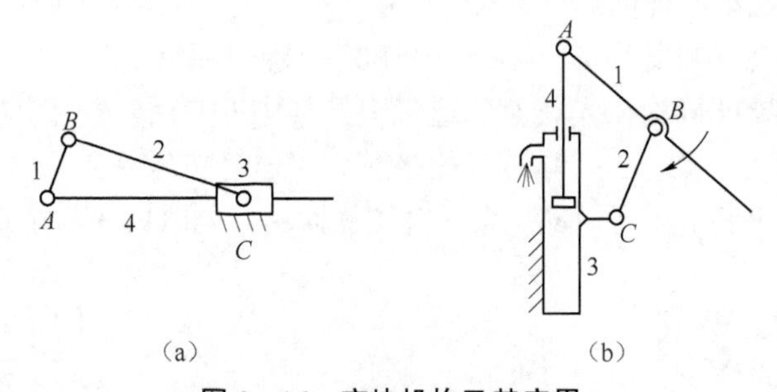

图 2-16　定块机构及其应用

(a) 定块机构；

1—曲柄；2—连杆；3—定块（机架）；4—连杆

(b) 手压唧筒

1—曲柄；2—连杆；3—滑块；4—机架

图 2-16（a）中，构件 2 为绕点 C 摆动的连杆，滑块 3 成为一个固定的机架，则原来的曲柄摇块机构变成了定块机构，也就是移动导杆机构。农村使用的压水井机械中的抽水筒都是采用的定块机构，见图 2-16（b）。

(五) 正弦机构和正切机构

通过进一步改变构件的形状和运动尺寸，曲柄滑块机构可演化成正弦机构或正切机构。

如图 2-17 所示，在曲柄滑块机构的基础上，把另一个转动副再次演化成移动副，两个移动副配合起来，就构成了含有两个移动副的四杆机构。根据所选择演化方式的不同，可形成正弦机构或正切机构。

图 2-17（a）为曲柄滑块（滑道）机构，构件 AB 是曲柄，BC 是尺寸为 R 的连杆，CD 已演化为滑块（滑道），AD 是机架。在不改变构件之间连接点运动轨迹的前提下，将连杆 BC 变成圆弧状滑块，见图 2-17（b）。虽然连杆 BC 的形状发生了变化，但是 B 点的运动轨迹没有变化，仍然是以 R 为半径的圆弧。如果把圆弧的半径 R 逐渐增大到无穷大，B 点的轨迹将由圆弧变为直线，此时，铰链四杆机构的两杆长度均趋于无穷大，机构变为图 2-17（c）所

示的形式，铰链四杆机构演化成具有双移动副的正弦机构。当变换构件的形态以不同的形式显现出来时，双移动副的正弦机构可进一步演化成正切机构，见图 2-17（d）。

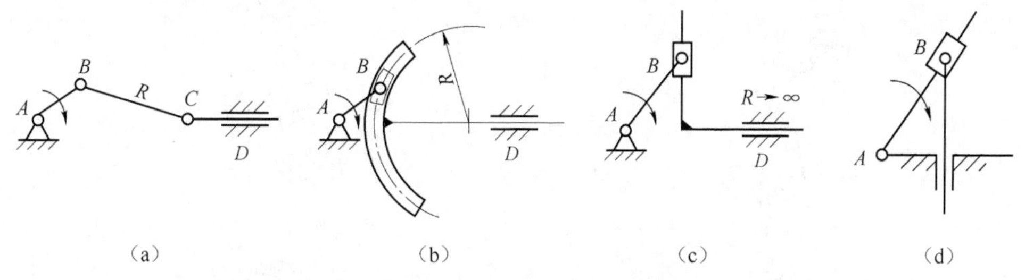

图 2-17　正弦机构和正切机构的演化

（a）曲柄滑块机构；（b）曲线导轨的双滑块机构；（c）正弦机构；（d）正切机构

从动件的位移与原动件转角的正弦成正比，称为正弦机构。从动件的位移与原动件转角的正切成正比，称为正切机构。正弦机构和正切机构如图 2-18 所示。

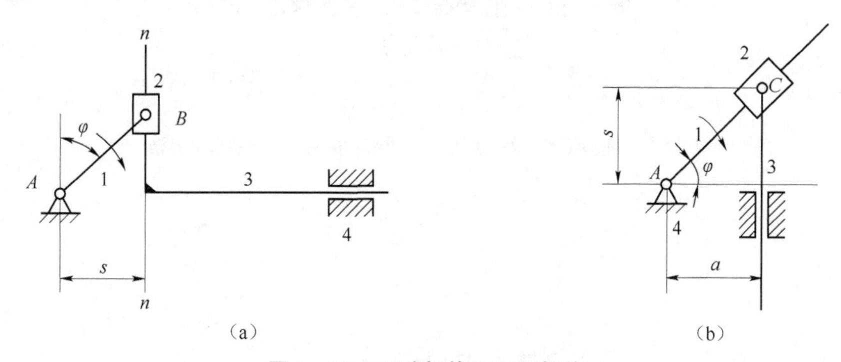

图 2-18　正弦机构和正切机构

（a）正弦机构；（b）正切机构

1—摆杆；2—滑块；3—推杆；4—机架

图 2-18（a）所示的正弦机构，杆 4 是机架，推杆 3 的水平位移 s（摆杆 1 的中心 A 至推杆 3 导路中心的距离）与摆杆 1（长度 $AB=a$）的转角φ的正弦成正比，即 $s=a\sin\varphi$。

图 2-18（b）所示的正切机构，杆 4 是机架，摆杆 1 在一定角度范围内转动，推杆 3 在机架上滑动，滑块 2 和推杆 3 共用一个铰链，推杆 3 在机架 4 上滑过的长度 s 与摆杆 1 与水平线的转角φ 的正切成正比，即 $s=a\tan\varphi$。

图 2-19（a）所示为正弦机构在奥氏测微仪中的应用。机构由推杆 1，摆杆 2，指针 3，齿轮 4，拉紧弹簧 5、7，机架 6 等组成，摆杆带动齿轮转动。

图 2-19（b）所示为正切机构在立式光学比较仪中的应用。机构由光学系统 1、2、3，摆杆 4，推杆 5，机架 6，拉紧弹簧 7 等组成。摆杆 4 可在一定范围内摆动，通过左端转动副与机架相连，与水平面夹角为转角φ，左端转动副与推杆轴线间的距离为 a，推杆 5 与机架 6 形成移动副，顶端与摆杆 4 相接触形成转动移动副。当反射镜转动φ角，光线将转过 2φ角，引起光线在平面玻璃板上的平移为 l，成像透镜的焦距为 f。

推杆顶端向上移动的位移为 s，则可知

$$s=a\tan\varphi\approx a\varphi$$

$$l=f\tan2\varphi\approx2f\varphi$$

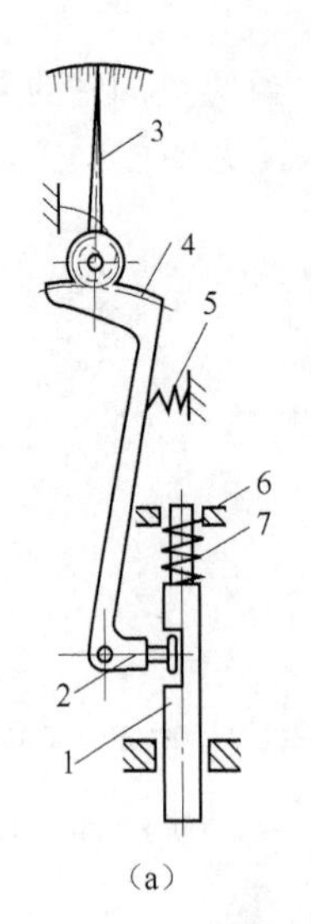

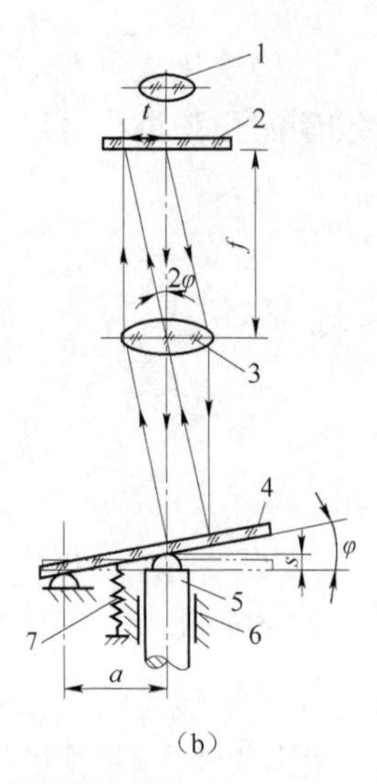

（a）　　　　　　　　　　　　　　（b）

图 2－19　奥氏测微仪和立式光学比较仪

（a）奥氏测微仪；

1—推杆；2—摆杆；3—指针；4—齿轮；5，7—拉紧弹簧；6—机架

（b）立式光学比较仪

1，2，3—光学系统；4—摆杆；5—推杆；6—机架；7—拉紧弹簧

$$\frac{l}{s}=2\frac{f}{a}$$

$$l=2\frac{fs}{a}$$

由此可知，光线位移量 l 与被测量 s 呈线性关系。

当构件尺寸条件相同时，正弦机构的原理误差比正切机构的小，正切机构的结构工艺性比正弦机构的好。推杆移动副的间隙对正弦机构的精度没有影响，但对正切机构的精度影响较大。高精度仪器仪表中，多采用正弦机构，精度较低时一般采用正切机构。

在实际应用过程中，虽然正弦机构的原理误差比正切机构小，但在立式光学比较仪中依然采用了正切机构，应用正切机构的原因是采用了两级放大。第一级，将线位移转换为角位移，即 $S=a\tan\varphi$，对于线性刻度标尺，示值小于实际值；第二级，光学放大，将角位移变为线位移，对于线性刻度标尺，示值大于实际值，两者误差方向相反，可以抵消一部分，从而减少了原理误差。

（六）双移动副机构

由曲柄滑块机构演化而来的含有两个移动副的四杆机构中，通过取不同的构件为机架，可得到不同形式的双移动副机构，从而使从动件实现多种形式的运动变换和不同形状的运动轨迹。

图 2－20 所示为双移动副的四杆机构。通过取不同的构件为机架而得到双滑块机构、双转块机构和余弦机构。

椭圆仪是一种双滑块机构的应用实例，动杆连接两回转副，固定导杆呈十字形并连接两移动副，两个滑块沿十字导路直线移动，动杆做 360° 的旋转，其上各点的轨迹为长、短轴不同的椭圆。双转块机构可用于十字联轴器机构中。与正弦机构和正切机构相类似，余弦机构可用于仪器仪表和解算装置中。

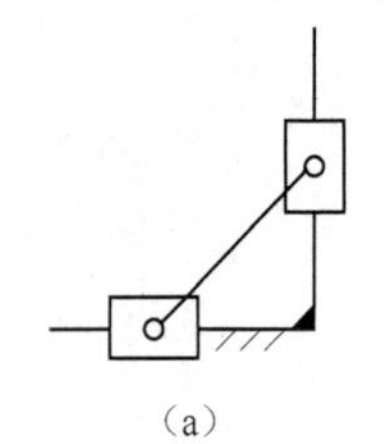

(a)

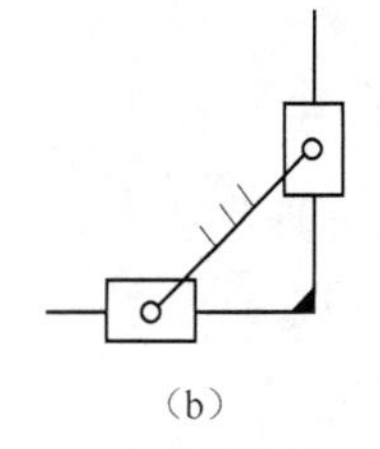

(b)

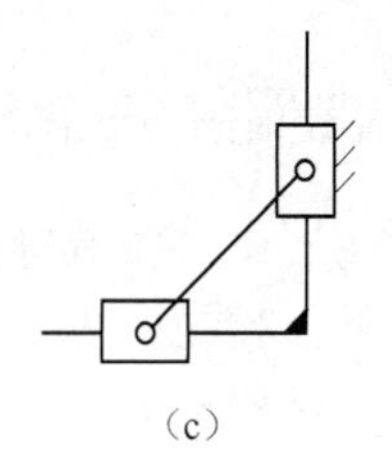

(c)

图 2－20　双移动副的四杆机构

(a) 双滑块机构；(b) 双转块机构；(c) 余弦机构

（七）偏心轮机构

偏心轮机构是曲柄滑块机构“扩大运动副的尺寸”而演化的机构。

在曲柄滑块机构或其他含有曲柄的四杆机构中，如果曲柄长度很短，在杆状曲柄两端装设两个转动副将存在结构设计上的困难，并且使得构件和转动副不易加工。若曲柄需安装在直轴的两支承之间，则将导致连杆与曲柄轴的运动干涉，并且当曲柄传递的动力也不小的情况下，容易使曲柄不能承受过大的动力而折断。考虑到以上这些情况，就由曲柄演化成偏心轮，这样的设计既解决了结构工艺上的难题，也可以使其轴颈的强度和刚度明显增大，在外载荷较大的情况下，承受较大的冲击。

为此，工程中常将曲柄设计成偏心距为曲柄长的偏心圆盘，此偏心圆盘称为偏心轮。曲柄为偏心轮结构的连杆机构称为偏心轮机构，偏心轮机构的使用场合多为用来带动机械的开关、活门等。

图 2－21 所示为偏心轮机构，偏心轮的回转中心到它的几何中心之间的距离 AB 称为偏心距，即曲柄长度。构件 1 为偏心轴，即为曲柄，构件 2 为连杆，构件 3 为滑块，构件 4 为机架。

图 2－21　偏心轮机构

1—曲柄；2—连杆；3—滑块；4—机架

曲柄滑块机构结构比较复杂，曲柄质量小，重力平衡，运转平稳。与曲柄滑块机构相比，偏心轮机构在结构上相对简单，节省空间，易于维护，但缺点是重力不平衡，不适用于高速旋转。一般来说，高速轻载用曲柄滑块机构，低速重载用偏心轮机构。

以上所述的铰链四杆机构的演化形式只是常用的几种。在实际应用中，还有其他各种形式的四杆机构，它们也可用上述的演化方法得到，经演化得到的四杆机构还可以以各种不同的形式显现出来，继续演化发展成各式各样的机构。同时，这些演化机构的应用也是非常的复杂，同样连接的几种杆件，如果任意地改变其中一个杆件的尺寸，那么这个机构的运动形式和结果就会发生不同的变化。

总之，平面四杆机构是一种多变而复杂的机构，因此，正确理解四杆机构的本质，掌握四杆机构的基本形式和演化方法，将有利于对四杆机构的分析和新机构的设计。

第二节　平面四杆机构的基本特性

了解平面四杆机构的基本特性，对于选择平面连杆机构的类型和设计平面连杆机构具有重要的意义。本节以曲柄摇杆机构为出发点，阐述铰链四杆机构的基本特性。

一、曲柄存在的条件

实际应用中，常选择电动机作为平面连杆机构的动力输入端，将电能转换成机械能。电动机对外输出转矩，驱动原动件转动，以实现旋转运动，形成工作循环。因此，设计时常要求原动件为做整周转动的曲柄。

铰链四杆机构三种基本形式的本质区别在于是否存在曲柄和有几个曲柄，而曲柄的存在主要与机构中各构件的相对长度及机架的选择有关。现以铰链四杆机构为例，说明机构中存在曲柄的条件。

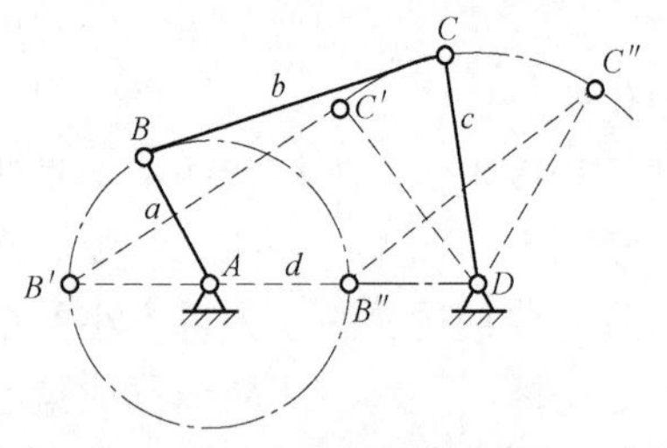

图 2－22　铰链四杆机构

图 2－22 所示为一铰链四杆机构，设各构件的杆长分别为 a、b、c、d，构件 AB 要成为曲柄，则需满足以下几点：

（1）转动副 A 应为周转副。

（2）AB 杆应能占据整周中的任何位置。

（3）AB 杆应能占据与机架 AD 共线的两个位置 AB' 及 AB''。

若杆 AB 为曲柄，则各杆的长度应满足曲柄 AB 在转动过程中能通过与机架 AD 共线的位置 AB'和 AB''。由图可知，当曲柄处于与机架共线的两个位置时，分别构成三角形 $B'C'D$ 和 $B''C''D$。根据几何关系，当 $a<d$ 时，从这两个三角形中可找出构件间的尺寸关系为

$$a+d\leqslant b+c \tag{2-1}$$

$$(d-a)+b\geqslant c\text{，即 } a+c\leqslant b+d \tag{2-2}$$

$$(d-a)+c\geqslant b\text{，即 } a+b\leqslant c+d \tag{2-3}$$

将式（2－1）、式（2－2）和式（2－3）分别两两相加可得

$$a\leqslant b\text{，}a\leqslant c\text{，}a\leqslant d \tag{2-4}$$

当 $a>d$ 时，用同样的方法可得到杆 AB 能做整周转动的条件

$$d+a\leqslant b+c \tag{2-5}$$

$$d+b\leqslant a+c \tag{2-6}$$

$$d+c\leqslant a+b \tag{2-7}$$

$$d\leqslant a\text{，}d\leqslant b\text{，}d\leqslant c \tag{2-8}$$

以上各式表明，最短杆与最长杆之和小于或等于其余两杆之和。

分析上述各式，可得铰链四杆机构存在曲柄的条件为：

（1）曲柄和机架之一必有一杆是最短杆，称为机架条件。

（2）最短杆和最长杆的长度之和小于或等于其余两杆长度之和，该长度之和关系称为杆长条件。

曲柄存在的条件还可表述为：构件尺寸满足杆长条件，且最短杆为机架或连架杆。铰链四杆机构类型的判别，首先判定是否满足杆长条件，然后判定连架杆或机架是否为最短杆。

如图 2－23 所示，设 a 为最短杆，d 为最长杆，当 $a+d\leqslant b+c$ 时，即在满足杆长条件的情形下，当构件尺寸不变时，选择不同构件作为机架而得到的平面四杆机构的三种基本形式。

在铰链四杆机构中，最短杆两端的转动副均为周转副。此时，若取与最短杆相邻的任何

一个杆为机架，得到曲柄摇杆机构，如图 2－23（a）所示；如果取最短杆为机架，则得到双曲柄机构，如图 2－23（b）所示；如果取与最短杆相对的杆为机架，则得到双摇杆机构，如图 2－23（c）所示。

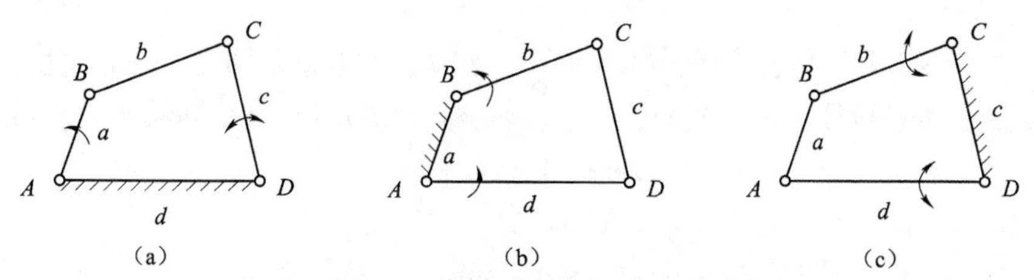

图 2－23　选择不同构件作为机架可变换机构的类型

（a）曲柄摇杆机构；（b）双曲柄机构；（c）双摇杆机构

当满足杆长条件时，依次可以得到以下结论：

（1）连架杆之一为最短杆时，得到曲柄摇杆机构。

（2）机架为最短杆时，得到双曲柄机构。

（3）连杆为最短杆时，得到双摇杆机构。

若铰链四杆机构中的最长杆和最短杆长度之和大于其余两杆长度之和，即不满足杆长条件，机构中无论以哪个构件作为机架，都不可能存在曲柄，该机构只能构成双摇杆机构。

例 2－1　铰链四杆机构中，已知 $L_{BC}=50$ mm，$L_{CD}=35$ mm，$L_{AD}=30$ mm，AD 为机架。问：（1）若此机构为曲柄摇杆机构，且 AB 为曲柄，求 L_{AB} 的最大值。（2）若此机构为双曲柄机构，求 L_{AB} 的最小值。（3）若机构为双摇杆机构，求 L_{AB} 的值（取值范围）。

解：

（1）当此机构为曲柄摇杆机构，且 AB 为曲柄时，由曲柄存在的必要条件（杆长条件），有

$$L_{AB}+L_{BC}\leqslant L_{CD}+L_{AD}$$

即

$$L_{AB}+50\leqslant 35+30$$

则 $L_{AB}\leqslant 15$ mm。

因此，L_{AB} 的最大值为 15 mm。

（2）当此机构为双曲柄机构时，应有：机架 AD 为最短杆，且

$$L_{AD}+L_{BC}\leqslant L_{CD}+L_{AB}$$

即

$$30+50\leqslant L_{AB}+35$$

则 $L_{AB}\geqslant 45$ mm。

因此，L_{AB} 的最小值为 45 mm。

（3）若机构为双摇杆机构，则有以下三种情况：

① AB 为最短杆，即 $L_{AB}\leqslant 30$ mm。此时不存在曲柄，即无法满足曲柄存在的必要条件，有

$$L_{AB}+50>35+30$$

则 $L_{AB}>15$ mm。

因此，L_{AB}的取值范围为 15 mm$<L_{AB}\leqslant$30 mm。

② AB 为最长杆，即 $L_{AB}>50$ mm，此时 AD 为最短杆，则

$$30+L_{AB}>50+35$$

则 $L_{AB}>55$ mm。

又因为 L_{AB} 的值不应大于其余三杆长度之和，因此，L_{AB}的取值范围为 55 mm$<L_{AB}<$115 mm。

③ AB 既不是最短杆，也不是最长杆，此时 AD 为最短杆，BC 为最长杆，则

$$30+50>L_{AB}+35$$

则 $L_{AB}<45$ mm。

因此，L_{AB}的取值范围为 30 mm$\leqslant L_{AB}<$45 mm。

二、急回运动

在曲柄摇杆机构中，当曲柄为原动件做等速回转时，对应的从动件摇杆通常做往复变速摆动，即摇杆往复摆动的平均角速度不同，一慢一快，而摇杆的返回速度较快，这种运动性质称为急回运动特性。

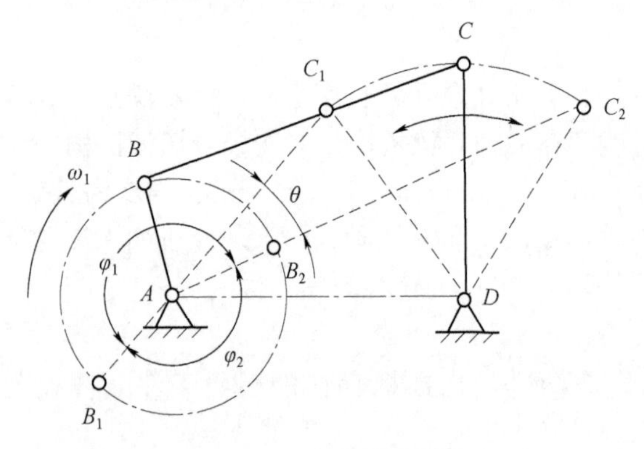

图 2-24　急回运动特性

如图 2-24 所示的曲柄摇杆机构，当曲柄 AB 位于 AB_1 而与连杆 BC 成一直线时，摇杆 CD 位于左极限位置 C_1D；当曲柄 AB 位于 AB_2 而与连杆 BC 再次成一直线时，摇杆 CD 则到达其右极限位置 C_2D。

在曲柄转动一周的过程中，有两次与连杆共线（重叠共线与拉直共线），这时摇杆分别位于左、右两极限位置。机构所处的这两个位置，称为极位。机构在两个极位时，曲柄与连杆两次共线所在两个位置之间所夹的锐角称为极位夹角 θ，摇杆位于两极限位置所夹的锐角 ψ 称为摆角。

当曲柄以等角速度 ω_1 顺时针转过角φ_1时，曲柄从 AB_1 到 AB_2 的位置，摇杆从左极限位置 C_1D 摆到右极限位置 C_2D，摆角为 ψ，所需时间为 t_1，曲柄继续以等角速度 ω_1 顺时针转过φ_2所需时间为 t_2，此时摇杆从右极限位置 C_2D 摆到左极限位置 C_1D。

转角φ_1和φ_2可表示为

$$\varphi_1=180°+\theta \tag{2-9}$$

$$\varphi_2=180°-\theta \tag{2-10}$$

因$\varphi_1>\varphi_2$，故 $t_1>t_2$，摇杆的平均角速度为

$$\omega_{y1}=\frac{\psi}{t_1},\quad \omega_{y2}=\frac{\psi}{t_2} \tag{2-11}$$

显然，$\omega_{y1}<\omega_{y2}$，摇杆从左向右摆动时速度较慢，从右向左摆动时速度较快。由此可知，当曲柄做等速回转时，在曲柄与连杆共线的两个位置周期内，摇杆往复运动的平均角速度不等的现象称为机构的急回运动特性。

通常用行程速度变化系数 K 来衡量急回运动的相对程度，即

$$K=\frac{\omega_{y2}}{\omega_{y1}}=\frac{t_1}{t_2}=\frac{\varphi_1}{\varphi_2}=\frac{180^\circ+\theta}{180^\circ-\theta} \tag{2-12}$$

$$\theta=180^\circ\frac{K-1}{K+1} \tag{2-13}$$

式（2-13）表示极位夹角 θ 与行程速度变化系数 K 之间的关系。机构的急回运动特性取决于机构的极位夹角，而且 K 值越大，θ 角越大，则机构的急回运动特性也越显著。如果极位夹角 $\theta=0^\circ$，则 $K=1$，摇杆在正反行程中平均速度相等，机构没有急回运动特性。

图 2-25 所示为几种不同机构的极位夹角。图 2-25（a）所示的对心曲柄滑块机构，其极位夹角 $\theta=0^\circ$，$K=1$，机构没有急回运动特性。而图 2-25（b）所示的偏置曲柄滑块机构及图 2-25（c）所示的摆动导杆机构，其极位夹角 $\theta>0^\circ$，故 $K>1$，两机构都具有急回运动特性。

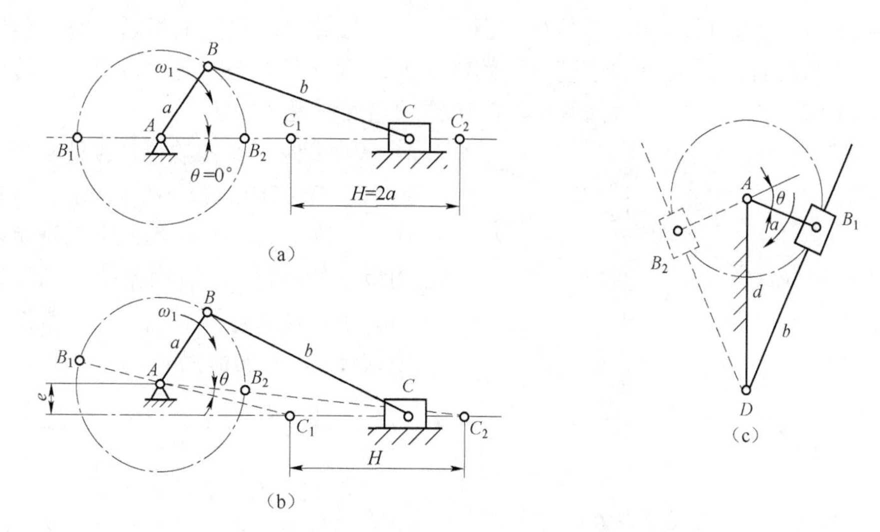

图 2-25　几种不同机构的极位夹角

（a）对心曲柄滑块机构；（b）偏置曲柄滑块机构；（c）摆动导杆机构

具有急回特性的机构，可以提高机械的工作效率，在慢速运动的行程工作，从而减小工作阻力并提高工件的加工质量；快速运动的行程返回，可以缩短辅助工作时间。

三、压力角和传动角

在设计平面四杆机构时，要求所设计的机构既能实现给定的运动规律，又要机构运动轻便，有较好的传动性能。

在图 2-26 所示的铰链四杆机构中，力 $\boldsymbol{F}$ 的作用线与受力点 C 的速度 v_C 方向之间所夹的锐角 α，称为机构在该位置的压力角。压力角是判断机构动力学性能的一个重要指标。

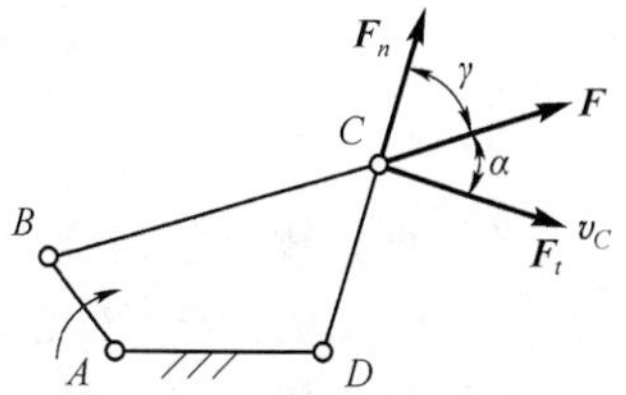

图 2-26　压力角和传动角

对于连杆机构，常以压力角 α 的余角，即连杆与摇杆之间所夹的锐角 γ 的大小衡量机构传力性能的优劣，γ 角称为传动角。传动角为压力角的余角，即 $\gamma=90^\circ-\alpha$。

若不考虑惯性力、重力、摩擦力的影响，则连杆 BC 是一个二力共线的构件，由原动件

曲柄 AB 经过连杆 BC 作用在铰链 C 上的力 $\boldsymbol{F}$ 必沿着 BC 方向。力 $\boldsymbol{F}$ 可以分解为：沿着受力点 C 的速度 v_C 方向的分力 $\boldsymbol{F}_t$ 和垂直于受力点 C 的速度方向的分力 $\boldsymbol{F}_n$。由图 2－26 可知：

$$\boldsymbol{F}_t=\boldsymbol{F}\cos\alpha \tag{2-14}$$

$$\boldsymbol{F}_n=\boldsymbol{F}\sin\alpha \tag{2-15}$$

为了有效地驱动从动件运动，需要依靠力 $\boldsymbol{F}$ 的有效分力 $\boldsymbol{F}_t$，若 $\boldsymbol{F}_t$ 越大，意味着从动件得到的驱动力越大。$\boldsymbol{F}_n$ 仅仅产生作用在转动副 C、D 的径向压力，它将增加转动副的摩擦和磨损，故越小越好。因此，可用压力角的大小来衡量四杆机构传动效率的优劣。由 $\gamma=90°-\alpha$，显然，α 角越小，或者 γ 角越大，使从动杆运动的有效分力就越大，对机构传动就越有利。由于 γ 角便于观察和测量，工程上常以 γ 角作为设计和衡量连杆机构传动性能的重要参数之一。

大多数机构在运动过程中，传动角的大小是变化的。但有些机构的传动角是始终不变的，例如图 2－25（c）所示的摆动导杆机构，由于在任何位置时，主动曲柄通过滑块传给从动杆的力的方向与从动杆上受力点的速度方向始终一致，所以在机构的运动过程中，传动角始终等于 90°。正弦机构，当以曲柄为原动件时，传动角始终是 90°。

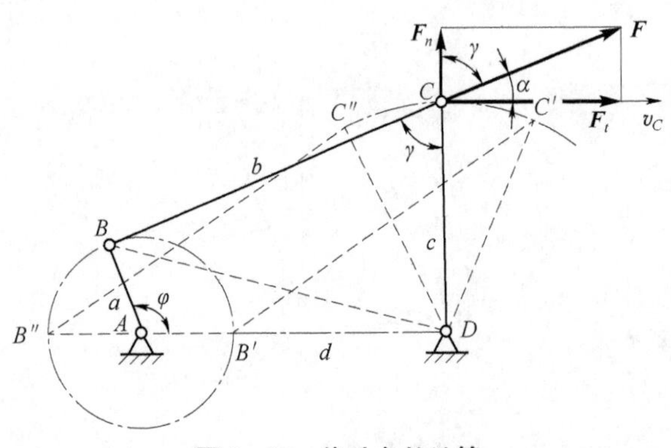

图 2－27　传动角的计算

为了保证机构的传动性能良好，设计时通常应使机构的最小传动角大于或等于许用值，即 $\gamma_{\min}\geqslant[\gamma]$，因此需要确定四杆机构的最小传动角 $\gamma_{\min}$。根据图 2－27 所示的几何关系，传动角可以用三角函数的余弦定理公式计算，γ 的值为

$$\cos\gamma=\frac{b^2+c^2+2ad\cos\varphi-a^2-d^2}{2bc} \tag{2-16}$$

式（2－16）表明传动角 γ 的大小与机构中各杆的尺寸有关。从式（2－16）可以看出，当曲柄 AB 与机架 AD 的夹角 $\varphi=0°$ 或 180° 时，传动角 γ 有极值存在，最小传动角将出现在曲柄 AB 与机架 AD 共线的两个位置之一，即重叠共线位置 AB' 和拉直共线位置 AB''。在这两个位置时

$$\angle B'C'D=\arccos\frac{b^2+c^2-(d-a)^2}{2bc} \tag{2-17}$$

$$\angle B''C''D=\arccos\frac{b^2+c^2-(d+a)^2}{2bc} \tag{2-18}$$

当拉直共线时，连杆与摇杆之间的夹角可能是锐角或钝角。若该夹角 $\angle B''C''D$ 为锐角，则 $\gamma_{\min}=\angle B'C'D$；若 $\angle B''C''D$ 为钝角，则 $\gamma_{\min}$ 取 $\angle B'C'D$ 和 $180°-\angle B''C''D$ 两者中的较小者。

为了保证机构传动处于良好的状态，必须规定最小的传动角 $\gamma_{\min}$，一般应使 $\gamma_{\min}\geqslant 40°$。在高速和传递大功率时，要求 $\gamma_{\min}\geqslant 50°$。

四、死点位置

由于低副机构具有运动可逆性，对于曲柄摇杆机构而言，可以选用曲柄为原动件，也可

以选用摇杆为原动件，主要取决于机构要完成的功能。当以摇杆作为原动件，曲柄作为从动件时，在机构的转动过程中，会出现连杆与从动件曲柄处于共线位置的情形，如图 2－28 所示。

在该位置时，机构的传动角 $\gamma=0°$，即 $\alpha=90°$，作用在曲柄上的有效分力 $\boldsymbol{F}_t=\boldsymbol{F}\cos\alpha=0$。在此位置不论力 $\boldsymbol{F}$ 多大，都不能使从动件曲柄转动，机构的此种位置称为死点位置。

死点的出现是和原动件的选取有关的，图 2－28 所示的同一机构中，当以曲柄作为原动件时，则机构在转动过程中不会出现摇杆与连杆共线的位置，即机构没有死点位置。由此说明，平面四杆机构在转动过程中是否存在死点位置，取决于从动件是否有可能与连杆共线。

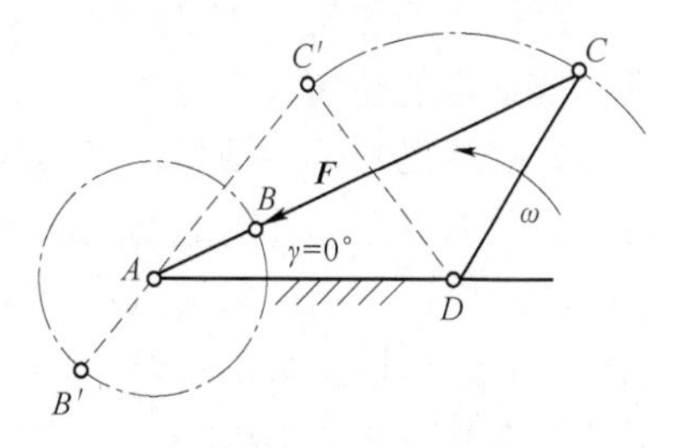

图 2－28　死点位置

对于连杆机构的传动而言，机构的死点位置是不利的，应当尽量避免机构停留在死点位置，或采取措施使机构顺利通过死点位置以保持正常工作。对于连续运转的机构，通常可在从动曲柄上安装转动惯量大的飞轮来闯过死点位置。图 2－3 中，缝纫机踏板机构就是由大带轮起到飞轮的作用。有些系统中也可以采用机构错位排列的方法，使各机构的死点位置不同时出现。例如图 2－29 所示的蒸汽机车车轮联动机构，由两组曲柄滑块机构 *EFG* 和 *E′F′G′*组成，而两者的曲柄位置相互错开 90°，以避免机构的死点位置同时出现。

设计中可利用机构死点的特性设计出多种机械。如图 2－30 所示的夹紧工件机构就是应用了死点位置进行工作的实例。当力 $\boldsymbol{F}$ 作用于连杆手柄时，工件被夹紧，这时连杆 *BC* 与构件 *CD* 共线。撤去外力 $\boldsymbol{F}$ 后，机构在工件反力 $\boldsymbol{T}$ 的作用下处于死点位置。此时不论 $\boldsymbol{T}$ 多大，机构 *CD* 都不会转动，从而保证工件在被加工过程中不会松脱。图 2－8 中所示的飞机起落架上着陆轮的收放机构也是利用了在飞机着陆轮放下时，杆 *BC* 和 *AB* 共线，机构处于死点位置，使起落架不会反转，从而保持支撑状态。

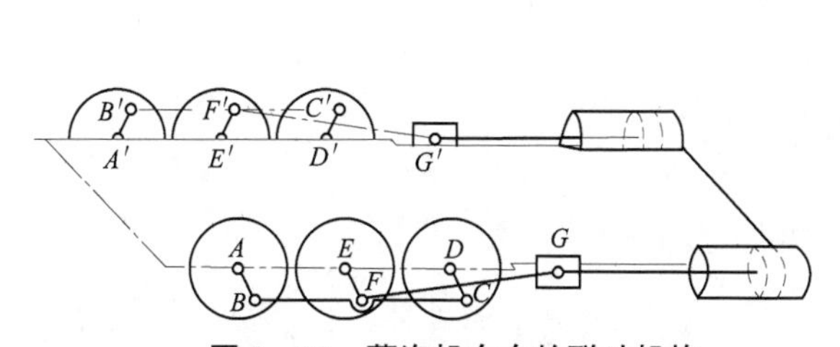

图 2－29　蒸汽机车车轮联动机构

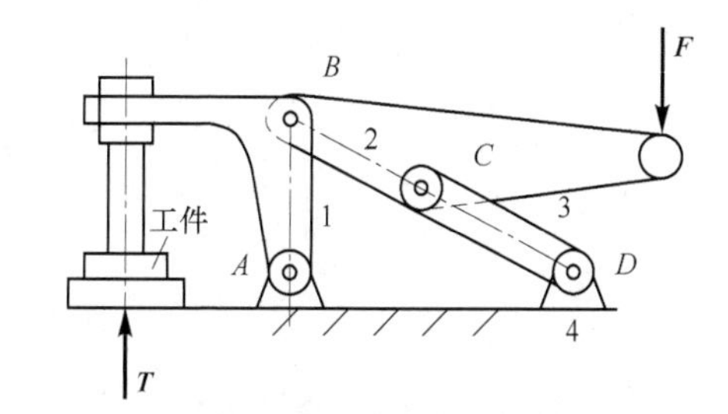

图 2－30　夹紧工件机构

1，3—连架杆；2—连杆；4—机架

第三节　平面四杆机构的设计

平面四杆机构的设计包括两方面的内容：一是机构的选型；二是根据给定的运动条件，进行机构运动简图尺寸的选定。机构的选型问题主要根据工程的实际需要，确定所设计的机构中应由多少个构件和运动副组成以及运动副的类型，这些问题可应用前面介绍过的平面四杆机构的类型及特点的知识来解决。本节主要讨论机构运动简图尺寸的选定。

生产实践中对机构的要求多种多样，已知条件也各不相同，平面四杆机构的设计一般可归纳为以下三类基本问题：

（1）实现构件给定位置（亦称刚体导引），即实现给定的连杆位置。这类设计问题要求连杆机构能引导某构件按规定顺序精确或近似地经过给定的若干位置，即要求连杆能顺序占据一系列给定的位置。图 2－8 所示的飞机起落架上着陆轮的收放机构的设计，就是要求连杆能实现给定的位置。

（2）实现已知运动规律（亦称函数生成）。这类设计问题要求当原动件的运动规律已知时，从动件运动能与原动件的运动之间满足某种给定的函数关系，即要求主、从动件满足已知的若干组对应位置关系，包括满足一定的急回特性要求，或者在原动件运动规律一定时，从动件能精确或近似地按给定规律运动。图 2－6 所示的车门开闭机构在车门开启和关闭时，要求连架杆实现其转角大小相等、方向相反的运动规律。

（3）实现已知运动轨迹（亦称轨迹生成）。这类设计问题要求连杆机构中做平面运动的构件上某一点精确或近似地沿着给定的轨迹运动，即要求所设计的机构连杆上某点轨迹能与给定的曲线相一致。图 2－31 所示的鹤式起重机机构要求在起重机的工作过程中连杆上点 M 的轨迹应为一直线。

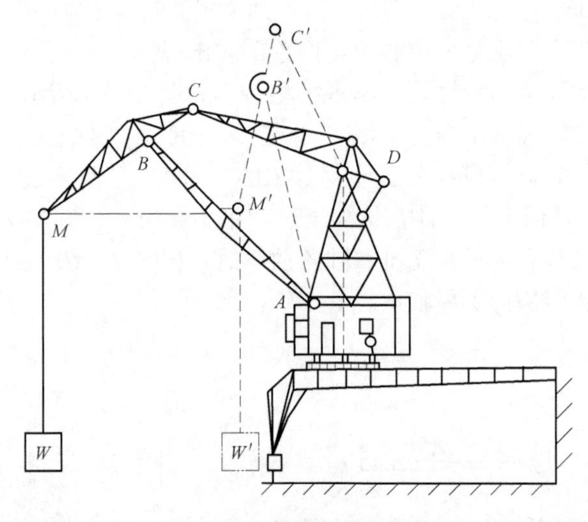

图 2－31　鹤式起重机机构

在进行平面连杆机构运动设计时，往往上述运动要求为主要设计目标，同时还要兼顾一些运动特性和传力特性等方面的要求，如周转副要求、压力角或最小传动角要求、曲柄存在条件、机构占据空间位置要求等。另外，设计结果还应满足运动连续性要求，即当原动件连续运动时，从动件也能连续地占据预定的各个位置，而不能出现错位或错序等现象。

按给定的从动件运动来决定机构运动简图的尺寸，应综合考虑运动设计要求，求得合理可靠的机构。

对从动件的运动要求是多种多样的，要综合的问题也各不相同。一般可归结为：原动件运动规律一定时，要求从动件能实现给定的对应位置或近似实现给定函数的运动规律；要求连杆能实现给定的位置；要求连杆上某点能近似沿给定曲线运动。其中要求连杆能实现给定的位置是研究运动几何学的基本问题，据此也可求解近似实现给定曲线的机构。

平面四杆机构的设计方法有图解法、解析法和实验法。图解法是利用机构运动过程中各运动副位置之间的几何关系，通过作图获得有关运动的尺寸，直观形象，几何关系清晰，对于一些简单设计问题的处理是有效而快捷的。但由于作图误差的存在，图解法设计精度较低，对于较复杂的设计，图解法实现起来较困难。解析法是将运动设计问题用数学方程加以描述，通过方程的求解获得有关运动尺寸，常用的有插值法、平方逼近法、最佳逼近法等。其直观性差，计算繁复，但设计精度高，随着计算机技术的应用和向量、复数与矩阵等数学手段的运用，解析法已成为各类平面连杆机构运动设计的一种有效方法。实验法是用不同机构参数的模型通过反复实验求解机构的尺寸，用于机构的初步设计。实验法有和图解法类似之处，但比较烦琐。

在实际的工程设计中，图解法和解析法应用较广泛，以下将以平面四杆机构为例，分别用图解法和解析法进行设计。

一、图解法

图解法设计铰链四杆机构的过程可以归纳为：根据已知铰链的位置，作图确定未知铰链的位置。

（一）按给定连杆的两个或三个位置设计四杆机构

如图 2－32 所示，以给定连杆的两个或三个位置设计四杆机构。图 2－32（a）中，已知连杆 BC 的长度和连杆要通过的两个位置 B_1C_1 和 B_2C_2。图 2－32（b）中，已知连杆 BC 的三个位置 B_1C_1、B_2C_2 和 B_3C_3。

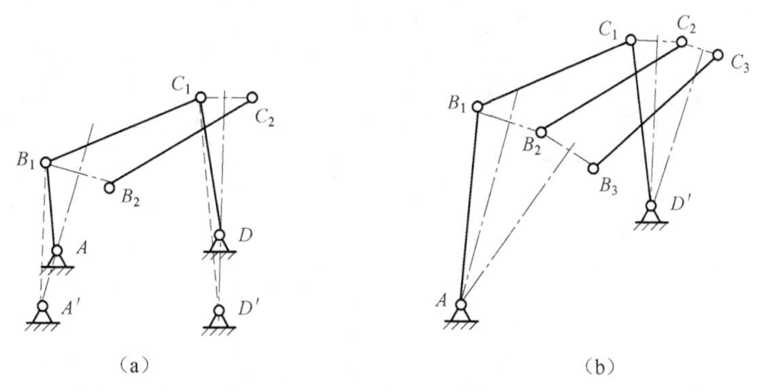

图 2－32 按给定连杆的两个或三个位置设计四杆机构

（a）给定连杆的两个位置；（b）给定连杆的三个位置

该机构设计的主要任务是：已知活动铰链点 B、C 的中心位置，求解两连架杆与机架连接的固定铰链 A、D 的中心位置。当 4 个铰链位置确定以后，用线条将各个铰链点加以连接，即可完成图解法设计铰链四杆机构。

当给定连杆的两组位置时，见图 2－32（a），铰链四杆机构的设计步骤为：

（1）以一定的比例画出直线 B_1C_1 和 B_2C_2；

（2）连接 B_1B_2 和 C_1C_2；

（3）作 B_1B_2 和 C_1C_2 的中垂线；

（4）将铰链 A、D 分别选在 B_1B_2、C_1C_2 连线的垂直平分线上任意位置都能满足设计要求（可选 A 或 A'、D 或 D'）。

如果仅给定连杆的两个位置，因 A、D 点的位置可在各自的中垂线上任意选取，因此，有无穷多组解。若要得到一个确定的解，则需要给定一些辅助条件，如机构尺寸、曲柄条件、最小传动角等。

当给定连杆的三组位置时，见图 2－32（b），铰链四杆机构的设计步骤为：

（1）以一定的比例画出直线 B_1C_1、B_2C_2 和 B_3C_3；

（2）连接 B_1B_2、B_2B_3、C_1C_2 和 C_2C_3；

（3）作 B_1B_2、B_2B_3、C_1C_2 和 C_2C_3 的中垂线，分别相交于 A、D 点。

如果给定连杆的三个位置，则 A、D 点的位置可在各自的中垂线上唯一选取。此时，A、B_1、C_1、D 就是所求的铰链四杆机构在第一位置时的 4 个铰链中心位置，由 AB_1C_1D 组成的图形就是在该位置时的机构运动简图。

该方法的几何问题：已知圆周上的两点或三点位置，求圆心 A、D 的位置。

（二）按给定连架杆的三个位置设计四杆机构

如图 2－33 所示，按给定连架杆的三个位置设计四杆机构。图 2－33（a）中，已知连架杆 AB 和机架 AD 的长度，AB 和 CD 上某一线 DE 对应的三个位置 AB_1、AB_2、AB_3 和 DE_1、DE_2、DE_3，以及两连架杆的三组对应角位移 φ_1、φ_2、φ_3 和 ψ_1、ψ_2、ψ_3。

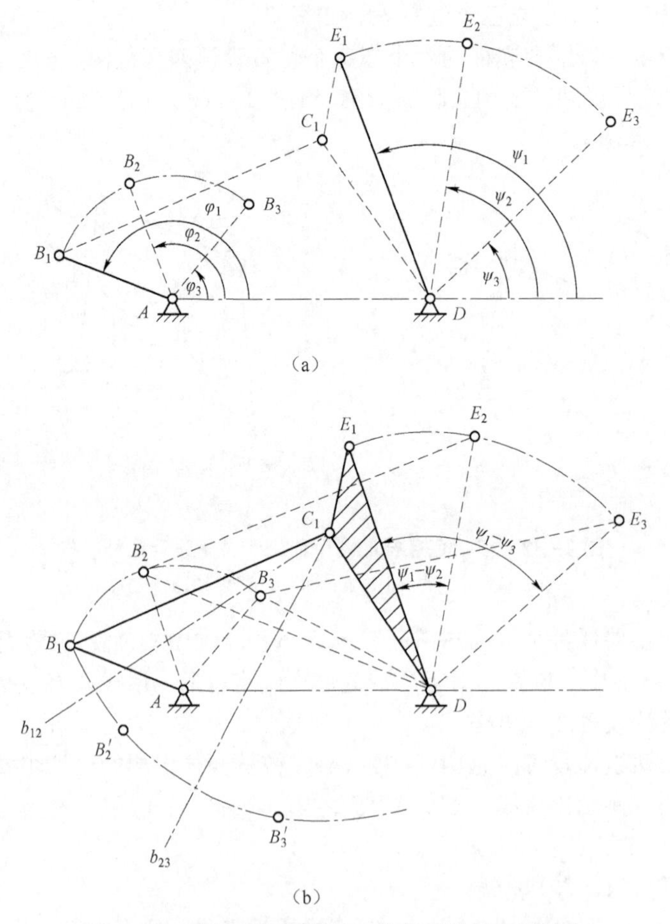

图 2－33　按给定连架杆的三个位置设计四杆机构

（a）给定连架杆的三个位置；（b）反转法求铰链点 C 的位置

该设计要求图解法求出连杆 BC 和连架杆 CD 的长度，其中的关键问题是求铰链四杆机构中活动铰链点 C 的位置。对这类问题的求解常采用转换机架法，亦称反转法。

反转法是根据平面四杆机构在改变机架后，机构中各构件间的相对运动关系并没有改变，且低副运动的可逆性来进行机构设计的方法。当取 CD 为机架时，则 AD 和 BC 变成连架杆，AB 为连杆。改变机架后的机构将已知连架杆转化为已知连杆，就可以由已知的连杆 AB 的三个位置求出铰链点 C 的位置。对于一个以 AB 和 CD 作为连架杆的四杆机构，这种改变也就把已知连架杆的对应位置设计四杆机构问题转化为已知连杆的对应位置设计四杆机构的问题。

图 2－33（b）中，当机构在第二位置和第三位置时，可把三角形 DB_2E_2 和 DB_3E_3 视为刚体，令 ΔDB_2E_2 和 ΔDB_3E_3 分别绕 D 点反向转动（$\psi_1-\psi_2$）和（$\psi_1-\psi_3$）角，使 DE_2 和 DE_3 分别与 DE_1 重合，这时可以得到以 CD 为机架的连杆 AB 上点 B 的两个转位点 B_2'和 B_3'，由 B_1B_2' 和 $B_2'B_3'$，利用中垂线法就可以求出杆 CD 上的铰链点 C 的位置。

由以上的分析可知，反转法设计步骤如下：

（1）按已知条件画出固定铰链中心 A、D 的位置，并作出两连架杆的三个对应位置 AB_1、AB_2、AB_3 和 DE_1、DE_2、DE_3；

（2）把 ΔDB_2E_2 和 ΔDB_3E_3 视为刚体，使其分别绕 D 点逆时针转动（$\psi_1-\psi_2$）和（$\psi_1-\psi_3$）角，得到点 B_2'和 B_3'；

（3）作 B_1B_2'和 $B_2'B_3'$的垂直平分线 b_{12} 和 b_{23}，两垂直平分线交于 C_1 点，该点就是所要求的铰链点 C 的一个位置。由 AB_1C_1D 组成的图形就是所求四杆机构在该位置时的机构运动简图。

同样，如果仅给定两连架杆的两个对应位置，因 C 点的位置在中垂线上任意选取，则机构有无穷多个解。需给定一些辅助条件，以得到一个确定的解。

（三）按给定的行程速度变化系数 *K* 设计四杆机构

根据铰链四杆机构具有急回运动的特性，可以根据给定的行程速度变化系数 K，按式（2－13）计算其极位夹角 θ。极位夹角说明了机构的原动件在转动一周的过程中，两次与连杆共线位置的几何关系，这时的摇杆分别处于两极限位置。在解决该类问题时，可利用该特性和其他辅助条件进行四杆机构的设计。以下主要讨论常见的两种机构形式的设计问题。

如图 2－34 所示的曲柄摇杆机构，已知机构的行程速度变化系数 K，摇杆 CD 的长度，摆角 ψ。试设计曲柄摇杆机构。

利用曲柄 AB 与连杆 BC 共线的两个位置，即机构的极位几何关系，进行图解法设计。其设计步骤如下：

（1）根据行程速度变化系数 K，计算机构的极位夹角 θ，即

$$\theta=180°\frac{K-1}{K+1}$$

（2）任取一点 D 为固定铰链点，并以 D 为顶点作等腰三角形 DC_1C_2，使两腰长等于摇杆 CD 的长度，$\angle C_1DC_2=\psi$。

（3）过 C_1 点作 $C_1N\perp C_1C_2$，过 C_2 点作 $\angle C_1C_2M=90°-\theta$，则 C_1N 和 C_2M 交点为 P，作 $\triangle C_1C_2P$ 的外接圆，则此圆周上任一点与 C_1C_2 连线所夹角度均为 θ，作 $\triangle PC_1C_2$ 的外接圆，则 A 点必在此圆上。（在同圆中，同一条弧所对应的圆周角应相等）

（4）在两圆弧 C_1F 和 C_2G 上任取一点 A 作为曲柄的转动中心。

（5）由曲柄摇杆机构处于极限位置时，曲柄与连杆共线可得 $AC_2=a+b$，$AC_1=b-a$，则曲柄和连杆的长度分别为

$$a=\frac{AC_2-AC_1}{2},\ b=AC_2-a=AC_1+a$$

由于曲柄转动中心 A 在两圆弧 C_1F 和 C_2G 上任取，故有无穷多组解。一般应根据其他辅助条件完全确定 A 点的位置。如未给定其他辅助条件，设计时应从增大最小传动角 $\gamma_{\min}$ 出发，来确定曲柄转动中心的位置。

对这类问题的求解还可以采用另外一种方法，如图 2－35 所示，前述其他步骤均相同，只需改变上述的第三个步骤，具体如下：

过 C_1 点作 $\angle C_2C_1O=90°-\theta$，过 C_2 点作 $\angle C_1C_2O=90°-\theta$，方向线交于 O 点，则等腰三角形 $\triangle OC_1C_2$ 的顶角为 $\angle C_1OC_2=2\theta$，以 O 为圆心，过 C_1、C_2 点作圆，则 A 点必在此圆上。（在同圆中，同一条弧所对圆周角等于它所对圆心角的一半）。

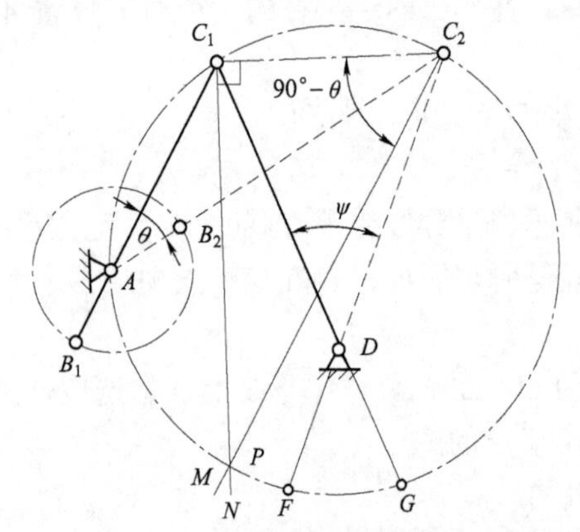

图 2－34　按给定的行程速度变化系数设计曲柄摇杆机构 1

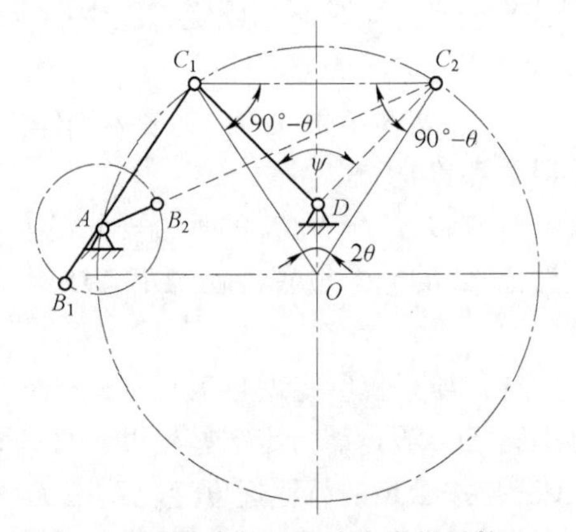

图 2－35　按给定的行程速度变化系数设计曲柄摇杆机构 2

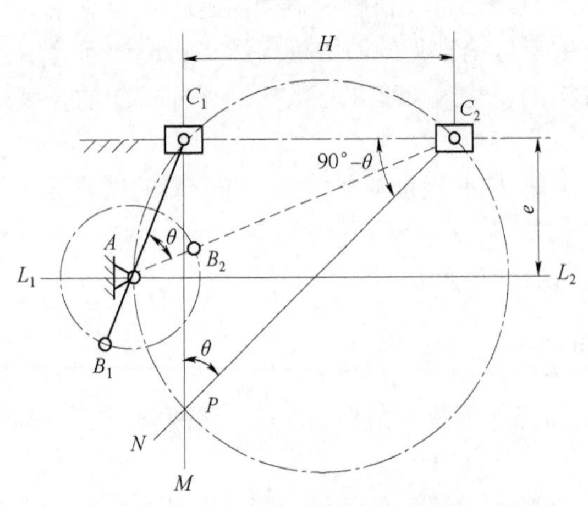

图 2－36　按给定的行程速度变化系数设计曲柄滑块机构

如图 2－36 所示的曲柄滑块机构，若已知机构的行程速度变化系数 K，滑块的行程 H 和偏距 e。试设计曲柄滑块机构。

利用曲柄与摇杆共线的两个位置（即极位），进行图解法设计。其设计步骤具体如下：

（1）计算极位夹角

$$\theta=180°\frac{K-1}{K+1}$$

（2）作直线 $C_1C_2=H$，C_1 和 C_2 为滑块行程的两个端点。

（3）过 C_1 点作 $C_1M\perp C_1C_2$，再过 C_2 点作 $\angle C_1C_2N=90°-\theta$，线段 C_1M 和 C_2N

的交点为 P，作 ΔC_1C_2P 的外接圆，并作一平行于 C_1C_2 的直线 L_1L_2，且 L_1L_2 与 C_1C_2 之间的距离等于偏距 e。直线 L_1L_2 与圆弧 C_1P 的交点 A 即为曲柄的转动中心。

（4）曲柄的长度为

$$a=\frac{AC_2-AC_1}{2}$$

连杆的长度为

$$b=AC_2-a=AC_1+a$$

在工程实践中有许多设计问题，均可按上述简便易行的作图法进行设计，并且完全能满足工作需要，故四杆机构的图解法设计仍不失为重要的设计方法。

二、解析法

用解析法设计四杆机构时，首先需要建立包含机构各尺寸参数和运动变量在内的解析关系式，然后根据已知的运动变量，用解方程的方法或数值计算方法求解出机构的尺寸参数。用解析法设计四杆机构的优点是可以得到比较精确的设计结果，而且便于将机构的设计误差控制在许可的范围之内，故解析法的应用日益广泛。

一般情况下，机构的尺寸参数是有限的，而平面四杆机构所实现的运动规律或运动轨迹是由机构的无限个瞬时状态组成的，只有在一些特定的情况下，可用四杆机构实现某些准确的运动规律或运动轨迹。多数情况下，机构只能实现所需的近似的运动规律或运动轨迹。同时，为了实现复杂的运动规律或运动轨迹，所建立的数学方程往往是非线性的，要用数值计算方法，借助计算机求解。对于不同机构所要实现的不同运动规律或运动轨迹，要用不同的解析方法。

下面介绍一种按给定连架杆的对应位置设计平面四杆机构的矢量法。

如图 2－37 所示的平面四杆机构，已知设计参数：四杆的长度分别为 a、b、c、d，两连架杆 AB 和 CD 的转角之间满足一系列对应转角位置 φ_j 和 ψ_j（$j=1$，2，…，n），初始转角位置 φ_0 和 ψ_0。试用解析法设计此四杆机构。

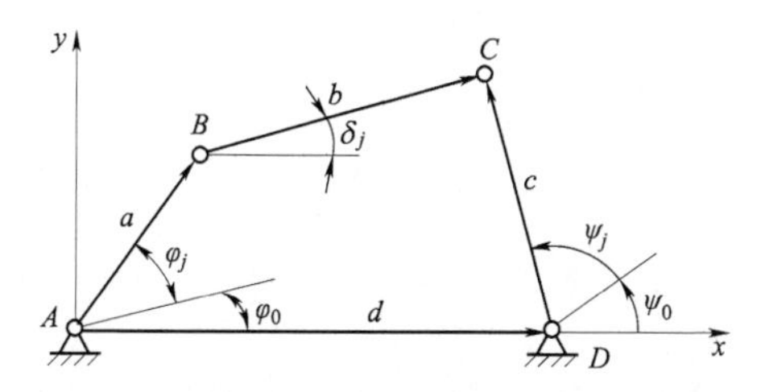

图 2－37　按给定连架杆的对应位置设计四杆机构的矢量法

建立图 2－37 所示的平面坐标系，机架与 x 轴重合，各构件在坐标系中以矢量表示，因为封闭矢量多边形的矢量和等于零，则可以写出矢量方程如下

$$\vec{a}+\vec{b}=\vec{d}+\vec{c} \tag{2-19}$$

将式（2－19）向 x、y 坐标轴投影，得到两个位置的环路方程为

$$a\cos(\varphi_j+\varphi_0)+b\cos\delta_j=d+c\cos(\psi_j+\psi_0)$$

$$a\sin(\varphi_j+\varphi_0)+b\sin\delta_j=c\sin(\psi_j+\psi_0) \tag{2-20}$$

令相对长度 $a/a=1$，$b/a=m$，$c/a=n$，$d/a=l$，将相对长度代入式（2-19）和式（2-20），消去 δ_j 并移项，得

$$\cos(\varphi_j+\varphi_0)=n\cos(\psi_j+\psi_0)-\frac{n}{l}\cos[(\psi_j+\psi_0)-(\varphi_j+\varphi_0)]+\frac{n^2+l^2+1-m^2}{2l} \tag{2-21}$$

令 $E_0=n$，$E_1=-n/l$，$E_2=(n^2+l^2+1-m^2)/2l$，带入式（2-21）得

$$\cos(\varphi_j+\varphi_0)=E_0\cos(\psi_j+\psi_0)+E_1\cos[(\psi_j+\psi_0)-(\varphi_j+\varphi_0)]+E_2 \tag{2-22}$$

该式给出了机构各构件尺寸参数与转角 φ_j 和 ψ_j 之间的关系。设计计算时将两连架杆的一系列已知对应转角代入上式，列方程组求解。

式（2-22）中共有 E_0、E_1、E_2、φ_0、ψ_0 5 个待定参数，根据解析式可解条件，当两连架杆的对应位置数为 5 组（即 $n=5$）时，可以实现精确解。当 $n>5$ 时，不能精确求解，只能近似设计。当 $n=4$ 时，有无穷多组解。若预选尺度参数 $n_0=5-n$，再求解方程，可由辅助条件得到确定解。当 $n=3$ 时，可先选定初始角 φ_0 和 ψ_0，由给定的 3 组连架杆的对应关系求出 E_0、E_1、E_2；然后根据结构要求，确定曲柄长度，进而求出所需机构各构件的实际长度。

如果给定的设计要求是两连架杆之间的某种连续的运动关系 $\psi=f(\varphi)$，平面四杆机构一般是不能精确实现这种关系，只能选定满足 $\psi=f(\varphi)$ 的 n 组 $\psi_j-\varphi_j$ 对应值，即把上述的连续运动关系离散化。若取 $n=5$，用式（2-22）可求出在这 5 个位置时，满足运动关系 $\psi=f(\varphi)$ 的机构尺寸参数。需要注意的是，所求出的机构在其他位置上存在一定的误差。例如，求在 $n\geqslant5$ 个位置上满足某种连续的运动关系，这时只能用数值计算方法求由式（2-22）给出的近似解。

第三章
凸 轮 机 构

凸轮机构是精密机械中常用的机构之一，特别是在自动或半自动仪器设备、自动控制装置和装配生产线上得到了广泛的应用。例如，在各种照相机的变焦机构中，通常都用凸轮机构实现前后透镜组的移动，以改变成像系统的焦距。

凸轮机构是由凸轮 1、从动件 2（也称推杆）和机架 3 等三个基本构件组成的高副机构，如图 3－1 所示。

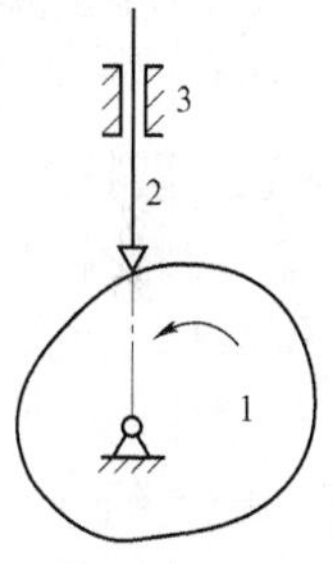

凸轮通常是一种具有曲线轮廓或凹槽的具有变化向径的盘形构件，从动件为杆状构件，从动件通过高副与凸轮轮廓直接接触并被凸轮直接推动，凸轮与从动件两者均固定于机架上。工作时，凸轮一般为原动件（但也有从动或固定的凸轮），相对于机架做定轴等速回转运动，从动件做往复直线运动，机架为相对于支撑物体固定不动的构件。

图 3－1　凸轮机构的组成

1—凸轮；2—从动件；3—机架

凸轮除了做定轴等速回转运动以外，也可做摆动或往复直线运动。通过其曲线轮廓与从动件形成的高副，以及点、线接触带动从动件按预期的运动规律做连续或间歇的往复移动、角度摆动或复杂平面运动。

凸轮机构具有结构简单、紧凑、刚性好、工作可靠的特点，原动件的等速连续回转运动能使从动件精确地实现各种预期的较复杂的运动规律。由于凸轮轮廓与从动件之间是点、线高副接触，具有压强大、易磨损、凸轮轮廓曲线加工比较困难等缺点，通常多用于传递动力不大的场合。

当从动件传递动力和实现预定的各式各样的运动规律时，常采用凸轮机构。由于凸轮机构可以实现各种复杂的运动要求，易于实现多个运动的相互协调配合，因此，广泛应用于各种自动机械、仪器和操纵控制装置中，是工程中用以实现机械化和自动化的一种常用机构。

第一节　凸轮机构的类型

凸轮机构的种类多种多样，通常可按凸轮与从动件的几何形状、从动件的运动形式和凸轮与从动件维持高副接触的方式分类。

一、按凸轮的几何形状分类

（一）盘形凸轮机构

盘形凸轮机构是凸轮的基本形式，它呈如图 3－1 中所示的盘状，并且其曲线轮廓具

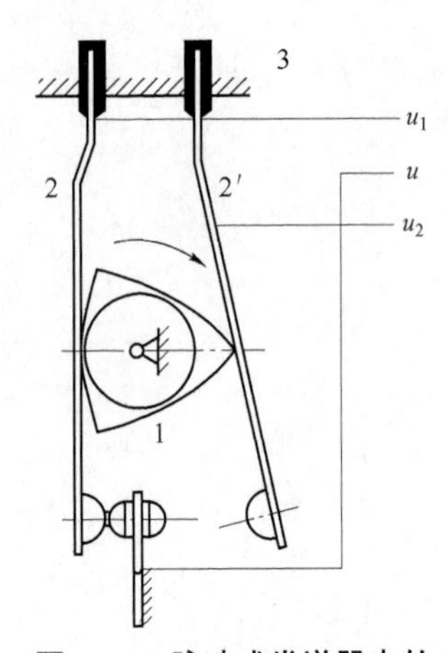

图 3-2　脉冲式发送器中的盘形凸轮机构

1—三角凸轮；2，2′—触点；3—构件

有变化的曲率半径，绕固定轴转动，推动从动件在垂直于凸轮回转轴线的平面内做直线往复移动或摆动，从动件行程不能太大。

图 3-2 所示为脉冲式发送器中的盘形凸轮机构。

机构中的三角凸轮做绕轴的回转运动，在转动一周的过程中，触点 2 和 2′分别与构件 3 闭合三次，结果将使电脉冲依次沿导线回路 u_1-u 和 u_2-u 送至相应的电接收器。

（二）移动凸轮机构

移动凸轮机构由盘形凸轮演化而来，当盘形凸轮的转动中心趋于无穷远时，就变成了移动凸轮，如图 3-3 所示。当凸轮相对于机架做往复直线移动时，从动件在凸轮移动的平面内做直线移动或摆动，从动件行程不能太大。

盘形凸轮机构和移动凸轮机构都是平面凸轮机构。

（三）圆柱凸轮机构

圆柱凸轮机构可以看作由移动凸轮演化而来，把移动凸轮缠绕在圆柱体上就形成了圆柱凸轮机构。当圆柱凸轮绕轴心线转动时，从动件在平行于凸轮轴线方向做直线移动或摆动，可使从动件得到较大的行程。凸轮与从动件之间的运动不在同一平面内，属空间凸轮机构。

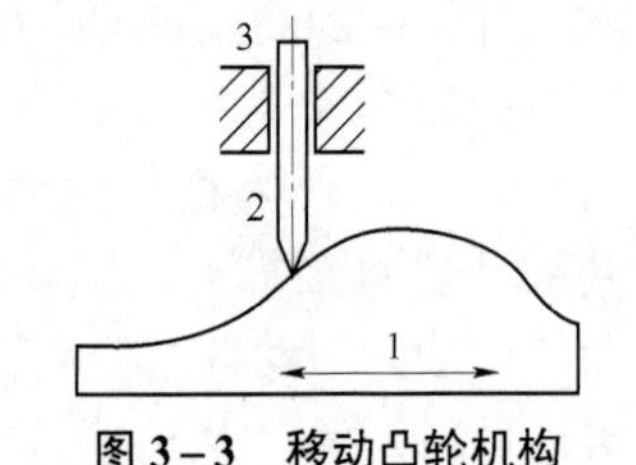

图 3-3　移动凸轮机构

1—移动凸轮；2—从动件；3—机架

图 3-4 所示为一机床自动进刀机构。当柱状凸轮 1 做转动时，凸轮利用其曲线凹槽的侧面推动嵌于其槽中的滚子驱动从动件 2 绕点 O 做往复摆动，通过从动件 2 上的扇形齿轮与固结在刀架 3 上的齿条相啮合，控制刀架做直线往复运动。凸轮曲线凹槽的形状决定了刀架的运动规律。

它的另一种形式是曲线轮廓分布于圆柱体的端面上，如图 3-5 所示。当圆柱凸轮 1 绕轴心线转动时，从动件 2 在平行于凸轮轴线方向做直线移动或摆动。由于凸轮和从动件之间的相对运动是空间运动，故它属于空间凸轮机构。

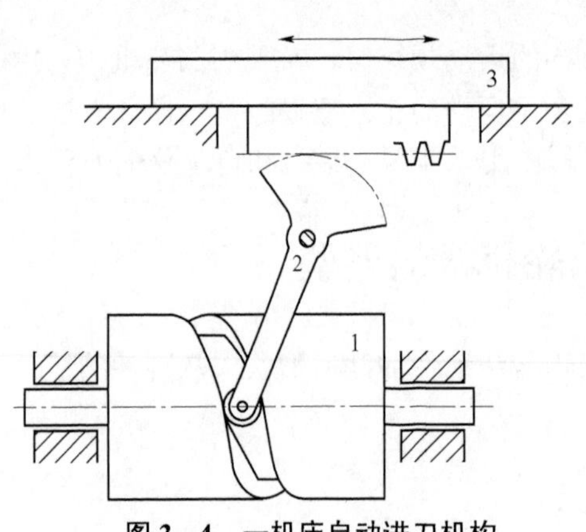

图 3-4　一机床自动进刀机构

1—柱状凸轮；2—从动件；3—刀架

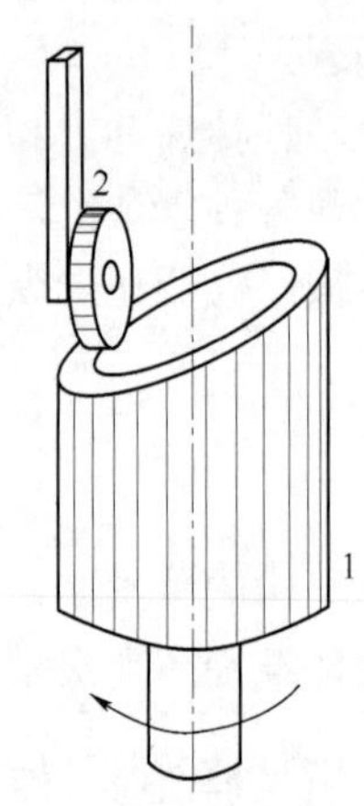

图 3-5　圆柱凸轮机构

1—圆柱凸轮；2—从动件

二、按从动件的几何形状分类

（一）尖底从动件凸轮机构

如图 3-6（a）所示，从动件底端部呈尖点或刀刃形，能与任意复杂的凸轮轮廓接触，故能准确地实现从动件的复杂运动规律。尖底与凸轮呈点接触，接触处有相对滑动，易磨损，适用于速度低和传力小的场合。

（二）滚子从动件凸轮机构

如图 3-6（b）所示，为减少尖底从动件的摩擦和磨损情况，在从动件的尖底处装上滚子或滚珠轴承。这样，就把凸轮与从动件之间的滑动摩擦转化为滚动摩擦，因而改善了从动件与凸轮轮廓间的接触条件，能承受较大的动力，在工程实际中应用较为广泛。

（三）平底从动件凸轮机构

如图 3-6（c）所示，平底从动件与凸轮轮廓的接触为一平面，之间为线接触。其优点是：在不计摩擦时，凸轮作用于从动件的方向始终垂直于平底，传动效率高，受力平稳，常用于高速重载机构中。但从动件只能与全部外凸的凸轮轮廓接触，不能用于有内凹轮廓的凸轮机构。

（四）曲底从动件凸轮机构

如图 3-6（d）所示，这种形式的从动件底端形状为圆弧底、椭圆底、抛物线底，具有尖底和平底从动件的优点，可降低凸轮与从动件的接触应力，削减不必要的磨损，在工程实际中应用较多。

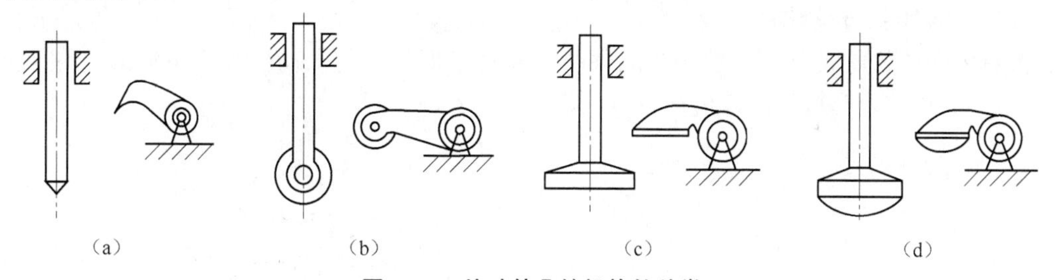

图 3-6　从动件凸轮机构的种类

（a）尖底从动件凸轮机构；（b）滚子从动件凸轮机构；（c）平底从动件凸轮机构；（d）曲底从动件凸轮机构

三、按从动件的运动形式分类

凸轮机构从动件的运动形式有直动式从动件凸轮机构和摆动式从动件凸轮机构两种，如图 3-7 所示。

（一）直动式从动件凸轮机构

图 3-7（a）所示为直动式从动件盘形凸轮机构，从动件做往复直线运动。

（二）摆动式从动件凸轮机构

图 3-7（b）所示为摆动式从动件盘形凸轮机构，从动件做往复摆动运动。

四、按凸轮与从动件维持高副接触的方式分类

在凸轮机构的工作过程中，为保证从动件的运动按照凸轮轮廓曲线进行，必须使凸轮与从动件始终接触而不脱开。通常保持这种接触的方式有力封闭凸轮机构和形封闭凸轮机构两

种，如图 3－8 所示。

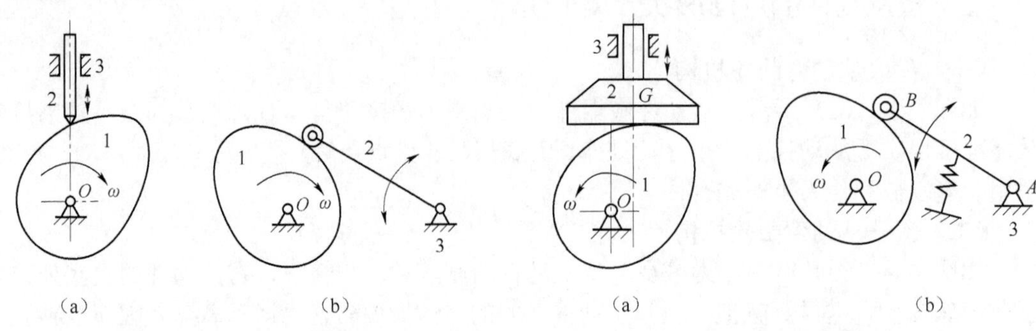

图 3－7　直动式和摆动式从动件盘形凸轮机构

（a）直动式从动件盘形凸轮机构；

1—凸轮；2—移动从动件；3—机架

（b）摆动式从动件盘形凸轮机构

1—凸轮；2—摆动从动件；3—机架

图 3－8　力封闭凸轮机构

（a）重力封闭；

1—凸轮；2—移动从动件；3—机架

（b）弹簧力封闭

1—凸轮；2—摆动从动件；3—机架

（一）力封闭凸轮机构

力封闭凸轮机构指利用重力、弹簧力或其他外力使从动件与凸轮轮廓始终保持接触。

图 3－8（a）所示的凸轮机构是靠从动件的重力来保证从动件与凸轮轮廓始终接触，而图 3－8（b）所示的凸轮机构是利用弹簧力来维持高副接触的。但是，由于机构中加入重力或弹簧力，增大了从动件与凸轮的接触压力，因此加大了摩擦与磨损。

（二）形封闭凸轮机构

形封闭凸轮机构是利用凸轮与从动件的特殊几何形状，使从动件与凸轮轮廓始终保持接触。图 3－9 所示为形封闭凸轮机构。

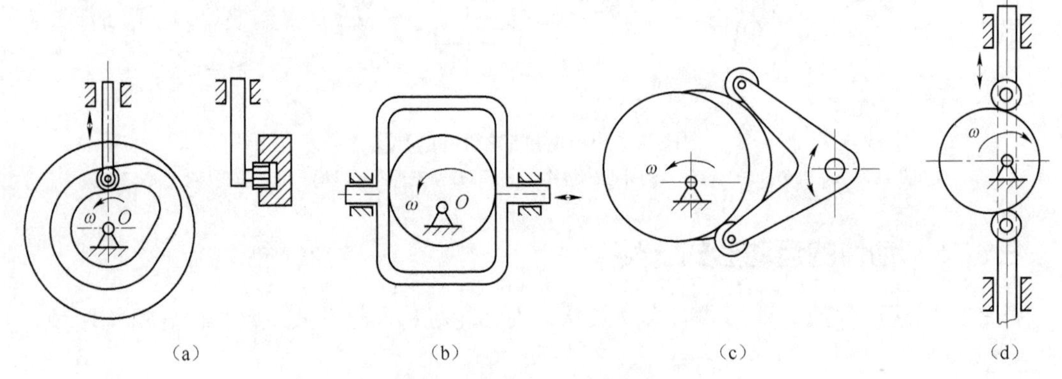

图 3－9　形封闭凸轮机构

（a）凹槽凸轮机构；（b）等宽凸轮机构；（c）主回凸轮机构；（d）等径凸轮机构

图 3－9（a）中的圆柱凸轮机构将凸轮曲线做成凹槽，从动件的滚子在工作过程中始终与凹槽两侧面接触。图 3－9（b）中的凸轮机构将从动件做成框架形，它的左、右平底同时与凸轮始终保持接触。因两高副接触点之间的距离处处相等，故该机构也称为等宽凸轮机构。图 3－9（c）中的凸轮机构利用前、后两盘形凸轮组合，来控制一个具有两个滚子的从动件。当前面的主凸轮推动从动件逆时针摆动时，后面的回程凸轮则推动从动件顺时针摆动返回。这种机构也称为主回凸轮机构。图 3－9（d）中的等径凸轮机构，直动从动件上以一定的距离安

装两个滚子，并同时与凸轮接触。因凸轮的轮廓曲线在通过转轴任何方向上的直径均相等，保证了凸轮与从动件的始终接触。采用形封闭方式的凸轮机构，依靠凸轮和从动件的特殊几何形状始终保持接触，避免了附加阻力，可减小驱动力，提高效率，但对加工精度有较高的要求。

第二节　凸轮参数与运动线图

图 3－10 所示为一对心直动式尖底从动件盘形凸轮机构。图左表示凸轮机构的运动参数，图右表示从动件的位移 s 随时间或凸轮转角 φ 变化的曲线，称为从动件的位移线图。

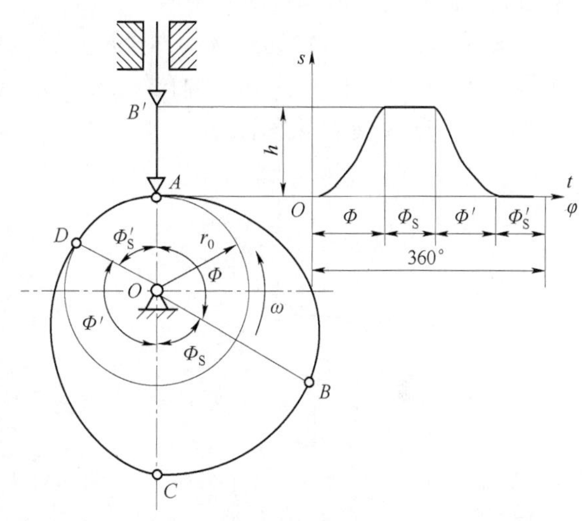

图 3－10　一对心直动式尖底从动件盘形凸轮机构

该凸轮轮廓曲线由 AB、BC、CD、DA 4 段曲线组成，其中 BC、DA 两段为以 O 为圆心的圆弧。凸轮做逆时针方向等角速度 ω 转动，从动件按位移线图的运动规律由点 A 处开始逐渐上升，从动件逐渐远离凸轮的轴心，达到 B 点时，从动件被推到离轴心最远的位置，这一运动过程称为推程，此时与推程对应的凸轮转角称为推程运动角 Φ。凸轮继续转动，由于轮廓曲线 BC 的曲率半径不变，从动件在最远位置静止不动的这段过程称为停程，圆弧 BC 所对应的凸轮转角称为远休止角 Φ_S。凸轮继续转动，这时的从动件由点 C 处开始逐渐下降到点 D，从动件由最远位置回到初始位置，此过程称为回程，与回程对应的凸轮转角称为回程运动角 Φ'。同理，凸轮继续转动时，轮廓曲线 DA 的曲率半径不变，从动件离轴心最近的位置静止不动，从动件又处于停程，此时圆弧 DA 所对应的凸轮转角称为近休止角 Φ'_S。从动件的最大上升位移 h 称为行程。凸轮在转动一周的过程中，从动件做升、停、降、停的运动，完成一个运动循环。

图 3－10 中凸轮机构的参数如下：

基圆——以凸轮的转动中心为圆心，以凸轮轮廓的最小向径 r_0 为半径所作的圆，r_0 称为基圆半径。

推程——推程运动角 $\Phi=\angle AOB$。

停程——远休止角 $\Phi_S=\angle BOC$。

回程——回程运动角 $\Phi'=\angle COD$。

停程——近休止角 $=\angle AOD$。

行程——在推程或回程中从动件的最大位移 h。

图 3－10 中凸轮机构的位移线图，表示从动件的位移 s 与凸轮回转角 φ 之间的关系，称 $s-\varphi$ 曲线。值得注意的是，位移线图的横坐标代表凸轮的转角运动，纵坐标代表从动件的直线位移运动。根据位移变化规律，可求出速度、加速度随时间或凸轮转角变化的规律，即可根据 $s-\varphi$ 曲线，经过数学变换，得到凸轮机构的速度曲线，称为 $v-\varphi$ 曲线，也可得到加速度曲线，称为 $a-\varphi$ 曲线。相应的速度线图及加速度线图统称为从动件的运动线图。

若直动式从动件的轴线通过凸轮的回转轴心，则称为对心直动式从动件凸轮机构。当从动件的轴线不通过凸轮的回转轴心，则称为偏置直动式从动件凸轮机构。

图 3－11 所示为偏置直动式滚子从动件与摆动式从动件盘形凸轮机构的参数图。

图 3－11（a）为偏置直动式滚子从动件盘形凸轮机构，滚子从动件的滚子半径为 r_r。从结构上来说，偏置是指从动件的移动导路与凸轮的回转轴心不相交，两者之间的最短直线距离为偏距 e。图中有两个圆：偏距圆（半径为偏距 e）、基圆（基圆半径 r_0）。从动件的移动导路与偏距圆相切，基圆过滚子中心。

图 3－11（b）为摆动式从动件盘形凸轮机构，从动件为摆杆，杆长为 L，摆杆回转中心到凸轮回转中心的距离为 a，摆杆的摆角为ψ。当凸轮绕定轴做周期循环回转运动时，摆杆绕自身固定的回转轴上下摆动。

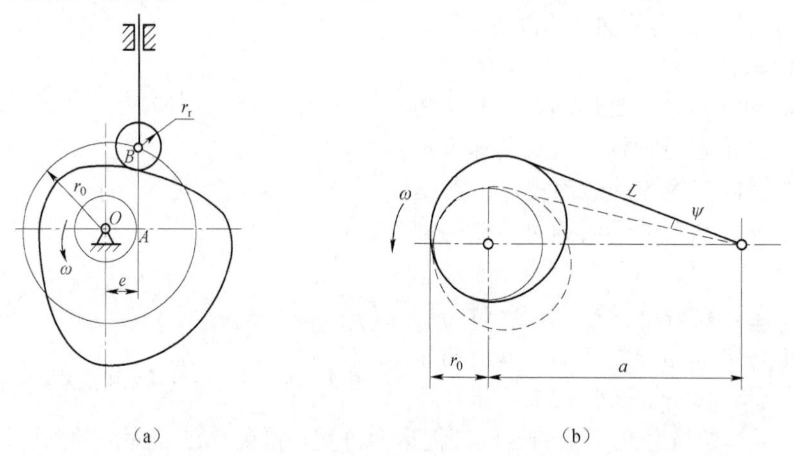

图 3－11　偏置直动式滚子从动件与摆动式从动件盘形凸轮机构的参数图

（a）偏置直动式滚子从动件盘形凸轮机构；（b）摆动式从动件盘形凸轮机构

凸轮的基圆半径 r_0、从动件的滚子半径 r_r、直动从动件的偏距 e、摆动从动件的杆长 L 以及中心矩 a，称为凸轮机构的基本尺寸参数。凸轮的推程角 Φ、远休止角 Φ_S、回程角 Φ' 和近休止角 Φ'_S 以及从动件的位移 s、速度 v、加速度 a，全面反映了凸轮机构的运动特性及其变化的规律性，是凸轮机构的运动学设计参数，也是凸轮轮廓曲线形状设计的基本依据。

第三节　从动件的常用运动规律

一般情况下可认为，凸轮轮廓曲线形状决定了从动件的运动规律。但也可以认为，从动件不同的运动规律，必将要求凸轮具有不同形状的轮廓曲线。显然凸轮轮廓曲线与从动件运动规律之间存在着相互对应的某种确定关系。因为从动件的运动规律决定了凸轮轮廓曲线，所以在应用时，只要根据从动件的运动规律来设计凸轮的轮廓曲线就可以了。

设计凸轮机构时，应按照使用要求，选择凸轮的类型、从动件的运动规律和基圆半径后，就可以进行凸轮轮廓曲线的设计了。而根据要求选定从动件的运动规律，是设计凸轮轮廓曲线的前提。

从动件的运动规律是指从动件在推程或回程时，其位移 s（或摆角 ψ）、速度 v、加速度 a 随凸轮转角 φ（或时间 t）变化的规律。

从动件的运动规律既可以用线图表示，也可以用数学方程式表示。对于直动式从动件，

从动件的位移、速度及加速度方程为

$$s=s(\varphi), v=v(\varphi), a=a(\varphi) \tag{3-1}$$

其中

$$v=\frac{\mathrm{d}s}{\mathrm{d}t}=\frac{\mathrm{d}s}{\mathrm{d}\varphi}\frac{\mathrm{d}\varphi}{\mathrm{d}t}=\frac{\mathrm{d}s}{\mathrm{d}\varphi}\omega \tag{3-2}$$

$$a=\frac{\mathrm{d}^2 s}{\mathrm{d}\varphi^2}\omega^2 \tag{3-3}$$

对于摆动式从动件有

$$\psi=\psi(\varphi), \omega=\omega(\varphi), \alpha=\alpha(\varphi) \tag{3-4}$$

工程中对凸轮机构的要求多种多样，经常用到的运动规律，称为常用运动规律。常用的从动件运动规律主要有多项式类运动规律和三角函数类运动规律两大类。

一、多项式类运动规律

这类运动规律的一般表达式为

$$\begin{cases} s=c_0+c_1\varphi+c_2\varphi^2+c_3\varphi^3+\cdots+c_n\varphi^n \\ v=\omega(c_1+2c_2\varphi+3c_3\varphi^2+\cdots+nc_n\varphi^{n-1}) \\ a=\omega^2\left[2c_2\varphi+6c_3\varphi+\cdots+n(n-1)c_n\varphi^{n-2}\right] \end{cases} \tag{3-5}$$

式中　c_0，c_1，c_2，…，c_n——待定系数。

按所保留的最高幂次不同，可得到多种从动件运动规律。

（一）一次多项式运动规律（又称等速运动规律）

取式（3－5）中的 $n=1$，则得

$$\begin{cases} s=c_0+c_1\varphi \\ v=c_1\omega \\ a=0 \end{cases} \tag{3-6}$$

由式（3－6）可知，当凸轮以等角速 ω 转动时，从动件在推程或回程中的运动速度为定值，所以该运动规律又称为等速运动规律。

在推程的始点处：$\varphi=0$，$s=0$；终点处：$\varphi=\Phi$，$s=h$。代入式（3－6）中，可得待定系数 $c_0=0$，$c_1=h/\Phi$。将求得的待定系数代入式（3－5），得从动件在推程时的运动方程为

$$\begin{cases} s=\dfrac{h}{\Phi}\varphi \\ v=\dfrac{h}{\Phi}\omega \\ a=0 \end{cases} \tag{3-7}$$

同理可求得从动件在回程时的运动方程为

$$\begin{cases} s=h-\dfrac{h}{\Phi'}\varphi \\ v=-\dfrac{h}{\Phi'}\omega \\ a=0 \end{cases} \tag{3-8}$$

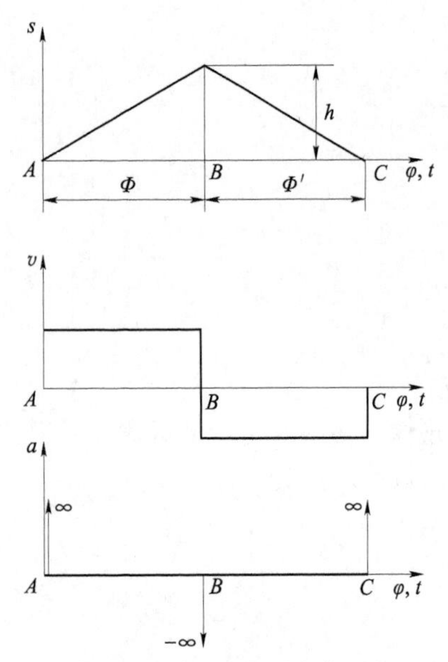

图 3-12　从动件一次多项式运动规律的运动线图

图 3-12 所示为从动件以一次多项式运动规律运动时的位移、速度、加速度对凸轮转角的运动线图。由图可见，从动件为等速运动，但在行程的起点 A、终点 C 和 B 点的瞬时，速度发生突变，速度曲线不连续，加速度在理论上将出现瞬时无穷大。这将导致从动件产生非常大的冲击惯性力（加速度发生无穷大突变而引起的冲击），从而使凸轮机构受到极大的冲击，这种冲击称为刚性冲击。因此，只适用于低速轻载的场合。

（二）二次多项式运动规律（又称等加速等减速运动规律）

取式（3-5）中的 $n=2$，则得

$$\begin{cases} s = c_0 + c_1\varphi + c_2\varphi^2 \\ v = \omega(c_1 + 2c_2\varphi) \\ a = 2c_2\omega^2 \end{cases} \tag{3-9}$$

为了克服刚性冲击，使凸轮机构运转平稳，从动件推程的前半段为等加速运动，后半段为等减速运动，且加速度和减速度的绝对值相等并为常数。从动件在推程 h 中，可使从动件在推程的前半程做等加速运动上升 $h/2$，后半程做等减速运动上升 $h/2$；同样在回程阶段，也是先做等减速运动下降 $h/2$，后做等加速运动下降 $h/2$。前半段、后半段的位移 s 大小也相等，均为 $h/2$，位移曲线为抛物线，加、减速各占一半。凸轮转角均为 $\Phi/2$，故两段升程所需的时间必相等，该运动称为等加速等减速运动规律。

在推程的前半程，等加速上升段，从动件做等加速运动。$\varphi=0$ 时，$s=0$，$v=0$，$a=0$；$\varphi=\Phi/2$ 时，$s=h/2$。代入式（3-9），可得待定系数 $c_0=0$，$c_1=0$，$c_2=2h/\Phi^2$，故得从动件在推程时的等加速运动方程为

$$\begin{cases} s = \dfrac{2h}{\Phi^2}\varphi^2 \\ v = \dfrac{4h\omega}{\Phi^2}\varphi, \quad \left(0 \leqslant \varphi \leqslant \dfrac{\Phi}{2}\right) \\ a = \dfrac{4h\omega^2}{\Phi^2} \end{cases} \tag{3-10}$$

在推程的后半程，等减速上升段，从动件做等加速运动。$\varphi=\Phi/2$ 时，$s=h/2$，$v=2h\omega/\Phi$；$\varphi=\Phi$ 时，$s=h$，$v=0$。代入式（3-9），可得待定系数 $c_0=-h$，$c_1=4h/\Phi$，$c_2=-2h/\Phi^2$。由这些条件可求得从动件在推程时的等减速运动方程为

$$\begin{cases} s = h - \dfrac{2h}{\Phi^2}(\Phi-\varphi)^2 \\ v = \dfrac{4h\omega}{\Phi^2}(\Phi-\varphi), \quad \left(0 \leqslant \varphi \leqslant \dfrac{\Phi'}{2}\right) \\ a = -\dfrac{4h\omega^2}{\Phi^2} \end{cases} \tag{3-11}$$

同理，可求得从动件在回程时的等减速下降段和等加速下降段的运动方程分别为

$$\begin{cases} s = h - \dfrac{2h}{\Phi'^2}\varphi^2 \\ v = -\dfrac{4h\omega}{\Phi'^2}\varphi \ , \quad \left(0 \leqslant \varphi \leqslant \dfrac{\Phi'}{2}\right) \\ a = -\dfrac{4h\omega^2}{\Phi'^2} \end{cases} \tag{3-12}$$

$$\begin{cases} s = \dfrac{2h}{\Phi'^2}(\Phi' - \varphi)^2 \\ v = -\dfrac{4h\omega}{\Phi'^2}(\Phi - \varphi), \quad \left(\dfrac{\Phi'}{2} \leqslant \varphi \leqslant \Phi'\right) \\ a = \dfrac{4h\omega^2}{\Phi'^2} \end{cases} \tag{3-13}$$

图 3－13 所示为从动件以二次多项式运动规律运动时的运动线图（包括位移、速度、加速度对凸轮转角）。由图可见，从动件为等加速等减速运动，速度曲线连续，不会出现刚性冲击。在行程的起点 A、中点 B 和 D、终点 E 的瞬时，加速度都有突变，因而其惯性力也将有突变，加速度曲线不连续，从而使凸轮机构将受到冲击。由于这种冲击是有限的（加速度发生有限值的突变），故称为柔性冲击。

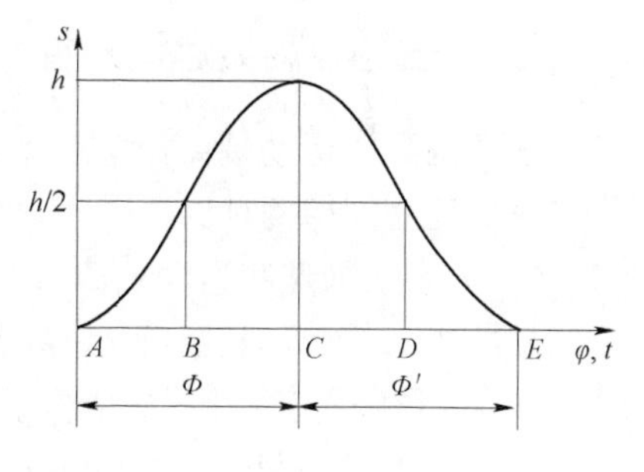

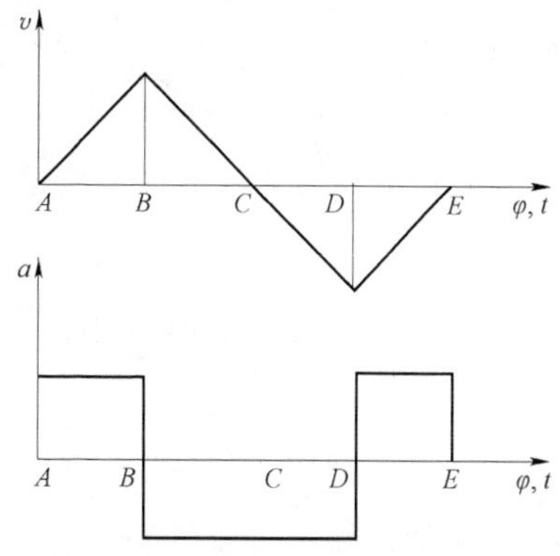

图 3－13 从动件以二次多项式运动规律的运动线图

（三）五次多项式运动规律

取式（3－5）中的 $n=5$，则得

$$\begin{cases} s = c_0 + c_1\varphi + c_2\varphi^2 + c_3\varphi^3 + c_4\varphi^4 + c_5\varphi^5 \\ v = \omega\,(c_1 + 2c_2\varphi + 3c_3\varphi^2 + 4c_4\varphi^3 + 5c_5\varphi^4) \\ a = \omega^2(2c_2 + 6c_3\varphi + 12c_4\varphi^2 + 20c_5\varphi^3) \end{cases} \tag{3-14}$$

对推程阶段可建立如下边界条件：$\varphi=0$ 时，$s=0$，$v=0$，$a=0$；$\varphi=\Phi$ 时，$s=h$，$v=0$，$a=0$。代入式（3－14），可得待定系数 $c_0=c_1=c_2=0$，$c_3=10h/\Phi^3$，$c_4=-15h/\Phi^4$，$c_5=6h/\Phi^5$。故得推程阶段的运动方程为

$$\begin{cases} s = h\left(\dfrac{10h}{\Phi^3}\varphi^3 - \dfrac{15h}{\Phi^4}\varphi^4 + \dfrac{6}{\Phi^5}\varphi^5\right) \\ v = h\omega\left(\dfrac{30}{\Phi^3}\varphi^2 - \dfrac{60}{\Phi^4}\varphi^3 + \dfrac{30}{\Phi^5}\varphi^4\right) \\ a = h\omega^2\left(\dfrac{60}{\Phi^3}\varphi - \dfrac{180}{\Phi^4}\varphi^2 + \dfrac{120}{\Phi^5}\varphi^3\right) \end{cases} \tag{3-15}$$

同理可求出回程阶段的运动方程为

$$\begin{cases} s = h - h\left(\dfrac{10h}{\Phi'^3}\varphi^3 - \dfrac{15h}{\Phi'^4}\varphi^4 + \dfrac{6}{\Phi'^5}\varphi^5\right) \\ v = -h\omega\left(\dfrac{30}{\Phi'^3}\varphi^2 - \dfrac{60}{\Phi'^4}\varphi^3 + \dfrac{30}{\Phi'^5}\varphi^4\right) \\ a = -h\omega^2\left(\dfrac{60}{\Phi'^3}\varphi - \dfrac{180}{\Phi'^4}\varphi^2 + \dfrac{120}{\Phi'^5}\varphi^3\right) \end{cases} \tag{3-16}$$

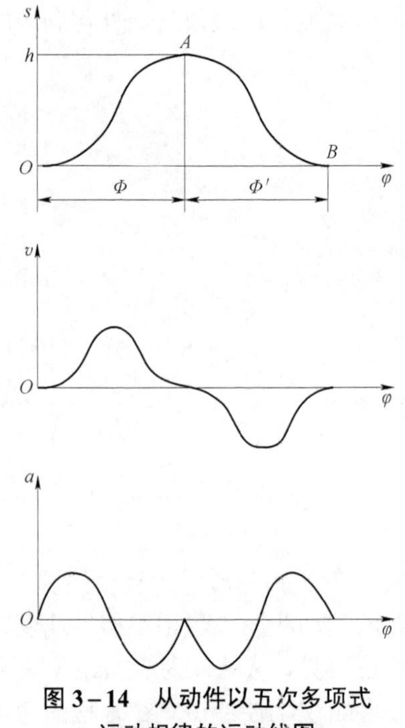

图 3-14　从动件以五次多项式运动规律的运动线图

图 3-14 所示为从动件以五次多项式运动规律运动时的位移、速度、加速度对凸轮转角的运动线图。从动件在一个运动循环中，速度曲线和加速度曲线连续，加速度对凸轮转角的变化是连续的，故此运动规律既无刚性冲击也无柔性冲击，运动平稳，可用于高速凸轮机构。

二、三角函数类运动规律

三角函数类运动规律，包括余弦加速度运动规律和正弦加速度运动规律两种。

（一）余弦加速度运动规律（又称简谐运动规律）

如图 3-15 所示，当一动点 M 沿半径为 R（$R=h/2$）的半圆由 O 点向 T 点做匀速圆周运动时，M 点在该圆周直径上投影所构成的运动称为简谐运动。

取动点 M 在 s 轴上投影的变化规律为从动件的位移运动规律，则从动件在推程阶段的位移曲线方程为

$$s = R - R\cos\theta \tag{3-17}$$

利用 $\pi/\theta = \Phi/\varphi$ 的关系，可得 $\theta = \pi\varphi/\Phi$，将其代入式（3-17），并对 s 求一阶导数、二阶导数，得推程阶段的运动方程为

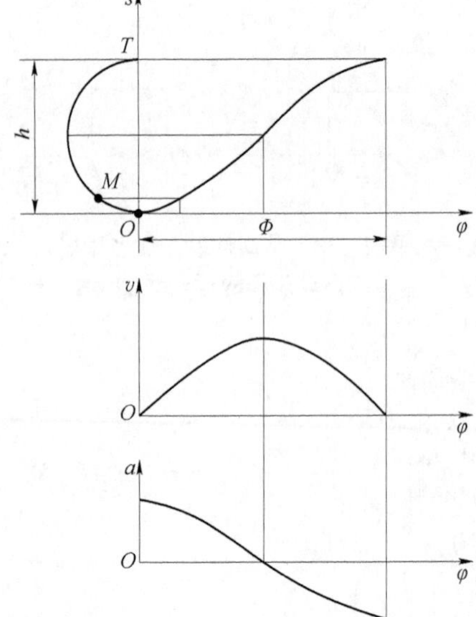

图 3-15　余弦加速度运动曲线

$$\begin{cases} s = \dfrac{h}{2} - \dfrac{h}{2}\cos\left(\dfrac{\pi}{\Phi}\varphi\right) \\ v = \dfrac{\pi h\omega}{2\Phi}\sin\left(\dfrac{\pi}{\Phi}\varphi\right) \\ a = \dfrac{\pi^2 h\omega^2}{2\Phi^2}\cos\left(\dfrac{\pi}{\Phi}\varphi\right) \end{cases} \tag{3-18}$$

同理可得从动件在回程阶段的运动方程为

$$\begin{cases} s = \dfrac{h}{2} + \dfrac{h}{2}\cos\left(\dfrac{\pi}{\Phi'}\varphi\right) \\ v = -\dfrac{\pi h\omega}{2\Phi'}\sin\left(\dfrac{\pi}{\Phi'}\varphi\right) \\ a = -\dfrac{\pi^2 h\omega^2}{2\Phi'^2}\cos\left(\dfrac{\pi}{\Phi'}\varphi\right) \end{cases} \tag{3-19}$$

上述公式表明，在凸轮机构的推程和回程阶段，由

于从动件的加速度曲线为余弦曲线，因此将其称为余弦加速度运动规律。

根据图 3－15 所示的余弦加速度运动规律在推程阶段的速度线图和加速度线图可知，速度曲线连续，运动中无刚性冲击。在行程的起点及终点，加速度曲线不连续，即当 $\varPhi_S$、$\varPhi'_S$ 不为零时，加速度数值发生有限突变，运动中存在柔性冲击。若从动件做无停歇的升—降—升连续往复运动，$\varPhi_S$、$\varPhi'_S$ 为零，加速度曲线将变为连续的余弦曲线，可避免柔性冲击。

（二）正弦加速度运动规律（又称摆线运动规律）

图 3－16 所示中半径为 R 的圆沿纵坐标轴 s 做匀速纯滚动，圆周上任一点 M 的轨迹为一摆线。M 点在纵坐标轴 s 轴上的投影随时间变化的规律称为从动件的运动规律，又称摆线运动规律。

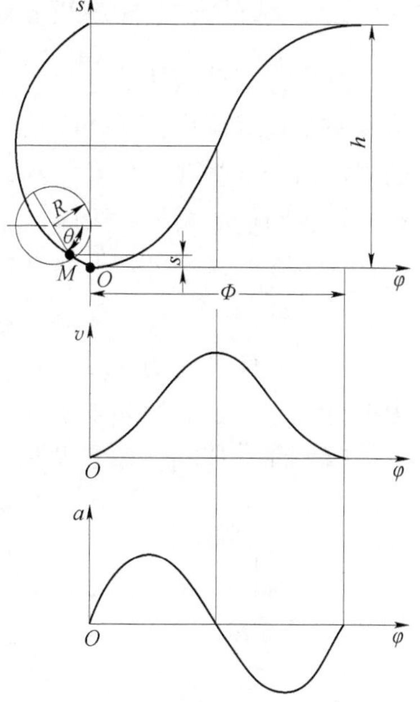

图 3－16　正弦加速度运动曲线

从动件在推程阶段的位移曲线方程为

$$s=R\theta-R\sin\theta \qquad (3-20)$$

因 $h=2\pi R$，$\theta/2\pi=\varphi/\varPhi$，代入式（3－20）中，得到从动件在推程阶段的运动方程为

$$\begin{cases} s=\dfrac{h}{\varPhi}\varphi-\dfrac{h}{2\pi}\sin\left(\dfrac{2\pi}{\varPhi}\varphi\right) \\ v=\dfrac{h\omega}{\varPhi}-\dfrac{h\omega}{\varPhi}\cos\left(\dfrac{2\pi}{\varPhi}\varphi\right) \\ a=\dfrac{2\pi h\omega^2}{\varPhi^2}\sin\left(\dfrac{2\pi}{\varPhi}\varphi\right) \end{cases} \qquad (3-21)$$

同理可得从动件在回程阶段的运动方程为

$$\begin{cases} s=h-\dfrac{h}{\varPhi'}\varphi+\dfrac{h}{2\pi}\sin\left(\dfrac{2\pi}{\varPhi'}\varphi\right) \\ v=-\left[\dfrac{h\omega}{\varPhi'}-\dfrac{h\omega}{\varPhi'}\cos\left(\dfrac{2\pi}{\varPhi'}\varphi\right)\right] \\ a=-\dfrac{2\pi h\omega^2}{\varPhi'^2}\sin\left(\dfrac{2\pi}{\varPhi'}\varphi\right) \end{cases} \qquad (3-22)$$

当从动件按摆线运动规律运动时，其加速度曲线为正弦曲线，因此将其称为正弦加速度运动规律。

根据图 3－16 中的正弦加速度运动规律在推程阶段的速度线图和加速度线图，因其速度曲线和加速度曲线始终是连续的，没有数值上的突变，所以在运动中既不存在刚性冲击，也不存在柔性冲击，适合于在高速下工作。

上述各种从动件运动规律各有一定的优缺点，当单一运动规律不能满足工程要求时，可将几种常用运动规律进行组合以改善运动特性。这样既能满足从动件的特殊运动轨迹需要，又能使凸轮机构具有良好的动力性能。例如，许多场合需要从动件做等速运动，但等速运动规律在运动的起点和终点会产生刚性冲击，若将正弦运动规律与等速运动规律组合，既可以满足工艺要求，又可以避免刚性冲击和柔性冲击。

常用运动规律组合的原则为：对于一般转速，组合后要求位移在衔接点处相切，以保证速度曲线连续，即要求在衔接点处的位移、速度和加速度应分别相等，此时加速度可能有突变，但其加速度突变必为有限值。对于较高转速，组合后要求速度曲线在衔接点处相切，以保证加速度曲线连续，即要求在衔接点处的位移、速度和加速度应分别相等。

三、从动件运动规律的选择

从动件运动规律的选择涉及多个方面。首先要满足机械的工作要求，此外还要尽量使加速度小，动载荷小，运转平稳，摩擦、磨损小等，同时还要考虑所设计的凸轮轮廓曲线易于加工。由于这些要求相互制约，因此，在具体选择时，应根据实际情况，综合考虑各种因素对所设计的机械系统的影响，分清主次，选择合适的从动件运动规律。简要说明如下。

（1）注意从动件速度对工作性能的影响。如无特殊要求，应选用最大速度值 v_{max} 尽可能小的运动规律。若机构突然在极短时间 Δt 内停止运动，且质量 m 较大时，最大速度 v_{max} 越大，则从动件系统的动量 mv_{max} 将会增大，在起动、停车或突然制动时，冲击力很大，所以应选择 v_{max} 较小的运动规律。

（2）注意从动件加速度对工作性能的影响。由前述对各种运动规律的分析可知，从动件加速度线图的不连续或最大加速度值 a_{max} 越大，惯性力 ma_{max} 将变大，正压力也会增大，对机构的强度和磨损都有很大影响。所以，对于重载凸轮及高速凸轮机构，应优先考虑 a_{max}，a_{max} 越小越好，且数值上无突变。

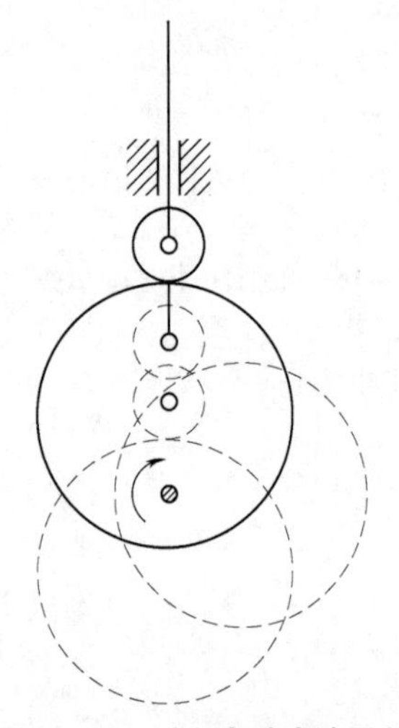

图 3-17　对心直动式滚子从动件偏心圆凸轮机构

（3）低速、轻载，要求等速、等位移，可采用等速运动规律；中低速、中轻载，可采用等加速等减速或余弦加速度运动规律；较高速、轻载，可采用正弦加速度运动规律。

（4）当进行常用运动规律的选择时，在对机构没有任何要求、轻载、小行程、手动情形下，有时可选择偏心圆凸轮机构。偏心圆凸轮一般指代的就是圆形轮，当圆形轮的回转中心与其几何中心不重合时，就成了偏心轮。

图 3-17 所示为对心直动式滚子从动件偏心圆凸轮机构。偏心轮也是凸轮的一种，是按照从动件的预期运动规律进行设计和制造的。偏心轮一经制造和安装后，它的升程就固定不变。结构简单，加工方便，是工程中常用的一种凸轮机构。

第四节　凸轮轮廓设计

凸轮机构通过凸轮的转动来推动从动件运动，以实现所需要的运动规律。在确定从动件的运动规律和一些基本参数之后，凸轮机构设计的另一个主要任务就是要设计凸轮轮廓曲线。凸轮轮廓的设计方法有图解法和解析法两种。图解法比较简明，但有较大的误差，适合于低速、精度要求不高的凸轮机构。解析法准确度高，便于进行凸轮的数控加工。随着计算机技术的发展和数控机床的普及，解析法在现代凸轮设计中得到了广泛的应用。

一、凸轮轮廓曲线设计的反转法原理

用图解法和解析法设计凸轮轮廓曲线所使用的基本原理都是反转法原理。反转法原理是：当凸轮以ω做逆时针方向转动时，给从动件连同导路施加一个$-\omega$的反向运动，使凸轮相对静止，各构件之间的相对运动不变，而从动件一方面随导路一起以角速度$-\omega$顺时针转动，一方面又在导路中做相对移动。反转法的目的是在图纸上方便地绘制出凸轮的轮廓曲线。

现以图 3－18 所示的对心直动式尖底从动件盘形凸轮机构为例说明凸轮轮廓曲线的反转法原理。已知凸轮以角速度ω逆时针转动，从动件做直线往复运动。当从动件处于最低位置时，从动件与凸轮轮廓曲线在起始点接触；当凸轮逆时针转动φ_1时，从动件尖底从起始位置上升到 1′位置处。

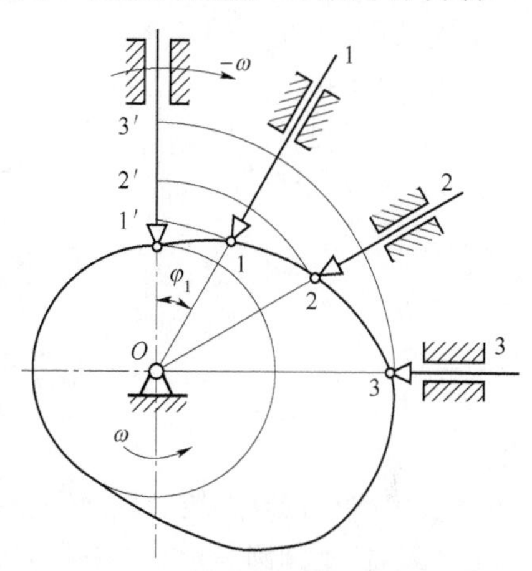

图 3－18　凸轮轮廓曲线的反转法原理

根据相对运动原理，假设凸轮固定不动，而让从动件及其导路一起以角速度$-\omega$绕轴心 O 转动，当从动件从起始位置顺时针转动φ_1时，从动件及导路转动到 $O-1$ 位置。在这个过程中，从动件在绕轴心 O 以角速度$-\omega$转动的同时，又在导路中做直线位移运动。上述的两种情况中，从动件移动的距离是相等的（即 $O-1=O-1'$），因从动件尖底在运动过程中始终与凸轮轮廓曲线保持接触，此时从动件尖底所处的位置 1 一定是凸轮轮廓曲线上的一点。当从动件及导路继续转动到 $O-2$ 位置时，位置 2 也是凸轮轮廓曲线上的一点，把一系列这样的点连起来的曲线就是凸轮轮廓曲线。也可以理解为从动件的尖底在反转过程中的运动轨迹即为凸轮的轮廓曲线。

由于这种方法是假定凸轮固定不动而使从动件连同导路一起反转，故称反转法。虽然凸轮机构的形式多种多样，但在进行各种凸轮轮廓曲线设计时，均可以用反转法原理来设计。

二、图解法设计凸轮轮廓曲线

（一）直动式从动件盘形凸轮轮廓曲线

直动式从动件盘形凸轮包括对心和偏置凸轮机构，以及尖底、滚子、平底从动件等凸轮机构。

下面以对心直动式尖底从动件盘形凸轮机构为例，说明该类凸轮轮廓曲线的图解设计方法，如图 3－19 所示。

已知凸轮的基圆半径 r_0，角速度ω和从动件的运动规律 $s-\varphi$，见图 3－19（a），用图解法设计对心直动式尖底从动件盘形凸轮的轮廓曲线。

从图 3－19（a）中得出，凸轮的推程运动角为 120°，远休止角为 60°，回程运动角为 90°，近休止角为 90°，推程为等速运动规律，回程为等加速等减速运动规律。在图解法设计之前，将已知的从动件位移线图 $s-\varphi$曲线按该线图的横坐标（凸轮的转动角度）分成若干等份（原则是：陡密缓疏），得分点 1，2，…，8，并作出数字标记，推程阶段（从动件的上升阶段）8 等分，回程阶段（从动件的下降阶段）8 等分，停程（从动件的静止阶段）不等分。

具体设计步骤如下：

（1）以凸轮的回转中心为圆心，以 r_0 为半径作基圆。

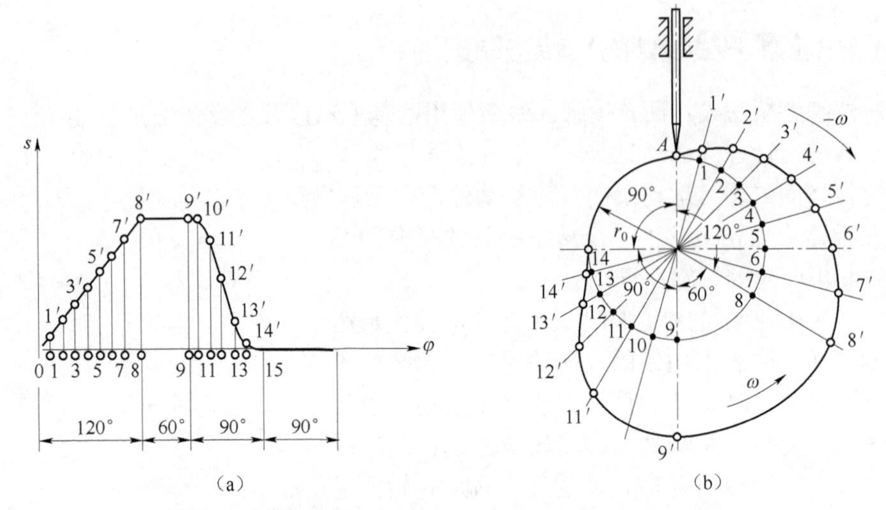

图 3-19　图解法设计对心直动式尖底从动件盘形凸轮机构

(a) 位移线图；(b) 凸轮的轮廓曲线

(2) 作径向辅助线，反向等分各运动角并与基圆交于各点。

(3) 自基圆圆周开始沿各径向辅助线量取从动件在各位置上的位移量。

(4) 将各尖底点的轨迹连接成一条光滑的曲线。

图 3-19 (b) 为设计完成的对心直动式尖底从动件盘形凸轮的轮廓曲线。

当从动件为其他形式时，其图解设计方法与尖底从动件的设计步骤基本相同，但要注意从动件形式变化所带来的凸轮轮廓与从动件的接触形式的变化。

图 3-20 所示为对心直动式滚子从动件盘形凸轮轮廓曲线的图解设计方法。图 3-20 (a) 中，已知凸轮的基圆半径 r_0、角速度ω和从动件的运动规律 $s-\varphi$，用图解法设计对心直动式滚子从动件盘形凸轮机构。

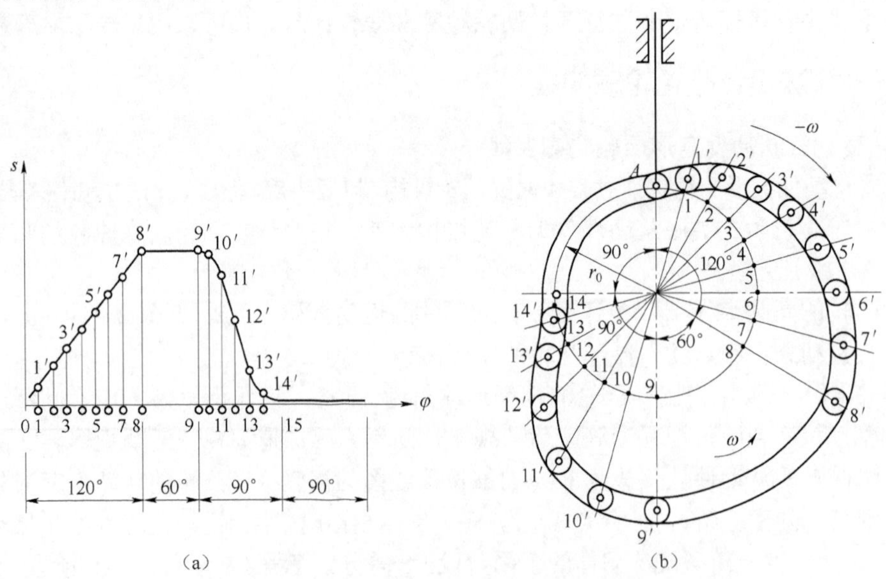

图 3-20　图解法设计对心直动式滚子从动件盘形凸轮机构

(a) 位移线图；(b) 凸轮的轮廓曲线

若去掉滚子，以滚子中心为尖底，利用对心直动尖底从动件盘形凸轮的轮廓曲线设计方法，则具体设计步骤如下：

（1）以凸轮的回转中心为圆心，以 r_0 为半径作基圆。

（2）作径向辅助线，反向等分各运动角并与基圆交于各点。

（3）自基圆圆周开始沿各径向辅助线量取从动件在各位置上的位移量。

（4）将各尖底点的轨迹连接成一条光滑的曲线（图中点画轮廓曲线）。

（5）在点画轮廓曲线上画出一系列滚子，作滚子圆各位置的内（外）包络线。

前 4 个步骤与对心直动式尖底从动件盘形凸轮的图解法设计完全相同，只是多出了第 5 步。图 3－20（b）为设计完成的对心直动式滚子从动件盘形凸轮的轮廓曲线。

在采用滚子从动件时，从动件的滚子在反转过程中始终与凸轮轮廓保持接触，而滚子中心的运动轨迹与尖底从动件的尖底运动轨迹相同，这时可以把滚子中心看作尖底从动件的尖底，依照上述步骤画出滚子中心的运动轨迹曲线，滚子中心走过的轨迹称为滚子从动件凸轮的理论轮廓曲线。以理论轮廓曲线上各点为圆心作半径为滚子圆半径的一系列滚子圆，这些滚子圆的内外包络线就是滚子从动件凸轮的实际轮廓曲线。

r_0 为凸轮理论轮廓曲线的基圆半径，基圆过滚子中心。滚子从动件凸轮的理论轮廓曲线和实际轮廓曲线的形状是不相同的，实际轮廓曲线是理论轮廓曲线的法向等距曲线，两者在滚子接触点法线方向的距离等于滚子半径 r_r。

图 3－21 所示为对心直动式平底从动件盘形凸轮轮廓曲线的图解设计方法。图 3－21（a）中，已知凸轮的基圆半径 r_0、角速度 ω 和从动件的运动规律 $s-\varphi$，用图解法设计对心直动式平底从动件盘形凸轮机构。

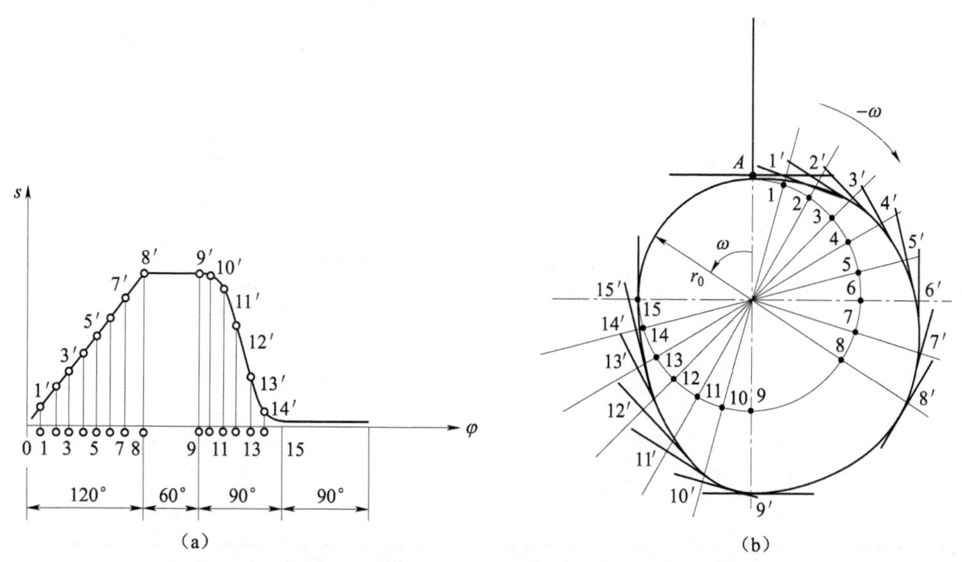

图 3－21　图解法设计对心直动式平底从动件盘形凸轮机构

（a）位移线图；（b）凸轮的轮廓曲线

若以从动件推杆与平底交点为尖底，利用对心直动式尖底从动件盘形凸轮的轮廓曲线设计方法，则其具体设计步骤如下：

（1）以凸轮的回转中心为圆心，以 r_0 为半径作基圆。

（2）作径向辅助线，反向等分各运动角并与基圆交于各点。

（3）自基圆圆周开始沿各径向辅助线量取从动件在各位置上的位移量。

（4）在各交点处作平底直线。

（5）作平底直线族的内包络线。

在采用平底从动件时，其凸轮轮廓曲线的设计方法基本与上述滚子从动件盘形凸轮机构的设计方法相似。不同的是取从动件导路中心与平底表面的交点作为尖底，按尖底从动件进行设计，过尖底依次占据的位置点作一系列代表平底的直线，这些平底线的包络线就是平底从动件凸轮的实际轮廓曲线。图 3－21（b）为设计完成的对心直动式平底从动件盘形凸轮的轮廓曲线。

对心直动式平底从动件盘形凸轮图解法设计的前 4 个步骤与对心直动式尖底从动件盘形凸轮的完全相同，只是多出了第 5 步。

图 3－22 所示为偏置直动式尖底从动件盘形凸轮轮廓曲线的图解设计方法。已知凸轮的基圆半径 r_0、偏距 e、角速度 ω 和从动件的运动规律 $s-\varphi$（见表 3－1），图解法设计偏置直动式尖底从动件盘形凸轮的轮廓曲线。

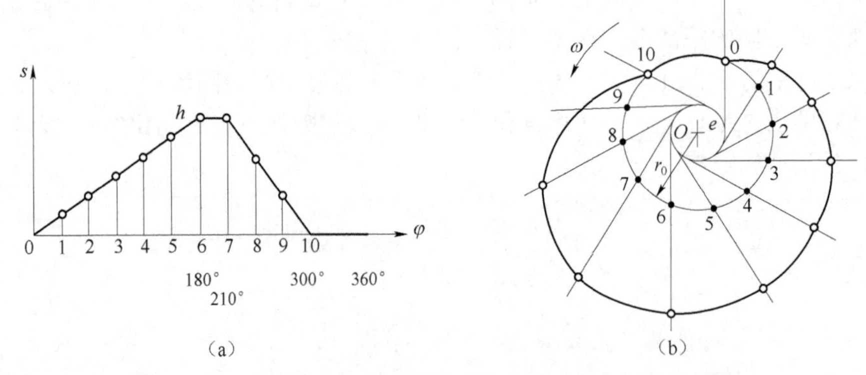

图 3－22　反转法设计偏置直动式尖底从动件盘形凸轮机构

（a）位移线图；（b）凸轮的轮廓曲线

表 3－1　偏置直动式尖底从动件的运动规律

凸轮转角/（°）	从动杆运动规律
0～180	等速上升 h
180～210	上停程
210～300	等速下降 h
300～360	下停程

由表 3－1 作图 3－22（a），根据反转法原理，该凸轮轮廓曲线的设计步骤如下：

（1）将从动件位移线图以一定的比例尺画出，并按线图横坐标分成若干等份，得分点 1，2，…。

（2）用同样的比例尺，以 O 为圆心作半径为 r_0 的基圆和半径为 e 的偏距圆。使从动件的中心线（位移导路）与偏距圆相切，并交于基圆上的 0 点，0 点就是从动件运动的起始点。

（3）自 0 点开始，沿 $-\omega$ 方向将偏距圆分成与图 3－22（a）横坐标相对应的等分点。过分点 1，2，…等点作偏距圆的切线，这些线代表从动件反转过程中所占据的位置。它们交基圆于 1，2，…等点。

（4）自基圆圆周开始沿各切线量取从动件在各位置上的位移量。

（5）将各尖底点的轨迹连接成一条光滑的曲线，得到的曲线就是凸轮的轮廓曲线，见图 3－22（b）。

（二）摆动式从动件盘形凸轮轮廓曲线

摆动式从动件盘形凸轮轮廓曲线的设计与上述直动式从动件凸轮轮廓曲线的设计步骤基本相似，不同的是从动件的运动规律要用从动件的摆角来表示。

图 3－23 所示为对心摆动式尖底从动件盘形凸轮轮廓曲线的图解设计方法。如图 3－23（a）所示，已知凸轮基圆半径 r_0、从动件摆动中心与凸轮转动中心的距离 a、从动件的长度 L，凸轮以角速度 ω 沿顺时针方向转动，从动件的角位移运动规律如表 3－2 所示，用图解法设计对心摆动式尖底从动件凸轮的轮廓曲线。

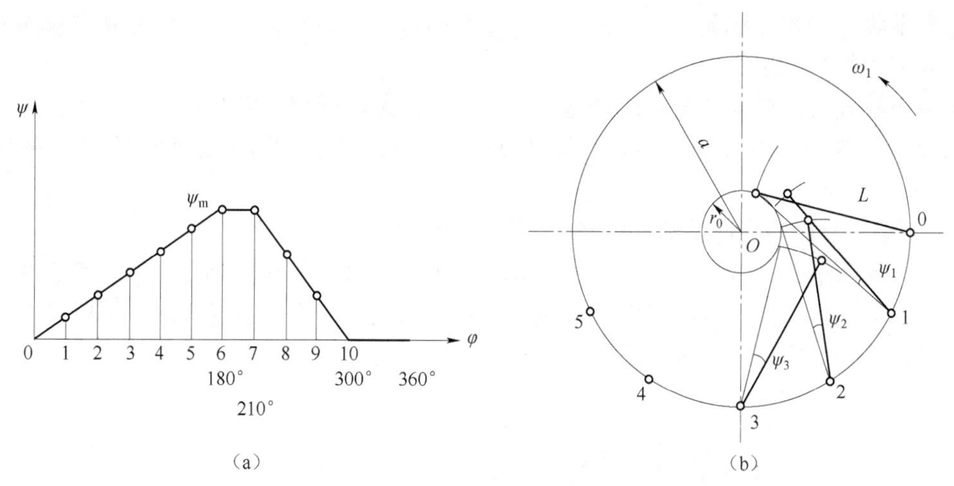

图 3－23　图解法设计对心摆动式尖底从动件盘形凸轮机构

（a）角位移线图；（b）凸轮的轮廓曲线

表 3－2　对心摆动式尖底从动件的角位移运动规律

凸轮转角/（°）	从动件运动规律
0～180	等速上升 ψ_m
180～210	上停程
210～300	等速下降 ψ_m
300～360	下停程

由表 3－2 作图 3－23（a），用反转法设计该凸轮轮廓曲线，其设计步骤如下：

（1）将从动件角位移线图以一定的比例尺画出，并按线图横坐标分成若干等份，见图 3－23（a）。

（2）以 O 为圆心分别作半径为 r_0 的基圆和半径为 a 的转轴圆，转轴圆即为反转过程中摆动从动件回转中心的轨迹。

（3）从 0 为起点沿 $-\omega$ 方向将转轴圆等分成与图 3-23（a）的横坐标相等的等份，得等份点 1，2，…。

（4）以转轴圆上的 0 为圆心，作半径为从动件杆长 L 的圆弧，交基圆于 $0'$点。$00'$就是摆动从动件的起始位置，即基圆的切线。

（5）分别以 1，2，…等份点为圆心，以 L 为半径作圆弧，从基圆切线位置张开摆角 ψ_1、ψ_2、ψ_3，得到交点 $1'$、$2'$、$3'$，将这些点用光滑的曲线连接，即得到对心摆动式尖底从动件凸轮轮廓曲线，见图 3-23（b）。

与直动式尖底从动件凸轮机构的设计方法相类似，对于滚子或平底摆动式从动件凸轮机构，将上述由 $1'$，$2'$，…组成的曲线作为凸轮的理论轮廓曲线，在理论轮廓曲线上作一系列滚子圆或平底，作它们的包络线就可得到摆动式从动件凸轮的实际轮廓曲线。

三、解析法设计凸轮轮廓曲线

图解法设计凸轮轮廓简单、方便，但精度不高。当设计高速凸轮或精度要求较高的凸轮时，需要采用解析法进行设计。

用解析法设计凸轮轮廓的实质是建立凸轮轮廓的数学模型，即凸轮轮廓曲线的方程，用数学模型计算轮廓上各点的坐标。利用计算机精确地计算出凸轮轮廓曲线上各点的坐标值 $x=x(\varphi)$，$y=y(\varphi)$。

（一）偏置直动式尖底从动件盘形凸轮的设计

图 3-24 所示为用解析法设计一偏置直动式滚子从动件盘形凸轮机构。将滚子中心 B 视为尖底从动件的尖底，按处理直动式尖底从动件盘形凸轮轮廓曲线的方法，可以建立与其相同的凸轮轮廓曲线方程，称为凸轮的理论轮廓曲线方程。

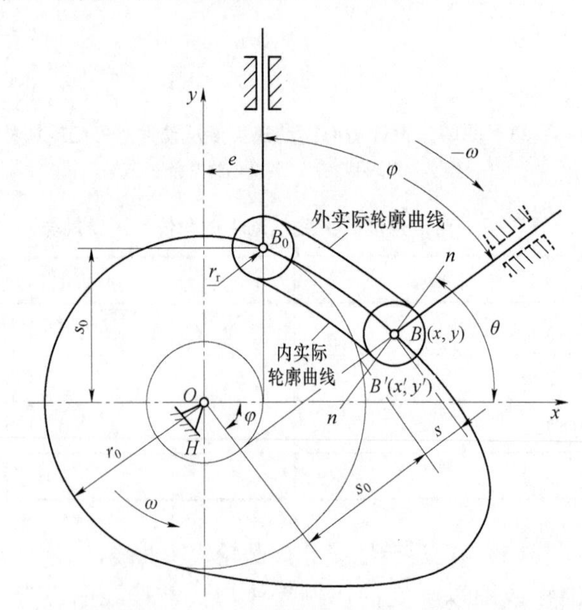

图 3-24　用解析法设计一偏置直动式滚子从动件盘形凸轮机构

现选取图示坐标系 xOy，e 为偏距，B_0 点为推程的起始点时，滚子从动件转动中心的坐标为（e，s_0），其中 $s_0=\sqrt{r_0^2-e^2}$。当凸轮沿 ω 方向转动 φ 角后，从动件的位移为 s。由反转法原理可知，此时滚子中心将反转至 B 点，其坐标值为

$$\begin{cases} x=(s+s_0)\sin\varphi+e\cos\varphi \\ y=(s+s_0)\cos\varphi-e\sin\varphi \end{cases} \tag{3-23}$$

式中　e——代数量，若从动件导路偏在 y 轴的右侧，则 $e>0$；若从动件导路偏在 y 轴的左侧，$e<0$。对心直动从动件，$e=0$。规定凸轮逆时针方向转动时，转角 $\varphi>0$，否则，$\varphi<0$。

式（3－23）为直动式滚子从动件盘形凸轮的理论轮廓曲线方程。由前述可知，凸轮的实际轮廓曲线是以理论轮廓曲线上各点为圆心的一系列滚子圆的包络线，即实际轮廓曲线与理论轮廓曲线在法线方向的距离等于滚子半径 r_r。若已知理论轮廓曲线上一点 B（x，y），只要沿理论轮廓曲线在该点的法线方向向内（或向外）取距离 r_r，即可得到实际轮廓曲线上相应点 B'（x'，y'），如图 3－25 所示。

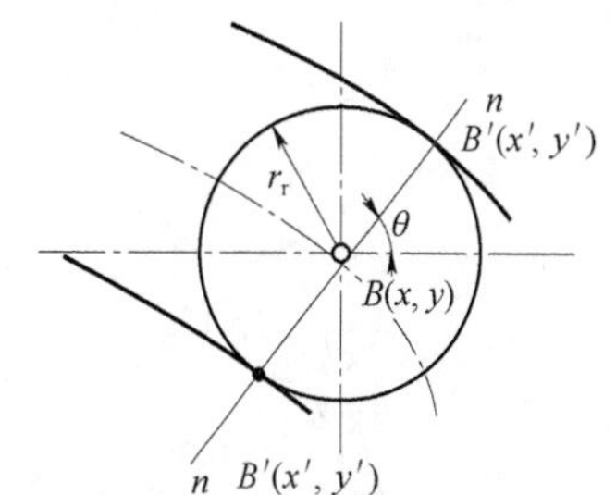

图 3－25　实际轮廓坐标与理论轮廓坐标

由高等数学可知，理论轮廓曲线 B 点的法线 nn 的斜率为

$$\tan\theta=-\frac{\mathrm{d}x}{\mathrm{d}y}=\frac{\mathrm{d}x}{\mathrm{d}\varphi}\left(-\frac{\mathrm{d}y}{\mathrm{d}\varphi}\right)=\frac{\sin\theta}{\cos\theta} \tag{3-24}$$

式中　$\mathrm{d}x/\mathrm{d}\varphi$，$\mathrm{d}y/\mathrm{d}\varphi$ 可由式（3－23）求得。

由图 3－25 可看出，实际轮廓曲线相应点 B' 的坐标为

$$\begin{cases} x'=x\mp r_r\cos\theta \\ y'=y\mp r_r\sin\theta \end{cases} \tag{3-25}$$

式中　“－”号对应于法线内等距线，“＋”号对应于法线外等距线。

$\cos\theta$ 和 $\sin\theta$ 可对式（3－23）求导，求导后利用前述方程组作代换，得到高副点法线与横坐标轴间的夹角为

$$\begin{cases} \cos\theta=\dfrac{-\dfrac{\mathrm{d}y}{\mathrm{d}\varphi}}{\sqrt{\left(\dfrac{\mathrm{d}x}{\mathrm{d}\varphi}\right)^2+\left(\dfrac{\mathrm{d}y}{\mathrm{d}\varphi}\right)^2}} \\ \sin\theta=\dfrac{\dfrac{\mathrm{d}x}{\mathrm{d}\varphi}}{\sqrt{\left(\dfrac{\mathrm{d}x}{\mathrm{d}\varphi}\right)^2+\left(\dfrac{\mathrm{d}y}{\mathrm{d}\varphi}\right)^2}} \end{cases} \tag{3-26}$$

将式（3－26）代入式（3－25），可得凸轮的实际轮廓曲线方程为

$$
\begin{cases}
x' = x \pm r_{\mathrm{r}} \dfrac{\dfrac{\partial y}{\partial \varphi}}{\sqrt{\left(\dfrac{\partial x}{\partial \varphi}\right)^2 + \left(\dfrac{\partial y}{\partial \varphi}\right)^2}} \\
y' = y \mp r_{\mathrm{r}} \dfrac{\dfrac{\partial x}{\partial \varphi}}{\sqrt{\left(\dfrac{\partial x}{\partial \varphi}\right)^2 + \left(\dfrac{\partial y}{\partial \varphi}\right)^2}}
\end{cases} \tag{3-27}
$$

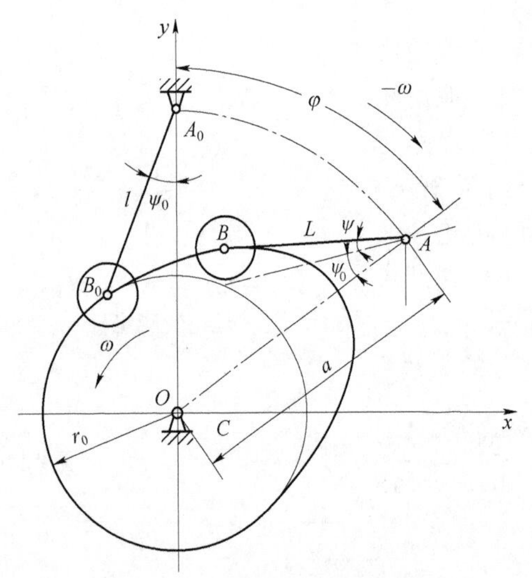

图 3－26　用解析法设计摆动式从动件盘形凸轮机构

式中　“－”号表示一条内包络轮廓曲线，“＋”号表示一条外包络轮廓曲线。

（二）摆动式从动件盘形凸轮轮廓曲线

图 3－26 所示为用解析法设计摆动式从动件盘形凸轮机构。若已知基圆半径 r_0、凸轮转动中心 O 与摆杆轴心 A 之间的中心距 a、摆杆长度 L。建立直角坐标系 xOy。在起始位置，滚子圆中心处于 B_0，此时摆杆与 A_0O 之间的夹角为初始角 ψ_0。当凸轮转动 φ 角后，根据反转法原理可知，滚子圆中心处于 B 点，该点的坐标为

$$
\begin{cases}
x = a\sin\varphi - L\sin(\varphi + \psi_0 + \psi) \\
y = a\cos\varphi - L\cos(\varphi + \psi_0 + \psi)
\end{cases} \tag{3-28}
$$

式（3－28）是摆动式滚子从动件盘形凸轮的理论轮廓曲线方程，其实际轮廓曲线方程仍为式（3－27）。

第五节　凸轮机构基本尺寸的确定

在上述凸轮轮廓曲线设计时，不论是图解法，还是解析法，均为事先假定已知凸轮机构的基圆半径、偏距、滚子圆半径等基本尺寸。实际上，这些基本尺寸的选定和凸轮机构的受力情况、传动性能和结构尺寸等方面有着密切的关系。基本尺寸的选择是否恰当，将直接影响凸轮机构的传动性能。在凸轮机构的设计中，除了考虑基本尺寸的选择，还要考虑机构的受力情况是否良好、动作是否灵活，尺寸是否紧凑等许多因素。

一、凸轮机构的压力角

压力角是衡量机构传力好坏的一个重要参数。凸轮机构的压力角定义为凸轮对从动件作用力的方向（法向压力 $\boldsymbol{F}$）与从动件在该点的线速度 v 方向所夹的锐角，用 α 表示。压力角反映了凸轮的受力情况，决定了凸轮机构能否正常工作，在设计凸轮的基本尺寸时要慎重考虑其与压力角的关系。

在图 3－27 所示的直动从动件凸轮机构中，凸轮轮廓曲线与从动件接触点处的法线为 nn，凸轮对从动件的法向压力 $\boldsymbol{F}$ 可分解为沿从动件运动方向的分力 $\boldsymbol{F}_y$ 和垂直运动方向的分力 $\boldsymbol{F}_x$。前者是推动从动件克服载荷的有效分力，而后者将增大从动件与导路间的滑动摩擦。当法向压力 $\boldsymbol{F}$ 一定时，压力角 α 越小，有效分力 $\boldsymbol{F}_y$ 越大，机构传力性能越好。

当压力角增加到某一数值时，有害分力 $\boldsymbol{F}_x$ 所引起的摩擦阻力将大于有效分力 $\boldsymbol{F}_y$，这时无论凸轮给从动件的作用力多大，都不能驱动从动件运动，即机构发生自锁。因此，从减小推力，避免自锁，使机构具有良好的受力状况来看，压力角应越小越好。

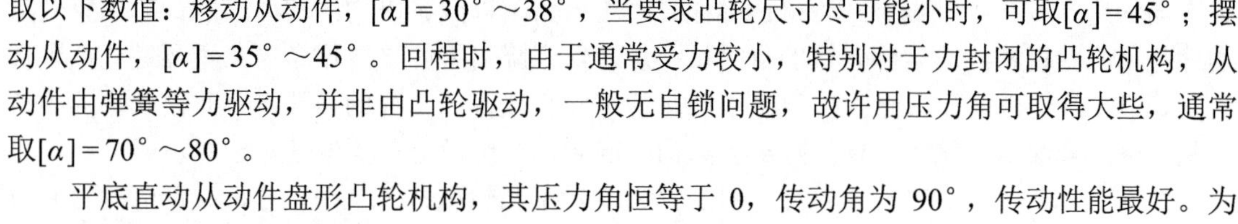

图 3－27　凸轮机构的压力角

在凸轮机构的运动过程中，压力角不断改变，机构在不同的位置，压力角的数值一般也不相同。压力角及从动件的位移是随凸轮机构高副接触点的不同而变化的，因此，它们都是机构位置的函数。在凸轮的一个周期循环运动中，压力角会出现最大值 $\alpha_{\max}$。规定压力角的许用值为$[\alpha]$，为保证凸轮机构的传力性能，使机构能顺利工作，$\alpha_{\max}\leqslant[\alpha]$。根据工程实践的经验，推荐推程时许用压力角$[\alpha]$取以下数值：移动从动件，$[\alpha]=30^\circ\sim38^\circ$，当要求凸轮尺寸尽可能小时，可取$[\alpha]=45^\circ$；摆动从动件，$[\alpha]=35^\circ\sim45^\circ$。回程时，由于通常受力较小，特别对于力封闭的凸轮机构，从动件由弹簧等力驱动，并非由凸轮驱动，一般无自锁问题，故许用压力角可取得大些，通常取$[\alpha]=70^\circ\sim80^\circ$。

平底直动从动件盘形凸轮机构，其压力角恒等于 0，传动角为 90°，传动性能最好。为了保证从动件运动不“失真”，要求凸轮轮廓全部外凸且平底要足够长。

二、压力角与基圆半径

用图解法和解析法设计凸轮时可知，凸轮轮廓尺寸的大小取决于凸轮基圆半径的大小。在实现相同运动规律的情况下，基圆半径越大，凸轮的轮廓尺寸也越大。因此，要获得轻便紧凑的凸轮机构，就应当使基圆半径尽可能的小。

设计凸轮机构时，希望所设计的凸轮机构既有较好的传力特性，即压力角的最大值 $\alpha_{\max}$ 越小越好，还希望机构具有较紧凑的尺寸，即基圆半径 r_0 越小越好。但实际上，基圆半径的大小受制于凸轮机构的压力角。这两者是互相制约的，因此，在设计凸轮机构时，应兼顾两者，统筹考虑。

在偏置滚子直动从动件盘形凸轮机构的情况下（见图 3－27），可推导出压力角与基圆半径的关系如下

$$\tan\alpha=\frac{\overline{OP}\mp e}{s+s_0}\tag{3-29}$$

过 O 点的水平线的交点 P 为相对速度瞬心，根据速度瞬心定理，有

$$v_{P_1}=v_{P_2}=v\tag{3-30}$$

v_{P_1}、v_{P_2} 分别为凸轮和从动件在相对速度瞬心 P 点的线速度，当凸轮以等角速度 ω 旋转

时，有 $OP \cdot \omega = v$，即 $OP = v/\omega = \mathrm{d}s/\mathrm{d}\varphi$，代入式（3－29）

$$\tan\alpha = \frac{\frac{\mathrm{d}s}{\mathrm{d}\varphi} \mp e}{s + s_0} = \frac{\frac{\mathrm{d}s}{\mathrm{d}\varphi} \mp e}{s + \sqrt{r_0^2 - e^2}} \tag{3-31}$$

式中　$\mathrm{d}s/\mathrm{d}\varphi$——位移曲线在该位置时的斜率；

　　分子中导路与瞬心同侧时取“－”号，导路与瞬心异侧时取“＋”号。

由式（3－31）可知，凸轮机构的压力角 α 与基圆半径 r_0、从动件偏置方位及偏距 e 有关。在偏距 e 一定、推杆的运动规律已知的条件下，其他条件不变时，压力角与基圆半径成反比关系，加大基圆半径，可减小压力角，即基圆半径越大，压力角越小，推动从动件的有效分力越大，从而可改善机构的传力特性，但将导致整个机构尺寸增大；反之，基圆半径越小，压力角越大，有利于机构紧凑，但机构的传力效果差。为了兼顾机构受力情况和结构紧凑这两方面，在设计凸轮机构时，通常要求在机构压力角不超过许用值的原则下，尽量采用最小的基圆半径。

三、偏置方向与压力角

从式（3－29）可知，机构的压力角与偏距的数值及方位有关。当偏距的数值确定后，偏置方向的选择应有利于减小凸轮机构推程时的压力角，以改善机构的传力性能。对于直动从动件盘形凸轮机构，从动件偏置的目的是：从动件升降斜率的平滑度考虑，主要是让从动件运动顺畅，加速度不至于过大，以减小凸轮的轴向负载等；工况的需要，有时候凸轮的中心与从动件的轴线需要偏置一定的距离；结构的需要，在结构上需要偏开一定的距离。

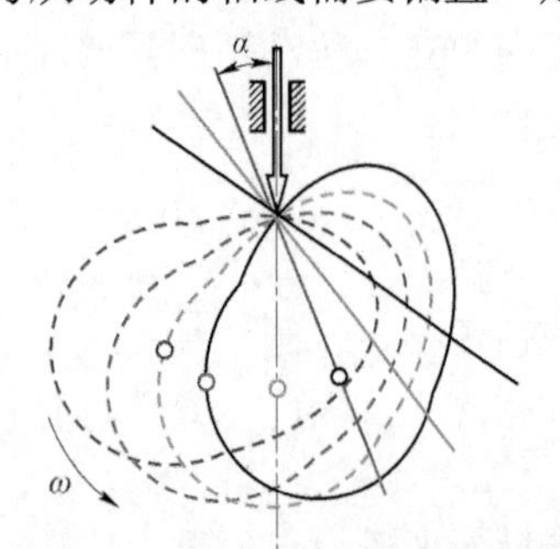

图 3-28　凸轮机构的偏置与压力角

图 3－28 表示了凸轮机构的几个位置，从动件除对心位置外，其余两个位置从动件偏置在凸轮回转中心右侧，另外一个位置从动件偏置在凸轮回转中心左侧。从图中可看到，当凸轮逆时针旋转时，在凸轮轮廓曲线的同一点处，从动件偏置左侧时机构压力角最大。

为了改善推程时的压力角，凸轮机构存在着正确偏置的问题。推程时，从动件应偏置在速度瞬心的同一侧，导路位于与凸轮旋转方向 ω 相反的位置。当凸轮逆时针转动时，从动件应偏于凸轮回转中心右侧（右偏置）；当凸轮顺时针转动时，从动件应偏于凸轮回转中心左侧（左偏置）。

设计凸轮机构时，如果压力角超过许用值，而机械的结构空间又不允许增大基圆半径以减小压力角，则可以通过选取从动件偏置方位及适当的偏距数值以获得较小的推程压力角。

但要注意的是，用偏置法可减小推程压力角，但同时增大了回程压力角，即通过改变从动件偏距的方向来减少推程压力角，一定会带来回程压力角的增大，故偏距不能太大。

四、基圆半径的确定

凸轮的基圆半径应大于凸轮转轴的半径，并使得凸轮轮廓曲线的最小曲率半径 $\rho_{\min} > 0$。当要求机构具有紧凑的尺寸时，可按许用压力角$[\alpha]$确定凸轮的基圆半径 r_0。即凸轮的基圆半径应在最大压力角 $\alpha_{\max} \leqslant$ 许用压力角$[\alpha]$的前提下选择。由于在机构的运转过程中，压力角的数值随着凸轮与从动件接触点的不同而变化，即压力角是机构位置的函数，因此，只要找出压力角的最大值 α_{max}，使 $\alpha_{max}=[\alpha]$，就可以确定出凸轮的最小基圆半径。

凸轮基圆半径与凸轮机构的压力角有关，依式（3-31）可见，将$[\alpha]$代入，确定从动件的正确偏置方位以及偏距 e 之后，凸轮的基圆半径 r_0 可得

$$r_0=\sqrt{\left[\frac{\frac{\mathrm{d}s}{\mathrm{d}\varphi}-e}{\tan[\alpha]}-s\right]^2+e^2} \tag{3-32}$$

根据 $s=s(\varphi)$，求出 $\mathrm{d}s/\mathrm{d}\varphi$，代入上式求出一系列 r_0 值，选取其中的最大值作为凸轮基圆半径的设计值。

由此可知，凸轮基圆半径的确定原则为：在满足 $\alpha_{max}\leqslant[\alpha]$的条件下，合理地确定凸轮的基圆半径，使凸轮机构的尺寸不至过大。

在实际设计工作中，凸轮基圆半径的确定，不仅要受到 $\alpha_{max}\leqslant[\alpha]$的限制，还要考虑到凸轮的结构及强度的要求等。当设计完成后，应验算 α_{max}。对于等速运动规律，α_{max} 在推程起点处。对于其余运动规律，α_{max} 在推程中点附近。

五、滚子半径的选择

为提高从动件滚子寿命及其芯轴的强度，从减少凸轮与滚子间的接触应力考虑，可适当选取较大的滚子半径。

但实际上滚子半径不宜过大，因为滚子半径应当与凸轮的实际轮廓曲线相匹配。如果滚子半径与凸轮理论轮廓曲线的最小曲率半径不匹配，将使从动件不能按设计的理论轮廓曲线运动。所以，选择滚子半径大小时，应注意凸轮轮廓曲线的曲率半径与滚子半径的关系。

图 3-29 所示为滚子半径与几种凸轮轮廓曲线的最小曲率半径匹配的情况。

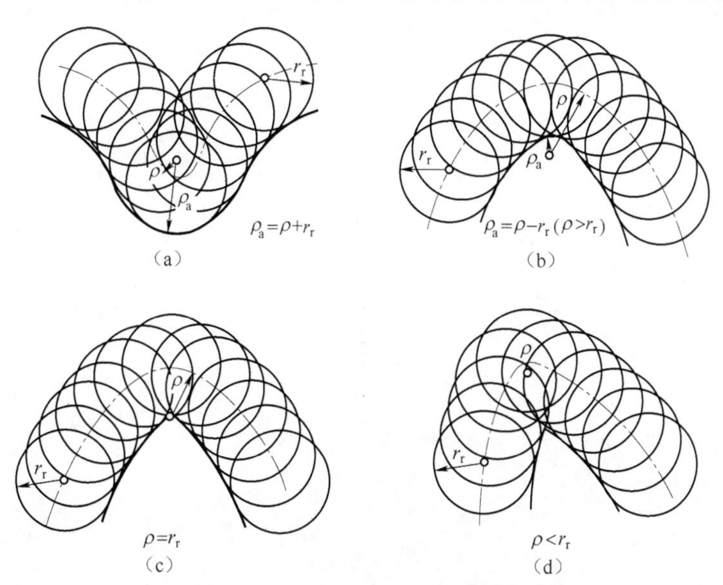

图 3-29　滚子半径与几种凸轮轮廓曲线的最小曲率半径匹配的情况

（a）内凹；（b）外凸；（c）尖点；（d）交叉

图 3－29（a）中为内凹的凸轮轮廓曲线，这时实际轮廓曲线的曲率半径 ρ_a 等于理论轮廓曲线的曲率半径 ρ 与滚子半径 r_r 之和，即 $\rho_a=\rho+r_r$。因此，不论滚子半径多大，实际轮廓曲线都可以根据理论轮廓曲线作出。但对于外凸的凸轮轮廓曲线，由于 $\rho_a=\rho-r_r$，所以，当 $\rho>r_r$ 时，$\rho_a>0$，实际轮廓曲线为一光滑曲线，见图 3－29（b）。当 $\rho=r_r$ 时，$\rho_a=0$，实际轮廓曲线上出现尖点，见图 3－29（c）。若尖点很快被磨损，将改变从动件的原运动规律。当 $\rho<r_r$ 时，$\rho_a<0$，实际轮廓曲线将出现交叉，见图 3－29（d）。若交叉部分在凸轮加工时被切去，则该部分的运动规律无法实现，且使从动件的运动规律失真。

为避免滚子从动件的运动规律失真，必须使 $r_r<\rho_{min}$。在设计时，一般推荐用以下经验公式

$$r_r<0.8\rho_{min} \tag{3-33}$$

如果由式（3－33）确定的滚子半径 r_r 太小，以致不能满足结构（如滚子轴太小）或强度条件，可增大基圆半径或修改从动件推杆的运动规律，在轮廓曲线尖点处代以合适的曲线。

第四章
齿 轮 机 构

齿轮是轮缘上有齿且能连续啮合传递运动和动力的轮状机械零件，轮缘上的齿为齿轮圆周上每一个用于啮合的凸起部分，这些凸起部分呈辐射状均匀排列。

齿轮机构是利用轮齿间的啮合原理发展而成的一种啮合机构，齿轮通过与其他齿状机械零件（如另一个齿轮、齿条、蜗杆）啮合，可实现改变转速与转矩、改变运动方向和改变运动形式等功能，实现平行轴、任意角相交轴和任意角交错轴之间的运动和动力传递。

与其他机构相比，齿轮机构的优点是：结构紧凑、工作可靠、传动平稳、效率高、寿命长、瞬时传动比恒定，而且其传递的功率和适用的速度范围大。故齿轮机构在现代机械中得到了广泛应用。但是齿轮机构制造比较复杂、安装费用高，不适宜远距离两轴之间的传动，精度不高的齿轮，传动时噪声大、振动和冲击大。

齿轮机构为高副机构，由原动件齿轮、从动件齿轮和机架组成。若两齿轮回转轴平行或相交，则组成平面齿轮机构；若两齿轮回转轴交错，则组成空间齿轮机构。

第一节 齿轮机构的类型

实际应用中可按三种方法分类：齿轮两轴的相对位置、齿轮外形和轮齿齿廓形状。

一、按齿轮两轴的相对位置分类

按齿轮两轴的相对位置可分为平面圆柱齿轮机构、平面圆锥齿轮机构和空间圆柱齿轮机构。

对于平面圆柱齿轮机构，其原动件齿轮、从动件齿轮的回转轴线平行。对于平面圆锥齿轮机构，其原动件齿轮、从动件齿轮的回转轴线相交。对于空间圆柱齿轮机构，其原动件齿轮、从动件齿轮的回转轴线交错。

二、按齿轮外形分类

按齿轮外形可分为直齿圆柱齿轮、斜齿圆柱齿轮、圆锥齿轮和蜗轮蜗杆。

对于直齿圆柱齿轮，齿形宽度方向平行于齿轮回转轴。对于斜齿圆柱齿轮，齿形宽度方向与齿轮回转轴线有夹角。对于圆锥齿轮，齿轮宽度方向的“圆柱”参量都变成“圆锥”。对于蜗轮蜗杆，一个齿轮演变为蜗杆，两轴交错 90°，属空间圆柱齿轮机构。

三、按轮齿齿廓形状分类

按轮齿齿廓形状可分为渐开线齿廓、修正摆线齿廓、针齿轮齿廓和简化齿廓。

渐开线齿廓是用渐开线作为齿廓曲线。修正摆线齿廓是用摆线作为齿廓曲线。针齿轮齿廓是由摆线齿形演变而来的。简化齿廓是为结构简单而做出的一种不完善的啮合形式，如矩形齿廓、梯形齿廓。

考虑到性能、加工、互换使用等问题，目前最常用的是渐开线齿廓形式。

图 4－1 所示为常用的齿轮类型。

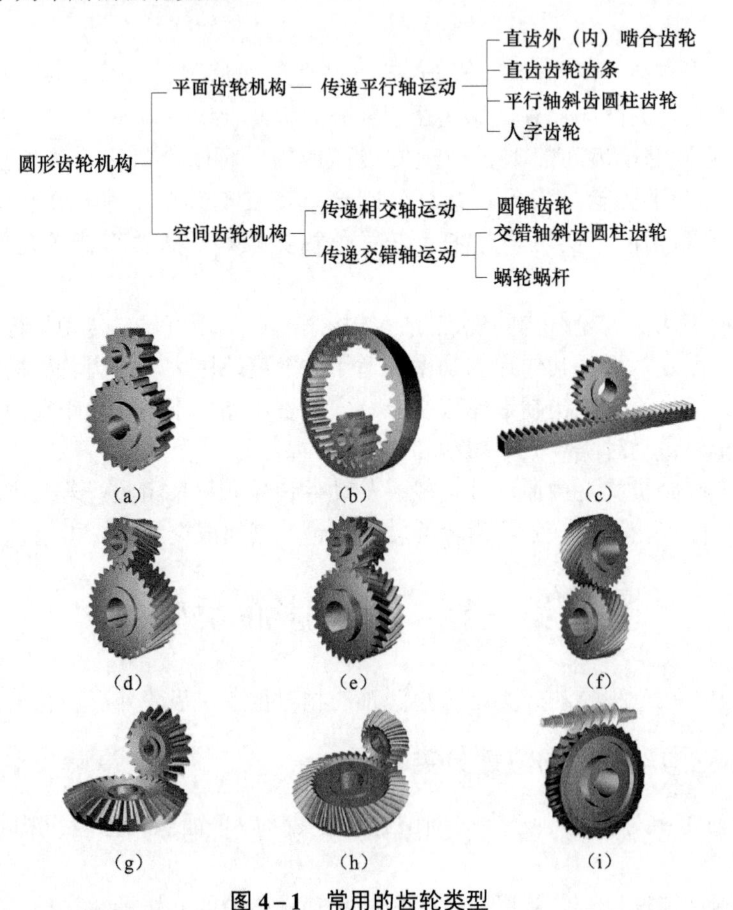

图 4－1　常用的齿轮类型

(a) 外啮合直齿圆柱齿轮；(b) 内啮合直齿圆柱齿轮；(c) 直齿齿轮齿条；(d) 斜齿圆柱齿轮；(e) 人字齿圆柱齿轮；(f) 螺旋齿圆柱齿轮；(g) 直齿圆锥齿轮；(h) 曲齿圆锥齿轮；(i) 蜗轮蜗杆

四、常用的齿轮机构特点

直齿圆柱齿轮的轮齿与轴线平行，工作时无轴向力，传动平稳性较差，承载能力较低，多用于速度较低的传动。

斜齿圆柱齿轮的轮齿走向与轴线成一夹角，在运动时会产生轴向推力，传动较平稳，承载能力较高，适用于高速、重载场合。

人字齿圆柱齿轮由轮齿偏斜方向相反的两个斜齿圆柱齿轮组成，轴向力相抵消，承载能力高，多用于重载传动。

螺旋齿圆柱齿轮用于传递空间两交错轴之间的运动。两轮齿为点接触，接触应力较大，故承载能力低，寿命较短。由于齿间的滑动速度往往很大，传动效率低，磨损快，适用于载荷小、速度低的传动。

圆锥齿轮传递两相交轴之间的运动。传动平稳性较差，承载能力较低，用于低速、轻载场合。直齿圆锥齿轮应用最为广泛。斜齿圆锥齿轮因不易制造，很少使用。曲齿圆锥齿轮应用在高速、重载的场合，但需用专门的机床加工。

蜗轮蜗杆用于传递两交错轴之间的运动。其两轴的交错角一般为 90°，传动比大，传动平稳，噪声和振动小，磨损大，效率低（尤其蜗轮带动蜗杆的增速运动）。

第二节　齿廓啮合基本定律

一对齿轮的传动，依靠主动轮的齿廓依次推动从动轮的齿廓实现。

齿轮机构在传动的过程中应满足的基本要求是瞬时传动比恒定不变，否则当主动齿轮以匀角速度回转时，从动齿轮将以变角速度回转，从而产生惯性力。这种惯性力是一种有害的附加动载荷，它的存在不仅影响齿轮的强度，使其过早损坏，同时产生噪声、引起振动，进而影响齿轮机构的工作精度。

为了实现恒定的传动比，齿轮最关键的部位是轮齿的齿廓曲线形状。

一、齿廓的啮合特性

如图 4－2 所示，齿轮 1 的齿廓曲线绕回转中心 O_1 点以 ω_1 的角速度顺时针转动，齿轮 2 的齿廓曲线绕 O_2 以 ω_2 的角速度逆时针转动。分属于齿轮 1 和齿轮 2 的两条齿廓曲线在 K 点处啮合（高副）接触。一对互相啮合的齿轮，过 K 点所作的两齿廓的公法线 nn 与连心线 O_1O_2 相交于点 P。过 K 点作两齿廓的公法线 nn，公切线 tt，齿轮 1 在 K 点处的线速度为 v_{K_1}，齿轮 2 在 K 点处的线速度为 v_{K_2}。

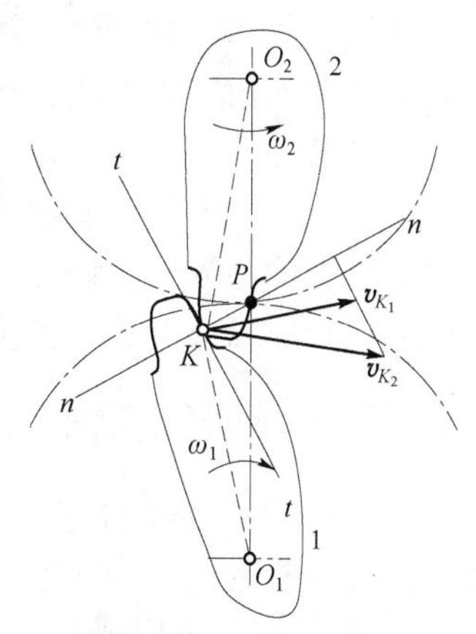

图 4–2　一对啮合齿廓

过两齿廓接触点所作的齿廓公法线与两齿轮连心线的交点 P 称为啮合齿轮的节点。做定传动比传动的一对齿轮中，分别以 O_1、O_2 为圆心，以 O_1P、O_2P 为半径所作的两个圆，称作节圆。这两个节圆相切，切点为 P。

显然，要使这一对齿廓能连续地接触传动，它们沿接触点的公法线方向是不能相对运动的。否则，两齿廓将不是彼此分离就是互相嵌入，不能达到正常传动的目的。

一对齿廓要保证连续和平稳的接触传动，v_{K_1} 和 v_{K_2} 在公法线 nn 方向的分速度应该相等，即 $v_{K_2}v_{K_1} \cdot n=0$。所以，两齿廓接触点间的相对速度 $v_{K_2}v_{K_1}$ 只能是沿两齿廓接触点的公切线 tt 方向。由于两节圆切点 P 处的线速度是相等的，两节圆具有相同的圆周速度，故两齿轮的啮合传动可以看作一对节圆做无滑动的纯滚动。

由三心定理可知，P 点是两齿廓的相对速度瞬心，两条齿廓曲线在该点有相同的速度，即

$$v_P = \omega_1 O_1 P = \omega_2 O_2 P \tag{4-1}$$

根据传动比的定义及式（4－1），齿轮啮合时的传动比为

$$i = \frac{\omega_1}{\omega_2} = \frac{O_2 P}{O_1 P} \tag{4-2}$$

式（4－2）表明，一对啮合传动的齿轮，两轮的角速度之比与连心线被齿廓接触点的公法线分得的两线段成反比。传动比等于连心线 O_1O_2 被啮合齿廓在接触点 K 处的公法线所分成的两线段的反比。一对齿轮啮合传动的传动比等于两齿轮节圆半径的反比。

齿廓啮合基本定律的内容是：要使两齿轮的瞬时传动比为一常数，则不论两齿廓在任何位置接触，过接触点所作的两齿廓公法线都必须与两齿轮的连心线交于一定点 P。

一对齿轮做定传动比传动的条件：做定传动比传动的齿轮机构，两齿廓在任意位置接触时，过接触点所作的两齿廓的公法线必通过连心线上位置固定的啮合节点 P。如果使节点 P 在连心线 O_1O_2 上的位置固定不动（为一个定点），则两齿轮的传动比是定值，从而可实现定传动比传动，即满足齿廓啮合基本定律。

对定传动比条件的证明如下：由传动比的公式（4－2）可知，如果要求两齿轮的传动比为常数，则应使 O_2P/O_1P 为常数。由于在两齿轮的传动过程中，其轴心 O_1、O_2 均为定点（即 O_1O_2 为定长），所以，欲使 O_2P/O_1P 为常数，则必须使节点 P 在连心线上为一定点。

对于任意选定的一对齿廓曲线，在不同的瞬时，节点 P 的位置不同，因而其传动比不是定值，也不一定能按照所要求的规律变化，如直线齿形齿轮。直线齿形齿轮的瞬时传动比不平稳，这种现象在高速传动中就会产生撞击，有可能会把齿打断。

如果齿轮啮合传动时的传动比不恒定，或要求两齿廓做变传动比传动，此时，节点 P 的位置是变化的，不是一个定点，而是按相应的规律在齿轮的连心线上移动。节点 P 在平面上的轨迹不是圆，而是两个封闭的非圆曲线，此时齿轮的啮合传动相当于该两非圆曲线的纯滚动，此时的齿轮为非圆齿轮。非圆齿轮的瞬时角速度比值按某种既定的运动规律而变化，可以实现特殊的运动和函数运算。

一对齿廓要保证接触传动，必须满足齿廓啮合的基本要求。凡能满足齿廓啮合基本定律的一对齿廓称为共轭齿廓。理论上有无穷多对共轭齿廓，其中以渐开线齿廓应用最广。渐开线是能使节点 P 为定点，从而实现定传动比传动的一种常用的齿廓曲线。

二、渐开线齿廓

（一）渐开线的形成

设半径为 r_b 的圆上有一直线 MM 与其相切，当直线 MM 沿圆周做相切纯滚动时，直线上任一点 K 在与该圆固连的平面上的轨迹 AK 称为该圆的渐开线。这个圆称为基圆，r_b 为基圆半径，直线 MM 称为发生线。齿轮的齿廓就是由两段对称渐开线组成的。

图 4－3 所示中符号的标识如下：BK 为渐开线的发生线，AK 为渐开线，r_b 为基圆半径，r_K 为渐开线上点 K 的向径，θ_K 为渐开线 AK 段的展角，α_K 为渐开线上点 K 的压力角，v_K 为渐开线上点 K 的线速度。

（二）渐开线的性质

根据渐开线的形成原理及图 4－4 可以得到渐开线的 5 个基本性质：

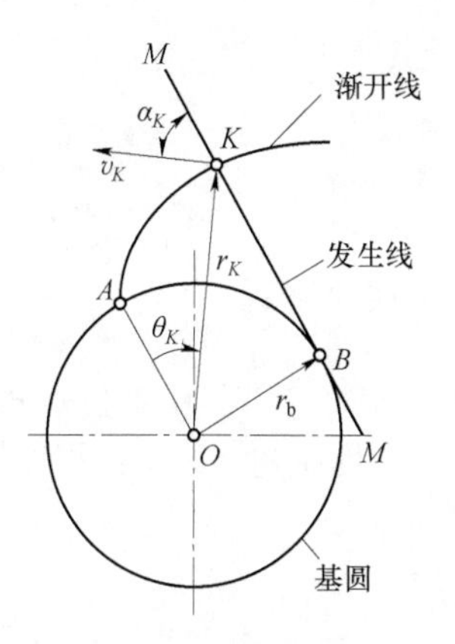

图 4－3　渐开线的形成

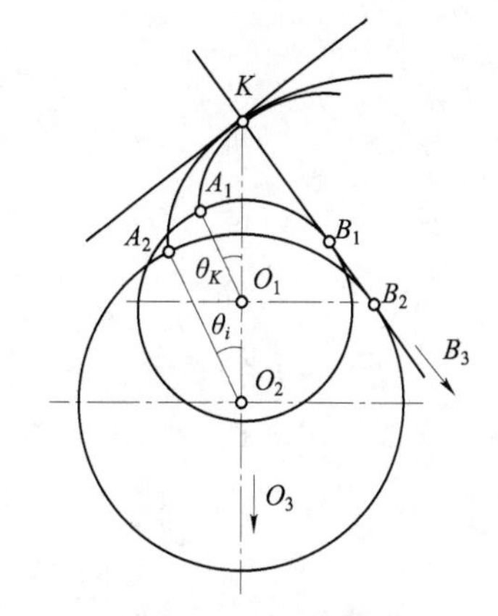

图 4－4　渐开线的性质

（1）发生线沿基圆滚过的长度等于基圆上被滚过的相应圆弧长，即 $BK=AB$。

（2）渐开线上任一点的法线恒与基圆相切。发生线 BK 沿基圆做纯滚动，与基圆的切点为点 B，发生线 BK 即为渐开线在 K 点的法线，又是基圆的切线。

（3）发生线 BK 与基圆切点 B 是渐开线 K 点的曲率中心，BK 长为曲率半径。渐开线上离基圆越远的点，其曲率半径越大。离基圆越近的点，其曲率半径越小。渐开线与基圆的交点处，其曲率半径为零。

（4）渐开线的形状取决于基圆的大小。基圆越小，渐开线越弯曲；基圆越大，渐开线越平直。当基圆半径趋于无穷大时，渐开线演变为一条直线。

（5）基圆内没有渐开线。

（三）渐开线的特点

1. 渐开线齿廓的压力角

当渐开线齿廓在 K 点啮合时，齿廓在 K 点所受的正压力方向（齿廓曲线在该点的法线方向）与 K 点的速度方向（垂直于该点的向径方向）之间所夹的锐角称为渐开线在 K 点的压力角，以 α_K 表示。由图 4－5 中的几何关系，有

$$\cos\alpha_K=\frac{OB}{OK}=\frac{r_b}{r_K} \qquad (4-3)$$

由公式中可以看出，由于 r_K 随着渐开线齿廓上 K 点位置的变化而变化，渐开线上不同点的压力角是不同的。越接近基圆，压力角越小，渐开线的起始点处（基圆上）的压力角为零。K 点离基圆越远，即 r_K 越大，压力角 α_K 则越大。因为压力角较小时，有利于推动齿轮转动，因此，通常采用基圆附近的一段渐开线作为齿廓曲线。

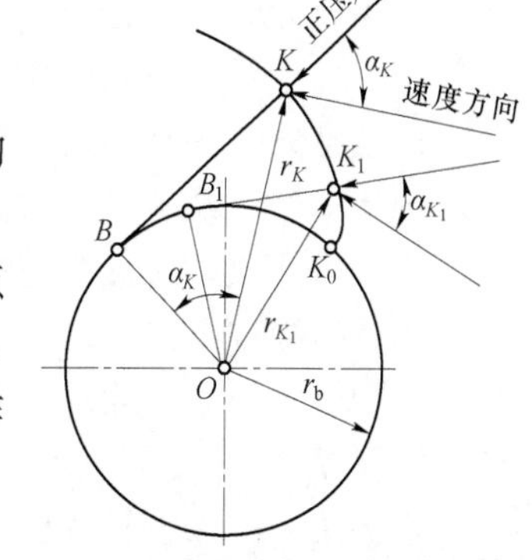

图 4–5　渐开线的压力角

标准压力角 α 定义为渐开线与分度圆交点处的压力角。

2. 渐开线函数

根据渐开线形成的过程，可以推导出渐开线的函数表达式。在图 4－3 中，A 点是渐开线在基圆上的起点，K 点是渐开线上的任意一点。以 O 点为极点，OA 线段为极轴，建立渐开线的极坐标方程，由△OBK 可知，K 点的向径为

$$r_K = \frac{r_b}{\cos\alpha_K} \tag{4-4}$$

K 点的展角

$$\theta_K = \frac{\overset{\frown}{AB}}{r_b} - \alpha_K = \frac{\overline{KB}}{r_b} - \alpha_K = \tan\alpha_K - \alpha_K \tag{4-5}$$

θ_K 及压力角 α_K 的单位为弧度。由式（4–5）可知，展角 θ_K 随压力角 α_K 的大小而变化，当已知渐开线上某点的压力角，则该点的展角即可求出。称展角 θ_K 为压力角 α_K 的渐开线函数，工程上常用 $\mathrm{inv}\alpha_K$ 表示 θ_K，即

$$\mathrm{inv}\alpha_K = \tan\alpha_K - \alpha_K \tag{4-6}$$

渐开线的极坐标参数方程式为

$$r_K = \frac{r_b}{\cos\alpha_K} \tag{4-7}$$

$$\mathrm{inv}\alpha_K = \tan\alpha_K - \alpha_K \tag{4-8}$$

渐开线的性质和方程式是研究渐开线齿轮机构的基础，故应熟记并会灵活应用。

对渐开线的极坐标参数方程式中参数的说明如下：

压力角 α_K 的定义在物理意义上与连杆机构、凸轮机构中压力角的定义是一致的，即在不计摩擦的情况下，渐开线上一点 K 所受的力 F 的方向与 K 点速度方向之间所夹的锐角。展角 θ_K 和渐开线函数 $\mathrm{inv}\alpha_K$ 是同一个函数的两个不同的名称，它们表示的是同一个角度。

第三节　渐开线直齿圆柱齿轮各部分的名称及参数

设计和制造渐开线直齿圆柱齿轮时，需要确定齿轮的基本参数及基本尺寸，改变相关参数可得到不同形状的齿轮，并得到精确的标准渐开线直齿圆柱齿轮的三维实体，进而达到缩短齿轮设计周期、提高设计效果、减少重复工作的目的。

开始设计时，往往不知道齿轮的参数和尺寸，也就无法准确地定出某些参数的数值和进行精确计算，因此，一般需要按简化计算的方法初步确定出主要尺寸。对于重要的齿轮传动，还应按强度条件进行精确的校核计算，而对于一般不重要的齿轮，则可以用类比设计法计算齿轮的基本参数及基本尺寸。

图 4–6 所示为直齿圆柱齿轮的局部端面图，图中画出了齿轮的三个齿。其中齿轮各部分的名称及参数如下：

齿顶圆——以齿轮的轴心为圆心，过齿轮各轮齿顶端所作的圆称为齿顶圆，其直径和半径分别以 d_a 和 r_a 表示。

齿根圆——以齿轮的轴心为圆心，过齿轮各槽底端所作的圆称为齿根圆，其直径和半径分别以 d_f 和 r_f 表示。

分度圆——为了便于齿轮各部分尺寸的计算，必须规定一个圆作为齿轮尺寸计算的基准圆，称该圆为齿轮的分度圆，其直径和半径分别以 d 和 r 表示。分度圆实际在齿轮中并不存在，只是一个定义上的圆。标准齿轮中分度圆为槽宽和齿厚相等的那个圆（不考虑齿侧间隙）。

齿厚——同一轮齿两侧齿廓之间的弧线长度称为齿厚，沿任意直径 d_K 圆周上所量得的齿

厚称为该圆周上的齿厚，以 s_K 表示。分度圆上的齿厚，以 s 表示。

齿槽宽——齿轮相邻两齿之间的空间称为齿槽，沿任意直径 d_K 圆周上所量得的齿槽的弧线长度称为该圆周上的齿槽宽，以 e_K 表示。分度圆上的齿槽宽，以 e 表示。

齿距（周节）——沿任意直径 d_K 圆周上所量得的相邻两齿上同侧齿之间的弧线长度称为该圆周上的齿距，以 p_K 表示，其等于齿厚与齿槽宽之和，即 $p_K=s_K+e_K$。分度圆上的齿距，以 p 表示，则 $p=s+e$。基圆上的齿距，以 p_b 表示。

齿顶高——介于分度圆与齿顶圆之间齿的部分称为齿顶，其径向高度称为齿顶高，以 h_a 表示。

齿根高——介于分度圆与齿根圆之间齿的部分称为齿根，其径向高度称为齿根高，以 h_f 表示。

齿全高——齿顶圆与齿根圆之间的径向距离，即齿顶高与齿根高之和称为齿全高，以 h 表示。

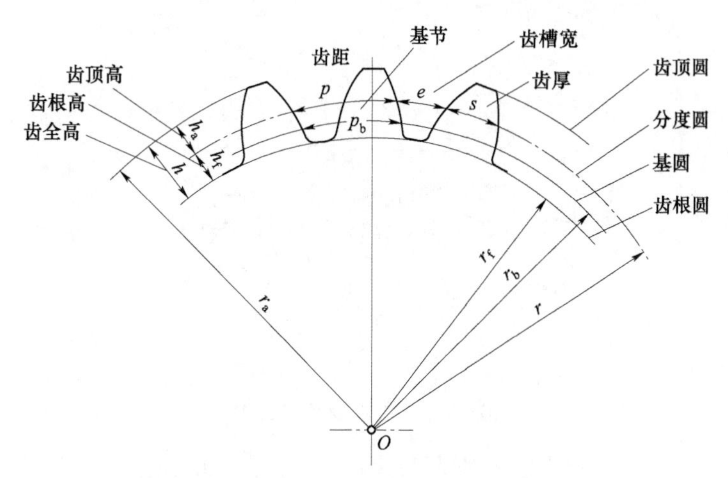

图 4-6　直齿圆柱齿轮各部分的名称及参数

一、渐开线齿轮的基本参数

渐开线齿轮的基本参数有 5 个，分别为齿数、模数、压力角、齿顶高系数和顶隙系数。

（一）齿数

齿轮整个圆周上轮齿的总数称为该齿轮的齿数，其为自然数，以 z 表示。

（二）分度圆模数

在齿顶圆和齿根圆之间，规定一个直径为 d 的圆，并把这个圆称为分度圆。分度圆直径是设计、计算齿轮各部分尺寸的基准直径。

分度圆的周长等于齿距 p 与齿数 z 的乘积，即 $pz=\pi d$，于是有分度圆直径 $d=zp/\pi$。式中齿数 z 是自然数，π 是无理数，因此，计算出的分度圆直径 d 也是无理数。这将使设计和计算十分不方便，同时对齿轮的制造和检验也不利，亦不便于对作为基准的分度圆的定位。

为了确定齿轮的几何尺寸，设计时必须使分度圆直径 d 为有理数，d 为有理数的条件是 p/π 为有理数。因此，将比值 p/π 人为地规定为一些简单的有理数列，并把这个比值称为模数，以 m 表示，即

$$m=\frac{p}{\pi} \tag{4-9}$$

$$d=mz \tag{4-10}$$

模数 m 是分度圆齿距与圆周率 π 之比，模数的单位为毫米（mm），它是人为规定的简单的数值。由式（4-9）和式（4-10）可以看出，分度圆直径 d 由齿距 p 和齿数 z 所决定，数值上等于模数 m 与齿数 z 的乘积。

决定齿轮大小的两大要素是模数和齿数，模数和齿数是齿轮最主要的参数。齿数相同的齿轮，模数越大，轮齿抗折断的能力越强，当然齿轮轮坯也越大，空间尺寸也越大，如图 4-7 所示。

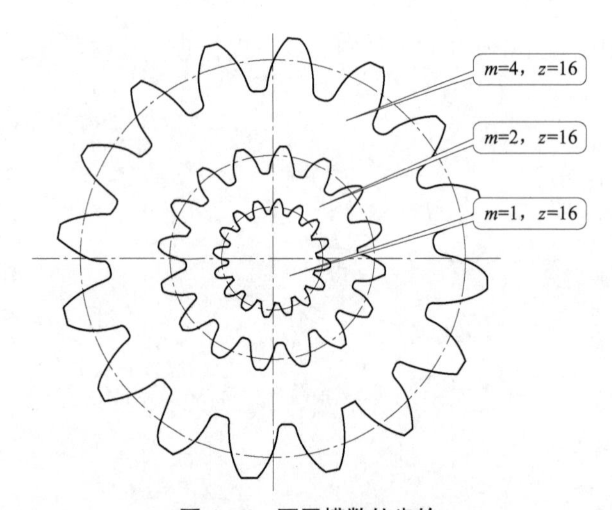

图 4-7　不同模数的齿轮

模数不变的情况下，齿数越大，则渐开线越平缓，齿顶圆齿厚、齿根圆齿厚相应地越厚。

模数是决定齿轮尺寸的一个重要参数。规定以模数作为齿轮其他参数和各部分尺寸的计算依据。

齿轮的模数已经标准化，只能取某些简单数值。为了便于制造、检验和互换使用，国标 GB/T 1357—2008 规定了标准模数系列，如表 4-1 所示。

表 4-1　标准模数系列

第一系列	0.1	0.12	0.15	0.2	0.25	0.3	0.4	0.5
	0.6	0.8	1	1.25	1.5	2	2.5	3
	4	5	6	8	10	12	16	20
第二系列	0.35	0.7	0.9	1.75	2.25	2.75	（3.25）	3.5
	（3.75）	4.5	5.5	（6.5）	7	9	（11）	14

注：① 优先采用第一系列，括号内的模数尽量不用。
② 对于斜齿圆柱齿轮是指法向模数。

（三）分度圆压力角

分度圆压力角是指齿轮分度圆上的压力角，以 α 表示。

渐开线齿廓上各点的压力角是不同的，离轮心越远处，压力角越大，反之越小。基圆上的压力角等于零，规定分度圆上的压力角为标准值：$\alpha=20°$。

对于分度圆大小相同的齿轮，如果分度圆压力角不是标准值，则基圆大小将随之变化，因而其齿廓形状也不同。当分度圆直径一定时，分度圆压力角越小，基圆离分度圆越近，齿根瘦短；分度圆压力角越大，齿根长而宽，齿顶变尖。小压力角齿轮的承载能力较小；而大压力角齿轮虽然承载能力较高，但在传递转矩相同的情况下，轴承的负荷增大，因此仅用于特殊情况。分度圆压力角是决定渐开线齿廓形状的一个重要参数。

（四）齿顶高系数

齿顶高系数是齿顶高与模数的比值，以 h_a^*表示。

如图 4－8 所示，齿顶高 $h_a=h_a^*m$。齿顶高系数是一个倍数而不是具体的数值，其为模数的倍数。标准齿制：$h_a^*=1$，短齿制：$h_a^*=0.8$。标准齿制的齿顶高和模数数值大小一样，但是齿顶高和模数的参数意义并不相同。

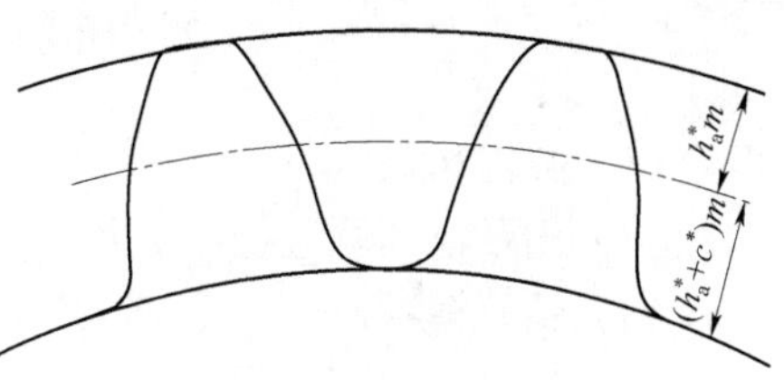

图 4–8　齿顶高与齿根高

（五）顶隙系数

顶隙系数是顶隙与模数的比值，以 c^*表示。

顶隙 $c=c^*m$，是指一对齿轮啮合时，一个齿轮的齿顶圆到另一个齿轮的齿根圆之间的径向距离。在齿轮传动中，为避免齿轮的齿顶端与另一齿轮的齿槽底相抵触，留有顶隙以利于储存润滑油，补偿在制造和安装中造成的齿轮中心距误差以及齿轮变形等。当 $m<1$ 时，标准齿制：$c^*=0.35$，短齿制：$c^*=0.25$；当 $m\geqslant1$ 时，标准齿制：$c^*=0.25$，短齿制：$c^*=0.3$。顶隙系数是一个倍数而不是具体的数值，其为模数的倍数。之所以取不同的值，是为了保证合理、足够的齿顶间隙。模数大，取小的倍数，顶隙不至于过大；模数小，取大的倍数，顶隙不至于太小。

二、渐开线标准齿轮的基本尺寸

渐开线标准齿轮的基本尺寸计算如表 4－2 所示。

表 4－2　渐开线标准齿轮的基本尺寸计算

（其中 z、m、α、h_a^*、c^*是基本参数，$h_a^*=1$，$c^*=0.25$）

名称	符号	计算公式
模数	m	选用标准系列
齿顶高	h_a	$h_a=h_a^*m$
齿根高	h_f	$h_f=(h_a^*+c^*)m=1.25m$
齿全高	h	$h=h_a+h_f=(2h_a^*+c^*)m=2.25m$
分度圆直径	d	$d=mz$
齿顶圆直径	d_a	$d_a=d+2h_a=mz+2m$

续表

名称	符号	计算公式
齿根圆直径	d_f	$d_f = d - 2h_f = mz - 2.5m$
基圆直径	d_b	$d_b = d\cos\alpha = mz\cos\alpha$
齿距	p	$p = \pi m$
齿厚	s	$s = p/2 = \pi m/2$
齿槽宽	e	$e = p/2 = \pi m/2$
中心距	a	$a = 0.5(d_1 + d_2) = 0.5m(z_1 + z_2)$

从表 4－2 中可看出，标准齿轮各部分的参数均可由 5 个基本参数——齿数 z、模数 m、压力角 α、齿顶高系数 h_a^*和顶隙系数 c^*表示。

齿轮参数测量是一项比较复杂的工作，需要测量的参数很多，规定以模数作为齿轮其他参数和尺寸的计算依据，同时压力角决定齿形的基本参数。一般齿轮参数测量的步骤大体如下：

（1）数出齿数；

（2）测量齿顶圆直径；

（3）计算模数；

（4）计算分度圆直径；

（5）计算基圆直径；

（6）计算齿顶高、齿根高、齿全高。

但是，需要注意的是，当齿轮齿数为偶数时，才可直接测量齿顶圆直径；当齿轮齿数为奇数时，所测量的尺寸则不是齿顶圆直径，而是一个齿的齿顶到对面的齿槽两齿面与齿顶圆交点的距离，它比齿顶圆直径要小，通常将它乘以校正系数来得到齿顶圆直径。

第四节　渐开线标准齿轮的啮合

渐开线标准齿轮的模数 m、分度圆压力角 α、齿顶高系数 h_a^*和顶隙系数 c^*均为标准值，分度圆上的齿厚 s 与齿槽宽 e 相等。当一个渐开线标准齿轮的 5 个基本参数值确定之后，其主要尺寸和齿廓形状就完全确定了。

根据渐开线的性质，可以证明渐开线作为齿轮的齿廓可以满足齿廓啮合基本定律并实现传动比在运动过程中的恒定。

图 4－9 所示为两个渐开线齿轮的啮合。图 4－9（a）中，两个渐开线齿廓的齿轮啮合时，其节圆相切，回转方向相反。图 4－9（b）中，基圆半径分别为 r_{b1} 和 r_{b2} 的两渐开线齿廓在任意点 K 接触，由渐开线的基本性质，过 K 点的公法线必与两个基圆内切，切点分别为 N_1、N_2，切线 N_1N_2 与连心线 O_1O_2 相交于 P 点，故交点 P 必为定点。在位置 K'时同样有此结论。两个啮合齿轮的齿廓无论在任何位置接触，过接触点所作的公法线必与两个齿轮的连心线交于一个定点。这说明渐开线标准齿轮的齿廓满足齿廓啮合基本定律。

根据前述定理，一对齿轮啮合传动的传动比，等于两齿轮节圆半径的反比，即

$$i=\frac{\omega_1}{\omega_2}=\frac{O_2P}{O_1P}=\frac{r_2'}{r_1'} \tag{4-11}$$

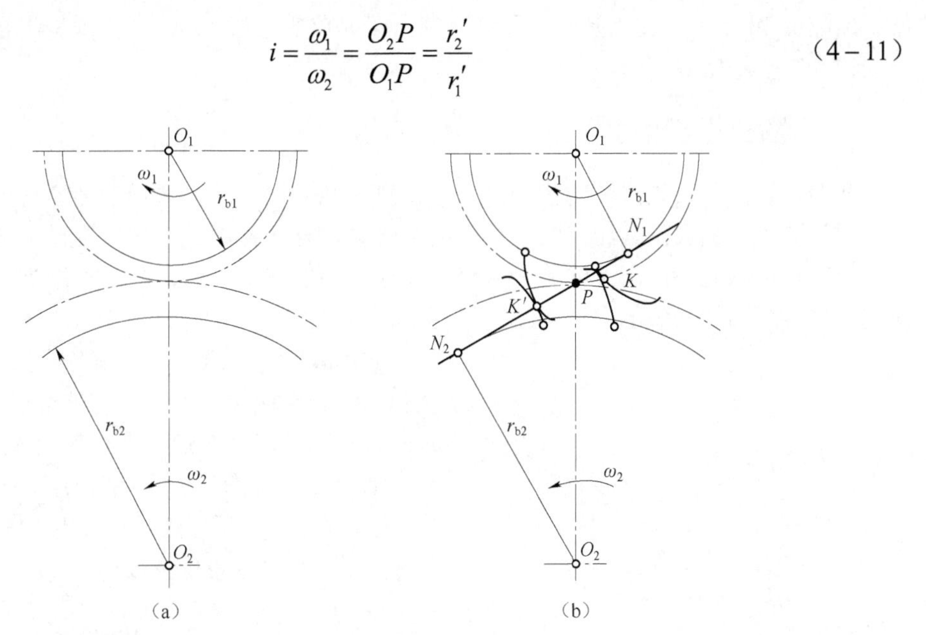

图 4-9　渐开线齿轮的啮合

（a）节圆相切；（b）齿廓啮合

由图 4-9（b）可看出，ΔO_1N_1P 与ΔO_2N_2P 为相似三角形，其两个边分别为基圆半径和节圆半径，即有 $O_1N_1=r_{b1}$，$O_2N_2=r_{b2}$，$O_1P=r_1'$，$O_2P=r_2'$。所以，齿轮的传动比可进一步表示为

$$i=\frac{\omega_1}{\omega_2}=\frac{O_2P}{O_1P}=\frac{r_2'}{r_1'}=\frac{r_{b2}}{r_{b1}} \tag{4-12}$$

由此可以看出，一对齿轮啮合传动的传动比，既等于两齿轮节圆半径的反比，也等于基圆半径的反比。由于两个齿轮的基圆半径固定不变，所以传动比的数值为一个定值。由此得出结论，一对渐开线齿廓齿轮的啮合传动为定传动比的传动，其瞬时传动比为常数。

定传动比的工程意义在于，齿轮传动的传动比为常数可减少因齿轮旋转速度的变化而产生的附加动载荷、振动和噪声，延长齿轮的使用寿命，提高机械系统的工作精度。

一、齿轮的啮合过程

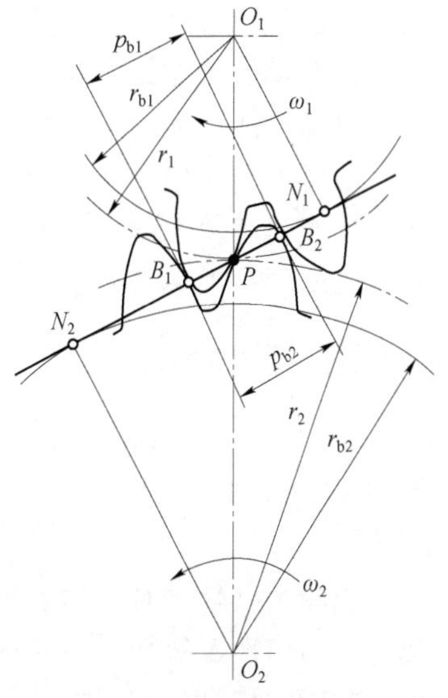

图 4-10　一对齿轮的啮合过程

图 4-10 所示为一对齿轮的啮合过程，轮齿在从动轮的齿顶圆与啮合线 N_1N_2 的交点 B_2 处进入啮合，主动轮的齿根推动从动轮的齿顶。随着传动的进行，两齿轮的啮合点沿 N_1N_2 线移动，同时主动轮由齿根走向齿顶，从动轮由齿顶走向齿根。在主动轮的齿顶圆与啮合线 N_1N_2 交点 B_1 处脱离啮合。啮合点 P 在 N_1N_2 上实际走过的线段为 B_1B_2，称 B_1B_2 为实际啮合线段。

若将两齿轮的齿顶圆加大，则 B_2、B_1 分别趋近于 N_1、N_2，

但不能超过 N_1、N_2，因为基圆内无渐开线，于是将啮合线 N_1N_2 称为理论啮合线段，N_1、N_2 分别称为啮合极限点。

二、啮合线与啮合角

两个齿轮的传动通过两轮齿的“点”接触（从端面上看）传递动力，这个接触“点”是一个动态的点。只要两齿轮不断地进行啮合传动，这个接触“点”所经过的轨迹就是一条直线。一对轮齿啮合点的轨迹线称为啮合线。根据渐开线的性质，啮合线即为齿廓接触点的公法线，也为两齿轮基圆的内公切线。

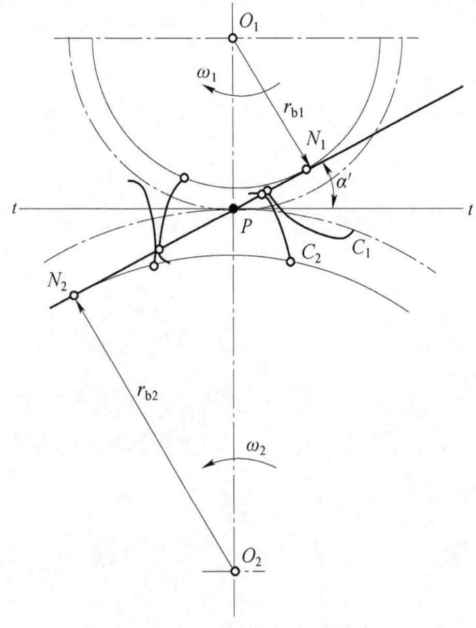

图 4－11 啮合线与啮合角

如图 4－11 所示，一对渐开线齿廓齿轮传动时，从开始啮合到脱离接触，所有啮合点都在公法线上，即所有的啮合点都在理论啮合线段 N_1N_2 上。

啮合角定义为节点 P 的速度方向（节圆内公切线）与啮合线之间所夹的锐角，以 α' 表示，在数值上啮合角等于节点 P 的压力角

$$\alpha' = \alpha_P = \arccos\frac{r_b}{r'} \tag{4-13}$$

在齿轮传动的过程中，啮合角 α' 始终为常数，数值上恒等于节圆上的压力角 α_P。

当啮合齿轮的节圆与分度圆重合时，啮合角在数值上等于分度圆压力角，此时，$\alpha' = \alpha$；当啮合齿轮有安装误差时，两分度圆将分离，此时 $\alpha' > \alpha$。因此得出结论：啮合角与啮合齿轮的相互位置有关，其大小随着两齿轮位置的变化而变化。

值得注意的是，分度圆和压力角是单个齿轮就有的，节圆和啮合角是两个齿轮啮合后才出现的。

啮合点的公法线方向为受力方向，齿轮传动时，齿廓间正压力总是沿法线方向，故正压力的方向始终不变。由于公法线方向不变，一对齿轮在传动时，其啮合线和啮合角始终不变。该特性表明齿轮工作时作用力方向恒定，传动性能良好，因此对传动的平稳性非常有利。

三、中心距

如图 4－12 所示，两个齿轮啮合传动时，齿轮回转中心 O_1 与 O_2 之间的直线距离 O_1O_2 称为外啮合齿轮传动的中心距，以 a 表示。

齿轮啮合传动时，为了在啮合齿廓之间形成润滑油膜，避免因轮齿摩擦发热膨胀而卡死，齿廓非工作面之间必须留有间隙，此间隙称为齿侧间隙，简称侧隙。

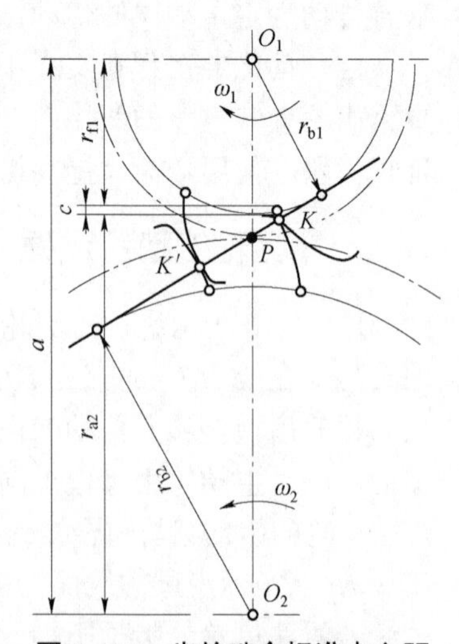

图 4－12 齿轮啮合标准中心距

当齿轮无侧隙啮合时，为标准中心距；当齿轮有侧隙啮合

时，为非标准中心距。在齿轮啮合过程中，先计算齿轮的无侧隙啮合中心距，再根据齿轮加工精度确定齿轮的侧隙量。

（一）标准中心距

当标准齿轮无侧隙啮合时，两齿轮的分度圆正好相切，分度圆与节圆重合，两个齿轮的中心距为标准中心距。把标准齿轮按标准中心距进行的安装称为标准安装。

标准安装的特点是理论上齿侧间隙为零，顶隙 c 为标准值。

图 4－12 所示为齿轮啮合标准中心距，根据几何关系，有

$$a = r_{a2} + c + r_{f1} = r_2 + h_a^* m + c^* m + r_1 - (h_a^* + c^*)m = r_1 + r_2 = \frac{m}{2}(z_1 + z_2) \qquad (4-14)$$

式（4－14）表明标准中心距 a 等于两齿轮的分度圆半径之和。

设计标准中心距时应满足的要求：为了避免轮齿间的冲击，理论上两个齿轮的齿侧间隙设计为零。设计时两个齿轮的顶隙 c 为标准值。由图 4－12 可知，顶隙为

$$c = a - r_{a1} - r_{f2} = a - r_{a2} - r_{f1} = c^* m \qquad (4-15)$$

标准安装时，公法线不变，节点 P 为定点，传动比恒定，其值为

$$i = \frac{\omega_1}{\omega_2} = \frac{n_1}{n_2} = \frac{d_2'}{d_1'} = \frac{d_{b2}}{d_{b1}} = \frac{d_2}{d_1} = \frac{z_2}{z_1} \qquad (4-16)$$

式中　n_1，n_2——两齿轮的转速，r/min。

（二）非标准中心距

齿轮啮合传动时，实际上齿侧间隙都是存在的，通常由制造公差来保证，齿廓非工作面的侧隙一般都很小。

非标准中心距为一对齿轮安装后啮合时的实际中心距，用 a' 来表示，其值等于两个啮合齿轮的节圆半径之和。此时，因节圆与分度圆不重合，所以，与标准中心距不同，非标准中心距不等于分度圆半径之和，如图 4－13 所示。

$$a' = r_1' + r_2' \qquad (4-17)$$

若 $a' > a$，齿轮啮合时将出现侧隙，同时顶隙变大。

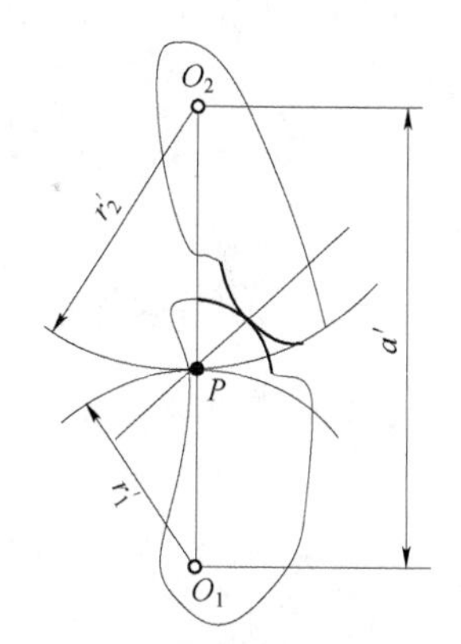

图 4－13　齿轮啮合时的非标准中心距

（三）中心距的可分性

图 4－14 所示为两齿轮回转中心之间的距离由 O_1O_2 变化到 O_1O_2' 时的情形。由几何关系知，中心距分离后的传动比为

$$i = \frac{\omega_1}{\omega_2} = \frac{n_1}{n_2} = \frac{O_2P}{O_1P} = \frac{r_2'}{r_1'} = \frac{r_{b2}}{r_{b1}} = \frac{r_2}{r_1} = \frac{z_2}{z_1} \qquad (4-18)$$

式（4－18）表明，渐开线齿轮传动的传动比等于两个齿轮基圆半径的反比，传动比只与两齿轮的基圆半径有关，与两齿轮的中心距无关，当中心距发生微小变化时，因两个齿轮的基圆大小不变，所以传动比保持不变，即传动比不受中心距安装误差的影响。

当渐开线齿轮中心距略微加大一些，齿轮的瞬时传动比不变，这就是渐开线齿轮中心距的可分性。当中心距增大后，齿侧将产生间隙，虽然齿轮各部分的几何尺寸不变，但节圆及啮合角均加大，所以中心距不能分离得太大，否则将影响齿轮传动的平稳性。

综上所述，渐开线齿廓齿轮传动的啮合特点如下：

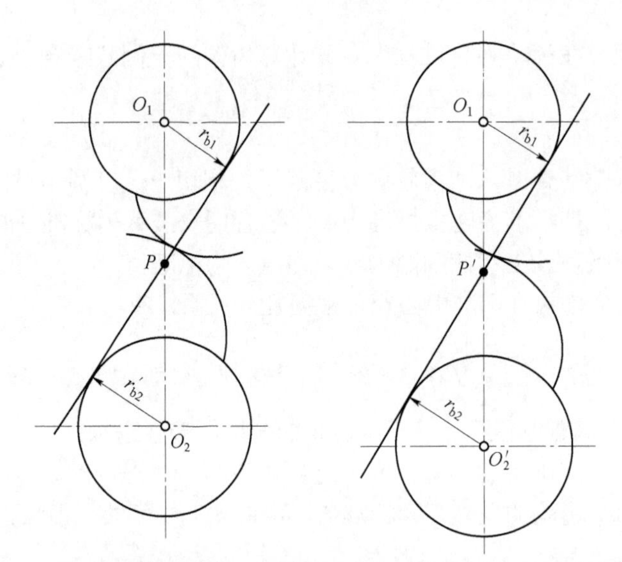

图 4-14　两齿轮回转中心之间的距离由 O_1O_2 变化到 $O_1O'_2$ 时的情形

（1）传动比恒定，传动比的大小与中心距的变化无关。

（2）啮合点处的作用力方向恒定。

（3）啮合线为直线，啮合角不变。

（4）两齿廓所有接触点的公法线均重合，传动时啮合点沿两基圆的内公切线移动。

（5）齿轮啮合时，发生线、公法线、内公切线及啮合线 4 条线重合为一条直线。

第五节　渐开线标准齿轮的正确啮合条件和连续传动条件

一、正确啮合条件

渐开线齿廓能够实现定传动比传动，并不表明任意两个渐开线齿轮都能正确地啮合传动。一对渐开线齿轮要能正确地啮合传动，必须满足一定的条件，即正确啮合条件。

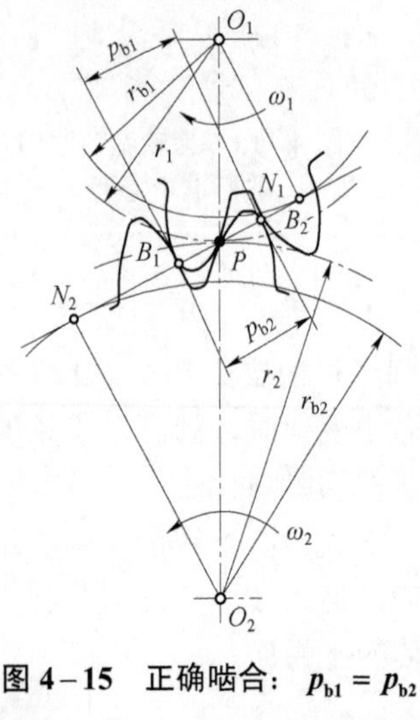

如图 4-15 所示，一对渐开线齿轮正确啮合时，为保证齿轮的轮齿能正常交替啮合，当前对齿啮合后，后续的各对齿也能依次啮合，而不是相互顶住或分离。

渐开线齿轮正常交替啮合，轮齿在啮合时不发生重叠，也不发生分离，齿廓的啮合点必定在啮合线上，相邻同侧齿廓在啮合线上的距离必须相等，即只需要满足公法线上的齿距相等就可以正确啮合。

根据渐开线的基本性质，同侧相邻齿廓的法向齿距等于其基圆齿距。两齿轮的基圆内公切线同侧齿廓相等，也就是两齿轮基圆齿距（基节）相等，即

$$p_{b1}=p_{b2} \tag{4-19}$$

图 4-15　正确啮合：$p_{b1}=p_{b2}$

此时，可保证前后两对轮齿同时在啮合线上相切接触。

将齿轮 1 与齿轮 2 的基节用基本参数表示为

$$p_{b1}=\frac{\pi d_{b1}}{z_1}=\frac{\pi d_1\cos\alpha_1}{z_1}=\pi m_1\cos\alpha_1 \tag{4-20}$$

$$p_{b2}=\frac{\pi d_{b2}}{z_2}=\frac{\pi d_2\cos\alpha_2}{z_2}=\pi m_2\cos\alpha_2 \tag{4-21}$$

式中　m_1，m_2——两齿轮的模数；

　　α_1，α_2——两齿轮的压力角。

将式（4－20）和式（4－21）代入式（4－19）中，可得一对直齿圆柱齿轮正确啮合的条件为

$$m_1\cos\alpha_1=m_2\cos\alpha_2 \tag{4-22}$$

由于模数和压力角均已标准化，若满足式（4－22），则应使

$$\begin{cases}m_1=m_2=m\\ \alpha_1=\alpha_2=\alpha\end{cases} \tag{4-23}$$

由此得出结论，直齿圆柱齿轮正确啮合的条件是：两齿轮的模数 m 与压力角 α 应分别相等。

二、连续传动条件

要使一对齿轮连续转动，在前一对轮齿啮合点尚未移到 B_1 点脱离啮合之前，后一对轮齿能及时到达 B_2 点进入啮合，因此存在连续传动的问题。

为保证齿轮传动的连续性，必须有一对以上的轮齿啮合接触，才能使啮合传动连续进行。因此，要求实际啮合线段的长度 B_1B_2 大于或等于齿轮的基节（法节）p_b，即要求 $B_1B_2\geqslant p_b$，通常把这个条件用 B_1B_2 与 p_b 的比值 ε 来表示，并定义一对齿轮的连续传动条件为

$$\varepsilon=\frac{B_1B_2}{p_b}\geqslant 1 \tag{4-24}$$

称 ε 为轮齿啮合时的重合度。ε 的数值表示同时啮合轮齿对数的多少，数值越大，则表明同时啮合的齿数越多，传动越平稳，承载能力越强。重合度是衡量齿轮传动质量的指标。

ε 的数值与齿轮的模数 m 无关，而与齿轮的齿数 z_1、z_2，齿顶高系数 h_a^*，中心距 a 及啮合角 α' 有关。齿数越多、齿顶高系数越大，则重合度越大；中心距增大、啮合角增大，则重合度随之减小。

$\varepsilon=1$ 表示在啮合过程中，始终只有一对齿工作；$1<\varepsilon<2$ 表示在啮合过程中，有时是一对齿啮合，有时是两对齿同时啮合。若出现 $\varepsilon<1$ 的情形，则说明当前一对轮齿脱离啮合时，后一对轮齿尚未进入啮合，发生传动中断现象。

理论上，$\varepsilon=1$ 就能保证连续传动，但由于齿轮的制造和安装误差以及传动中轮齿的变形等因素，在实际应用中必须使 $\varepsilon>1$。工程上要求 $\varepsilon\geqslant[\varepsilon]$，$[\varepsilon]$为许用重合度，一般情况下，$[\varepsilon]$介于 1.1～1.4，具体数值可根据齿轮实际工作情况选取。

正确啮合条件和连续传动条件是保证一对齿轮能够正确啮合并连续平稳传动缺一不可的条件，若前者不满足，则两齿轮不能正确啮合，连续传动也无从谈起；若后者得不到保证，

则两齿轮的正确啮合传动将会出现中断现象。

例 4-1 图 4-16 所示为齿轮的啮合过程，根据图中的啮合过程说明一对齿轮连续传动的必要条件是什么。何种情况会引起传动的中断，会引起何种不利的情况？引入何系数表示此种情况？

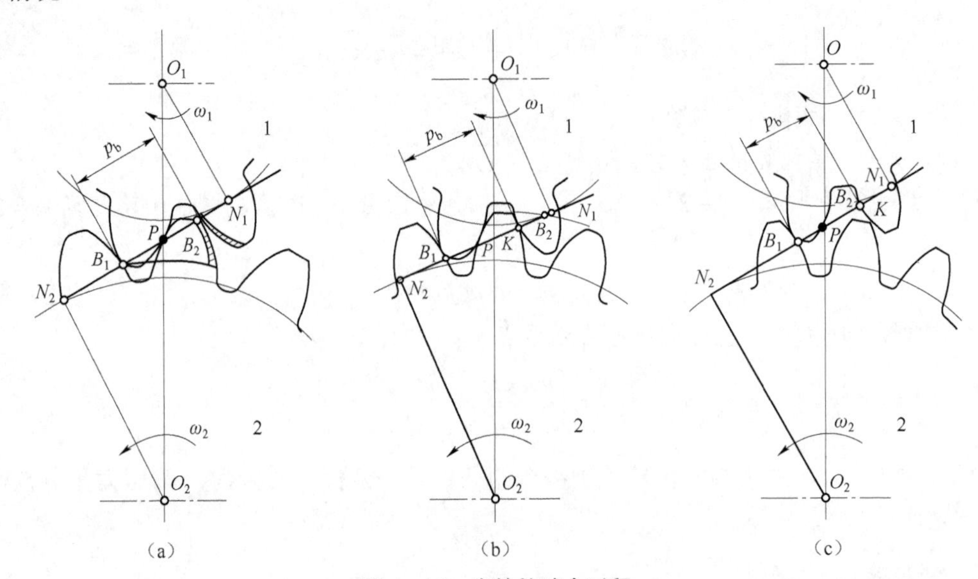

图 4-16 齿轮的啮合过程

(a) $B_1B_2=p_b$; (b) $B_1B_2>p_b$; (c) $B_1B_2<p_b$

解： 一对齿轮连续传动必须在前一对齿轮尚未脱离啮合时，后一对齿轮就及时地进入啮合，因此，必须使 $B_1B_2 \geqslant p_b$，即要求实际啮合线段 B_1B_2 大于或等于齿轮的基节（法节）p_b。

如果 $B_1B_2=p_b$，则说明当前一对齿轮即将脱离啮合时，后一对齿轮即将进入啮合；如果 $B_1B_2>p_b$，则说明有时为一对齿轮啮合，有时为多于一对齿轮啮合；当 $B_1B_2<p_b$ 时，表明前一对齿轮脱离啮合时，后一对齿轮尚未进入啮合，使传动中断，从而引起齿轮间的冲击，影响传动的平稳性。

第六节 渐开线齿轮的加工

齿轮的加工方法有很多，目前最常用的是切削加工法，切削加工法按加工原理可分为成形法和范成法。

一、成形法

成形法也称仿形法，该方法用铣刀刀具切削加工齿轮的齿廓。铣刀是用于铣削加工的，具有一个或多个刀齿的旋转刀具。常用的刀具有盘形铣刀和指状铣刀两种，分别如图 4-17 和图 4-18 所示。加工齿轮时，采用渐开线齿形的成形铣刀直接切出齿形，铣刀刀具刀刃形状与被切齿轮的齿槽形状相同，工作时各刀齿依次间歇地切去工件的余量。切削加工过程中，铣刀转动，同时毛坯沿自身的轴线方向移动并实现进给运动，待切出一个齿槽后，将毛坯退回到原来的位置，并用分度头将毛坯转过一个齿，再继续切削下一个齿槽。

成形法切齿原理简单，加工精度较低，适合于单件、小批量生产及精度要求不高的场合。

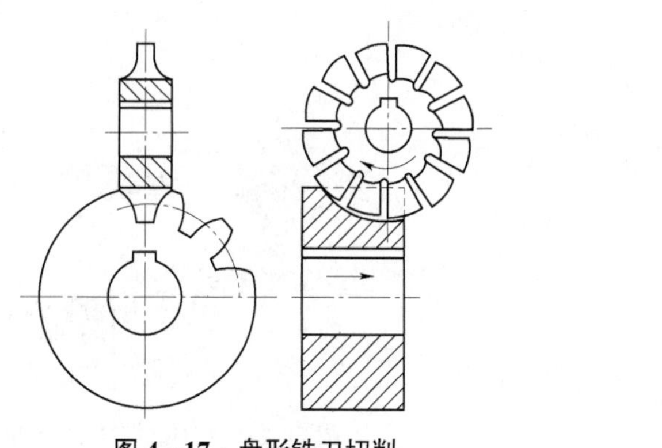

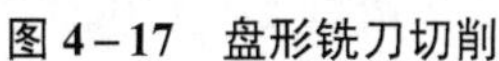

图 4-17　盘形铣刀切削

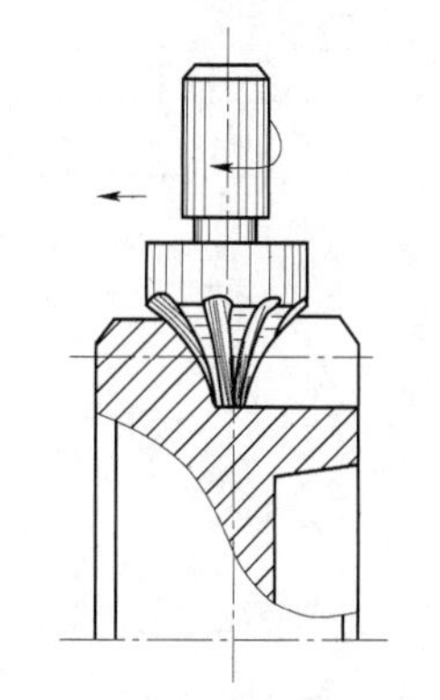

图 4-18　指状铣刀切削

二、范成法

范成法亦称展成法、共轭法或包络法，是目前齿轮加工中最常用的一种方法。范成法加工齿轮利用齿轮的啮合原理进行，即把齿轮副（齿条齿轮啮合或一对齿轮啮合）中的一个制作为刀具，另一个制作为工件，并强制刀具和工件做严格的啮合运动而展成切出齿廓。

范成法利用一对齿轮做无侧隙啮合传动时两齿轮的齿廓互为包络线的原理切齿。如图 4-19 所示，已知刀具的齿廓，通过包络得到工件的齿廓。

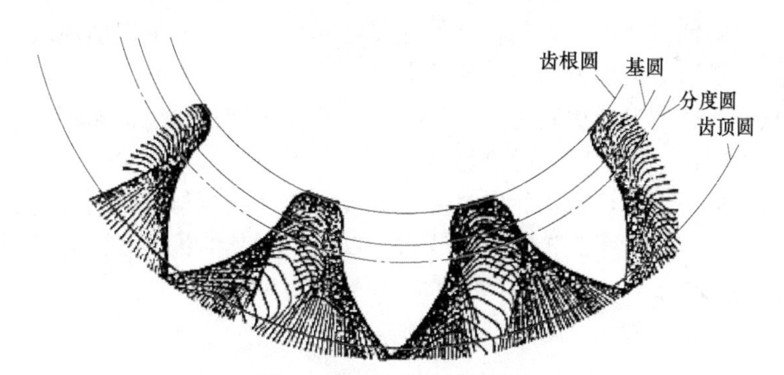

图 4-19　范成法包络原理

范成法加工齿轮时，其刀具分齿条型刀具（如齿条插刀或齿轮插刀）和齿轮型刀具（如齿轮滚刀）两大类，分别如图 4-20 和图 4-21 所示。齿条插刀或齿轮插刀加工齿轮，切削不连续，效率较低。实际应用中广泛地使用齿轮滚刀加工齿轮。当齿轮滚刀按给定的切削速度转动时，滚刀在工件轮坯端面方向的投影为一等速移动着的齿条，滚刀刀具与工件轮坯的啮合就像齿条与齿轮的啮合一样，当滚刀与被切齿轮按一定的传动比做啮合运动时，滚刀在工件上逐渐滚切出渐开线的齿形，齿形的形成由滚刀在连续旋转中依次对工件切削的数条刀刃线包络而成。

用范成法加工出的齿廓是刀具的共轭齿廓，被加工的齿轮与刀具的模数、压力角相同，加工精度较高，是大批量齿轮加工中常用的方法。

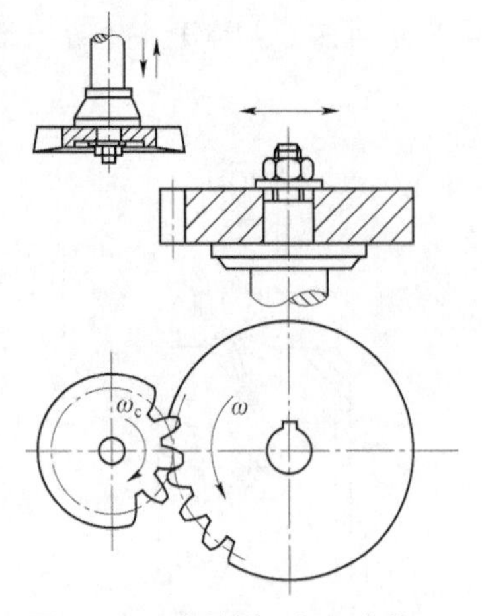

图 4-20　齿轮插刀加工齿轮

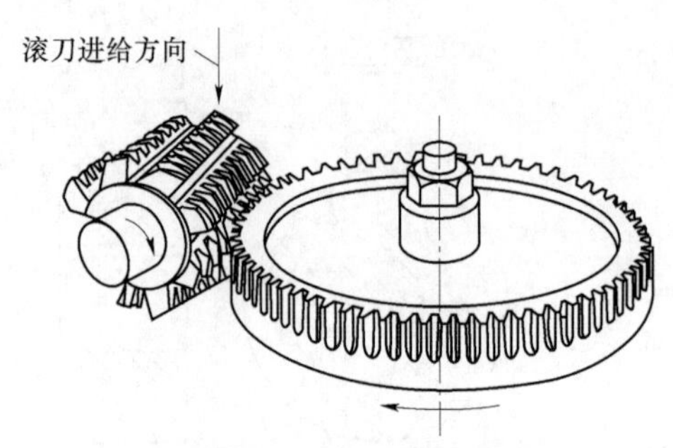

图 4-21　齿轮滚刀加工齿轮

第七节　渐开线标准齿轮的根切与变位

一、齿轮的根切

用范成法加工齿轮时，有时会发生刀具的顶部切入齿轮根部，发生轮齿根部的渐开线尺廓被切去一部分的现象，如图 4-22 所示。这种现象称为齿轮的根切现象。轮齿发生根切后，齿根厚度减薄，削弱了轮齿根部的抗弯强度，轮齿的抗弯能力下降，还会使齿轮传动的重合度下降。重合度的降低，将影响齿轮传动的连续性和平稳性。发生根切现象对齿轮传动十分不利，因此，要尽量避免齿轮根切现象的出现。

齿条型刀具比齿轮型刀具更容易发生根切。如果齿条刀具加工齿轮不发生根切，则齿轮刀具肯定不会发生根切，故本节只讨论齿条刀具。

当用标准齿条插刀切制标准齿轮时，刀具分度线或中线应与轮坯的分度圆相切。当实际啮合点 B_2 与极限啮合点 N_1 两点重合时，即 $PB_2=PN_1$，刀具的齿顶线不超过极限啮合点 N_1，此为不发生根切的临界条件，如图 4-23 所示。

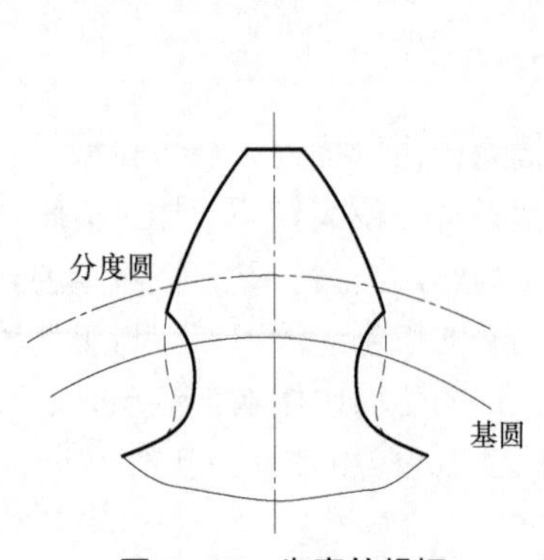

图 4-22　齿廓的根切

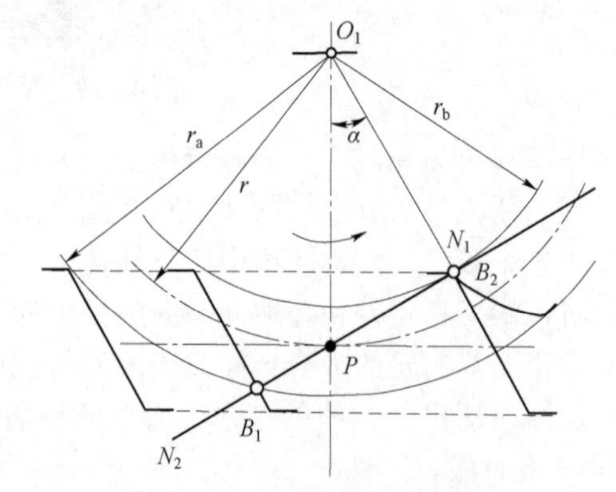

图 4-23　不发生根切的临界条件

切齿时，如果刀具的齿顶线或齿顶圆与啮合线的交点超过了被切齿轮的啮合极限点 N_1，则刀具的齿顶将把被切齿轮齿根的渐开线齿廓切去一部分，被切齿轮的轮齿将发生根切现象，如图 4－24 所示。因此，发生根切的条件是

$$PB_2 > PN_1$$

避免根切的措施有以下几点。

（一）使被切齿轮的齿数多于不发生根切的最少齿数

如图 4－25 所示，齿条刀具与被加工齿轮正常啮合时，刀具节线与齿轮的分度圆保持纯滚动，即节线与分度圆几何相切，P 点为节点，设刀具齿顶线与两齿轮连心线的交点为 B，N 点为啮合线 nn 与被加工齿轮基圆的切点（极限啮合点），PB 为待加工齿轮的齿顶高，在直角三角形 ONP 中，OP 为待加工齿轮的分度圆半径 r，ON 为基圆半径 r_b，$\angle NOP$ 等于压力角 α，由几何关系得

$$PB = NP\sin\alpha = OP\sin^2\alpha = \frac{mz}{2}\sin^2\alpha \tag{4-25}$$

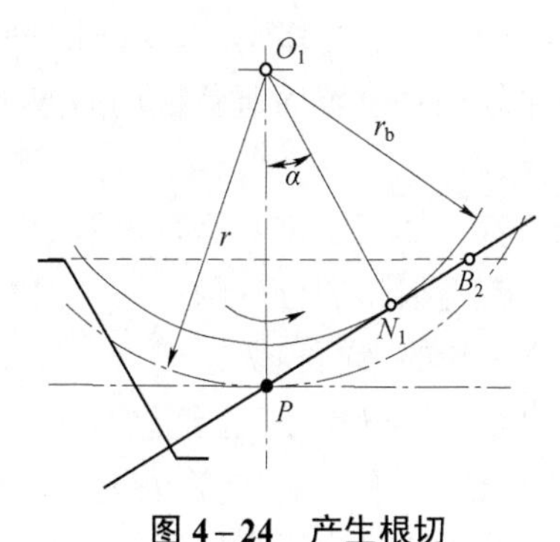

图 4－24　产生根切

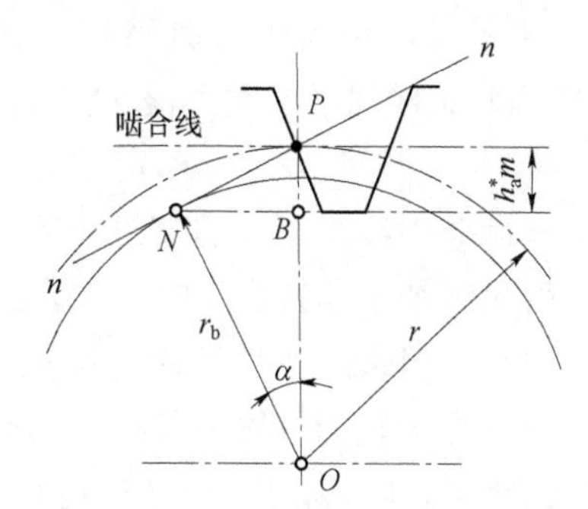

图 4－25　不发生根切的几何条件

不发生根切的几何条件是

$$PB \geqslant h_a^* m \tag{4-26}$$

即待加工齿轮的齿顶高 PB 大于或等于齿条刀具的齿顶高 $h_a^* m$。

综合式（4－25）和式（4－26），可得不发生根切的齿轮齿数为

$$z_{min} = \frac{2h_a^*}{\sin^2\alpha} \tag{4-27}$$

当标准齿轮 $h_a^* = 1$，$\alpha = 20°$ 时，由式（4－27）得到被切齿轮不发生根切的最少齿数 $z_{min} = 17$。实际加工齿轮时，齿轮的齿数 $z \geqslant 17$。

表 4－3 所示为 α 、h_a^* 取不同数值时齿轮的最少齿数 z_{min} 。

表 4－3　α 、h_a^* 取不同数值时齿轮的最少齿数 z_{min} 值

α	20°	20°	15°	15°
h_a^*	1	0.8	1	0.8
z_{min}	17	14	30	24

（二）减小齿顶高系数 h_a^* 或加大刀具压力角 α

当齿轮的齿数 $z < z_{min}$ 时，为了不发生根切，可以减小齿顶高系数 h_a^* 或加大刀具压力角 α 。

但这样需采用非标准刀具，且 h_a^* 减小后会减小传动重合度，而加大 α 又会增加功率的损耗，因此在实际应用中较少采用。

（三）变位修正法

齿轮发生根切现象是因为加工刀具的齿顶线 B_2 点超过了啮合极限点 N_1。为使齿轮不发生根切，可将刀具移出一段距离，使刀具的齿顶线 B_2' 不超过 N_1 点，即可避免根切的发生。通过改变刀具与轮坯的相对位置来切制齿轮的方法称为变位修正法。

二、齿轮的变位

标准齿轮具有设计计算简单、互换性好的特点，因而得到了广泛的应用。但是，标准齿轮有许多局限性。当齿数少于最小齿数时，会产生根切，而实际生产中经常要用到 $z<z_{\min}$ 的齿轮。

在不改变被切齿轮齿数的情况下，要避免根切，可改变刀具与轮坯的相对位置。如图 4－26 所示，将齿条刀具移出一段距离，刀具的顶线由 B_2 移到 B_2'，此时刀具的顶线不超过 N_1 点，这样就不会发生根切。这种改变刀具与轮坯相对位置而避免根切的方法称为变位法。

由于与齿条中线相平行的节线上的齿厚不等于齿槽宽，加工出来的齿轮为非标准齿轮，称为变位齿轮。加工变位齿轮时，刀具的分度线或中线不与齿轮的分度圆相切，而是远离轮坯的转动中心，但是，此时刀具的分度线或中线仍然与齿轮的节圆相切。

以切制标准齿轮的位置为基准，刀具由基准位置沿径向移开的距离指刀具分度线与轮坯分度圆间的距离，用 xm 表示，称为变位量，其中 m 为模数，x 称为径向变位系数。并规定刀具远离轮坯中心时，为正变位，x 为正值，由此加工出的齿轮称为正变位齿轮；当刀具移近轮坯中心时，为负变位，x 为负值，由此加工出的齿轮称为负变位齿轮。

正变位齿轮分度圆齿厚变大，齿槽宽变小，负变位则与之相反。图 4－27 所示为正变位齿轮与标准齿轮齿形的比较图。由图可见，变位齿轮与标准齿轮的齿形都是同一基圆的渐开线，仅是使用的部位不同而已。标准齿轮的齿厚为$\pi m/2$，正变位齿轮齿厚的改变量为 $2xm\tan\alpha$，正变位齿轮的齿厚和齿槽宽为

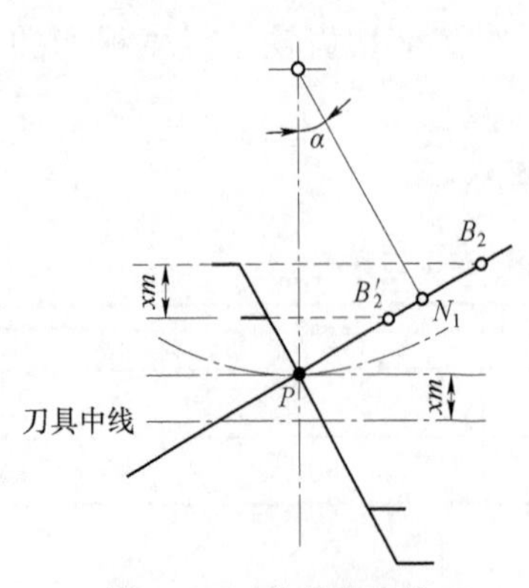

图 4－26　齿轮的变位

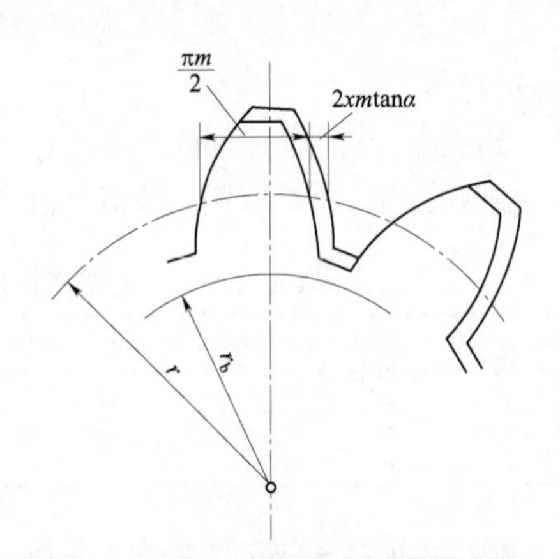

图 4－27　正变位齿轮与标准齿轮齿厚的比较

$$\begin{cases} s = \dfrac{\pi m}{2} + 2xm\tan\alpha \\ e = \dfrac{\pi m}{2} - 2xm\tan\alpha \end{cases} \tag{4-28}$$

用标准齿条型刀具加工变位齿轮时，不论是正变位还是负变位，刀具上总有一条与分度线平行的直线作为节线与齿轮的分度圆相切并保持纯滚动。因标准齿条型刀具上任何一条与分度线平行的直线上的齿距、模数、压力角均相等，故切制出来的变位齿轮分度圆上的齿距、模数、压力角与标准齿轮的相同。由此可知，变位齿轮的分度圆不变，基圆不变，渐开线形状不变，节圆与分度圆重合。分度圆齿厚变厚（正变位）或变薄（负变位）。齿根圆半径变化，齿顶圆半径根据轮坯圆半径而定，为保持齿全高不变，齿顶圆半径和齿根圆半径都相应地增大或减小变位量 xm。

变位齿轮在以下情形中得到了应用：

（1）可以制出齿数少于 $z_{\min}$ 而无根切的齿轮，并因此减小齿轮传动的尺寸和质量。

（2）当一对齿轮传动的实际中心距 a' 不等于标准中心距 a 时，如 $a < a'$ 时，根本无法安装；当 $a > a'$ 时，虽然可以安装，但又将产生较大的齿侧间隙，而且其重合度也将随之降低，影响传动的平稳性。此时应采用变位齿轮改善齿轮的啮合性能和配凑齿轮副的中心距。但这种方法只能在中心距变化不大时才采用。

（3）解决小齿轮易损坏的问题。小齿轮的基圆小，齿根相对薄弱，抗弯强度差。采用正变位齿轮，合理调整两个齿轮的齿根厚度，使其抗弯强度和根部磨损大致相等，对两个齿轮的强度和啮合性能进行均衡，以使大小齿轮的寿命接近。

为改善标准齿轮的不足，可对齿轮进行变位修正。但是变位齿轮也有缺点，没有互换性，必须成对地设计、制造和使用，啮合时重合度略有减少。

第八节　齿轮的结构形式

当齿轮的主要参数和几何尺寸都符合要求后，再进行齿轮的结构设计。结构设计时，要同时考虑加工、装配、强度、回用等多项设计准则，确定轮辐、轮毂的形式和尺寸。通过对轮辐、轮毂的形状、尺寸进行变换，设计出符合要求的齿轮结构。

齿轮的直径大小是影响轮辐、轮毂形状尺寸的主要因素，通常是先根据齿轮直径确定合适的结构形式，然后再考虑其他因素对结构进行完善，有关细部结构的具体尺寸数值，可参阅相关手册。

一、齿轮的结构

圆柱齿轮直径较小时，采用齿轮与轴的材料相同的齿轮轴形式，即齿轮与轴制成一体，如图 4－28 所示。值得注意的是，齿轮轴虽然简化了装配，但整体长度大，给轮齿加工带来不便，而且齿轮损坏后，轴也随之报废，不利于回用。

图 4－28　齿轮轴

除了齿轮轴以外，齿轮的结构形式还有实心式齿轮、腹板式齿轮、轮辐式齿轮及组装式齿轮等结构形式，如

图 4－29 所示。具体由齿轮的外圆直径决定，即根据齿顶圆直径 d_a 确定合适的齿轮结构。

图 4－29　齿轮的结构形式

当齿轮的齿顶圆直径 $d_a \leqslant 160$ mm 时，常采用实心式齿轮，如图 4－30 所示。实心式齿轮结构简单，制造方便。

当 160 mm$\leqslant d_a \leqslant$500 mm 时，常采用腹板式齿轮，以节省材料、减小质量，如图 4－31 所示。

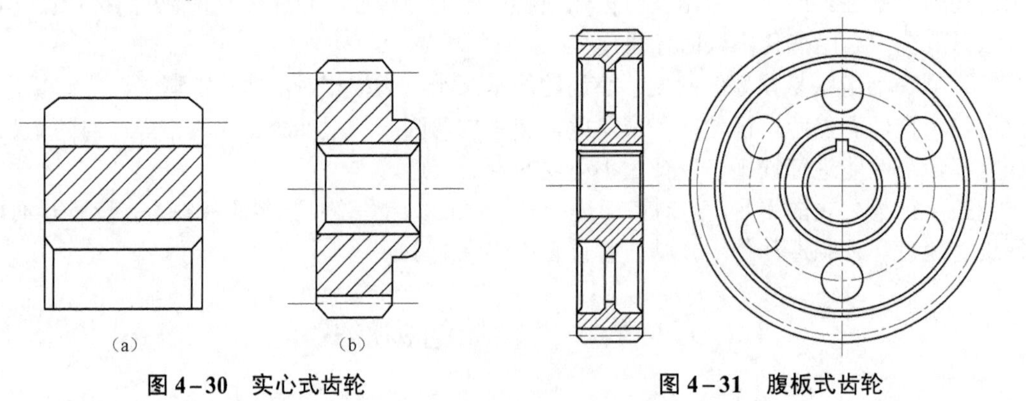

图 4－30　实心式齿轮

图 4－31　腹板式齿轮

当 400 mm$\leqslant d_a \leqslant$1 000 mm 时，常采用轮辐式齿轮，如图 4－32 所示。受锻造设备的限制，轮辐式齿轮多为铸造齿轮。

大尺寸时，常采用组合装配式结构，过盈组合和螺钉连接组合，如图 4－33 所示。

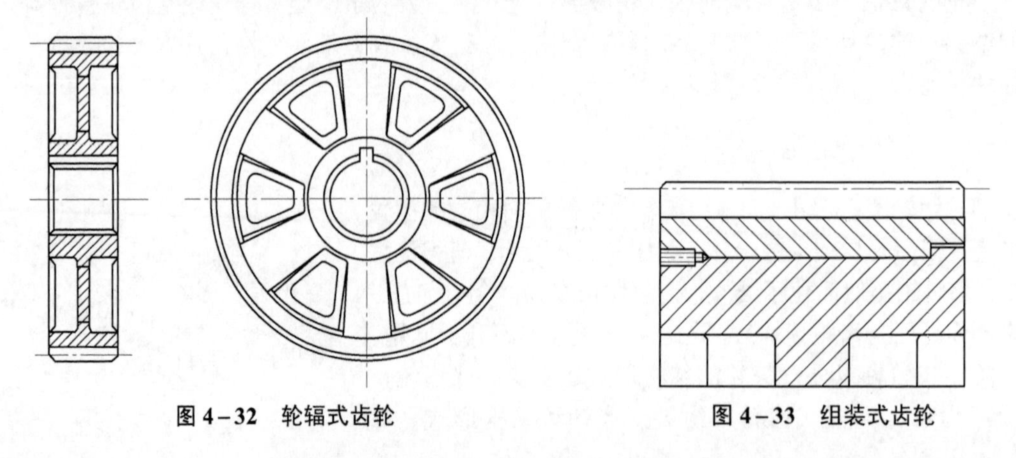

图 4－32　轮辐式齿轮

图 4－33　组装式齿轮

二、齿轮的平面图

作标准渐开线齿轮的平面图时需要知道齿轮的参数，如模数、分度圆直径、齿顶圆直径、齿根圆直径（除了模数及分度圆直径，其他都可以直接测量）。绘制齿轮时一般采用两个视图，齿轮主截面图［见图 4－34（a）］及齿轮端面图［见图 4－34（b）］。一般机械制图并不要求将每个齿都画出来，只要将中心及中心线、分度圆、齿顶圆表示清楚就可以。

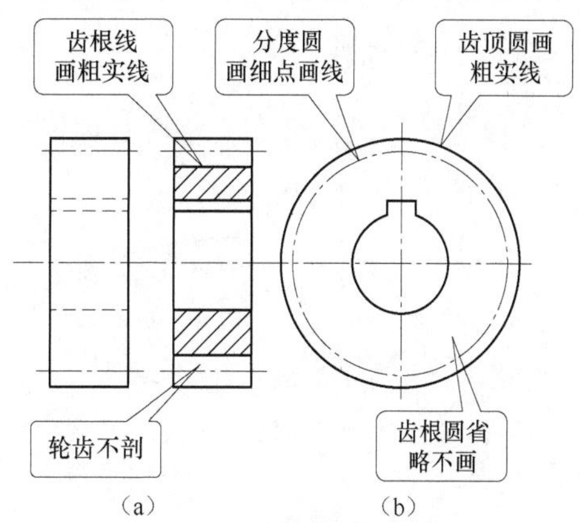

图 4–34　齿轮的主截面图及端面图

（a）主截面；（b）端面

齿轮的截面图为垂直于端面图的平面，齿轮的端面图为垂直于齿轮轴线的平面。当包含回转轴线时，为齿轮的主截面图。

齿轮主截面图比较简单，包括一个中心线、两个分度圆线和两个外轮廓线。在齿轮主截面图中，齿顶线为粗实线，分度线为点画线，齿根线省略不画，而剖视图中齿根线为粗实线。

在齿轮端面图中，齿顶圆为粗实线，分度圆为点画线，齿根圆省略不画。普通齿轮的中心一般有键槽。若画图，这个需要测量后再画出来。若要求严格，还要标上公差。

第九节　其他形式的齿轮机构

一、齿条和齿轮

轮齿排列在直线平板（相当于半径无穷大的圆柱体）上的称为齿条。齿条为齿轮的一种特殊形式，可以看作一个齿数无穷多的直齿圆柱齿轮的一部分。当齿轮的基圆半径增加到无穷大时，分度圆和其他圆都变成互相平行的直线，且同侧渐开线齿廓也变成互相平行的斜直线齿廓，齿形为梯形，这样就形成了齿条。

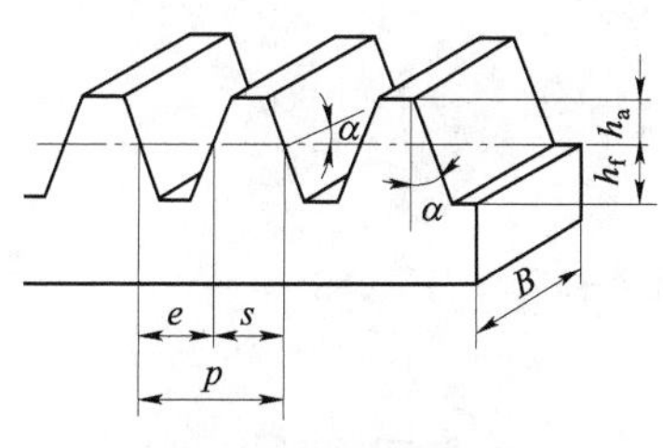

图 4－35　直齿齿条

齿条也分直齿齿条和斜齿齿条，分别与直齿圆柱齿轮和斜齿圆柱齿轮配对使用。图 4－35 所示为直齿齿条。

由于齿条的齿廓为直线，齿廓上各点的法线平行，传动时齿条平移运动，齿条上各点的速度大小、方向均相同，所以齿条齿廓线上各点的压力角均相等（标准齿条 $\alpha=20°$），并且等于齿条齿廓的倾斜角（齿形角）。

齿条的两侧齿廓是由对称的斜直线组成的，因此在平行于齿顶线的各条直线上具有相同的齿距和模数，即 $p=\pi m$。对标准齿条来说，与齿顶线平行且齿厚等于齿槽宽的直线称为分度线（中线），它是计算齿条尺寸的基准线，只有其分度线（中线）上的齿厚等于齿槽宽，即 $s=e$。

齿条其他参数的计算与齿轮相同，如

$$s=\pi\frac{m}{2},\quad e=\pi\frac{m}{2}$$
$$h_a=h_a^*m,\quad h_f=(h_a^*+c^*)m$$

二、内齿轮

内齿轮的轮齿分布在空心圆柱体的内表面上，圆柱体的空心形状和外齿轮的形状完全相同，如图 4-36 所示。

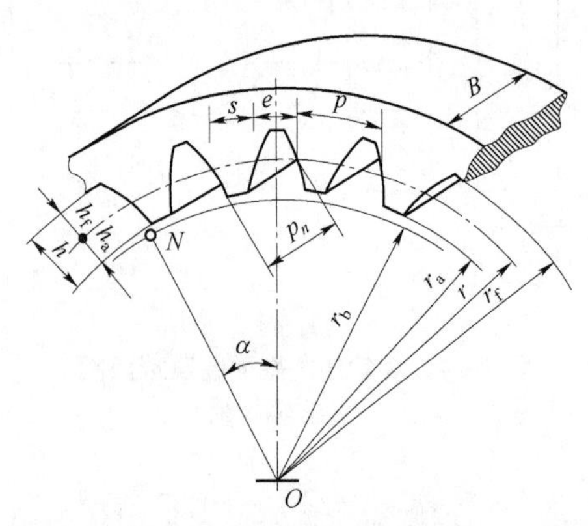

图 4-36　内齿轮的齿形

内齿轮的轮齿与齿槽正好与外齿轮相反，内齿轮的渐开线是内凹的，外齿轮的渐开线是外凸的。内齿轮的齿厚等于外齿轮的槽宽，内齿轮的槽宽等于外齿轮的齿厚。

内齿轮和外齿轮的模数和压力角都一样，两者的不同之处在于外齿轮的齿顶圆直径[$d_a=m(z+2)$]＞分度圆直径($d=mz$)＞齿根圆直径[$d_f=m(z-2.5)$]，而内齿轮的齿顶圆直径[$d_a=d-2h_a=m(z-2)$]＜分度圆直径($d=mz$)＜齿根圆直径[$d_f=d+2h_f=m(z+2.5)$]。为了使内齿轮齿顶的轮廓全部为渐开线，其齿顶圆直径[$d_a=m(z-2)$] 必须大于基圆直径($d_b=mz\cos\alpha$)。

三、斜齿圆柱齿轮

齿廓曲面母线相对于齿轮回转轴线偏斜一定角度的齿轮，称为斜齿圆柱齿轮，简称斜齿轮。在实际应用中，斜齿轮因传动平稳，冲击、振动和噪声较小，故而在高速重载场合使用广泛。

直齿圆柱齿轮啮合传动时，一对轮齿沿着整个齿宽同时进入啮合和退出啮合，容易产生较大的冲击和振动。为了克服上述缺点，设想将直齿圆柱齿轮切成许多薄片，逐个稍微错开一个位置重叠起来就成为一个阶梯形齿轮，如图 4-37 所示。

图 4-37　阶梯齿轮

当一对阶梯齿轮啮合时，各轮片将依次逐渐进入和退出啮合，可增大重合度，从而改善传动质量，当阶梯数趋近于无穷多时，就形成了斜齿轮。

齿轮沿轴线方向的尺寸称为齿轮的宽度，简称齿宽，以 B 表示。当考虑到直齿圆柱齿轮的齿宽时，齿轮的端面几何尺寸有以下的改变：基圆→基圆柱、渐开线→渐开面、两基圆的内公切线→两基圆柱的内公切面、啮合线→啮合面。

直齿圆柱齿轮的齿廓曲面如图 4-38 所示，发生面在基圆柱上做纯滚动时，发生面上一条与齿轮回转轴线相平行的直线 KK 所展开的渐开线曲面为齿廓曲面，它与基圆柱的交线 AA 为一条直线。

斜齿圆柱齿轮的齿廓曲面如图 4-39 所示，发生面上的直线 KK 与齿轮回转轴线成一夹

角 β_b，当发生面绕基圆柱做纯滚动时，KK 线上的各点都展成渐开线，这些渐开线的集合形成齿廓曲面——渐开线螺旋面，它与基圆柱的交线 AA 为一条螺旋线。

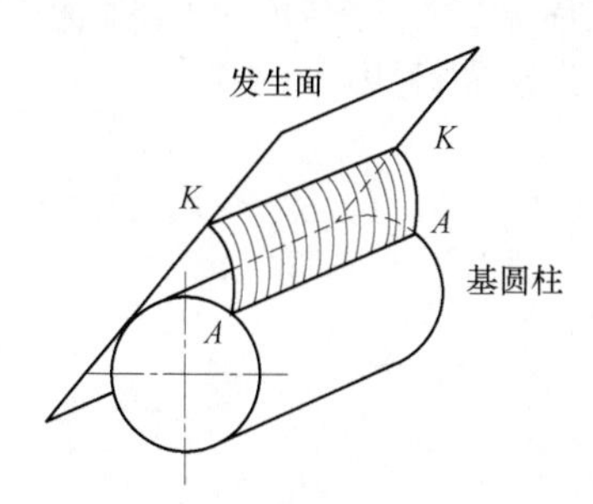

图 4－38　直齿圆柱齿轮的齿廓曲面

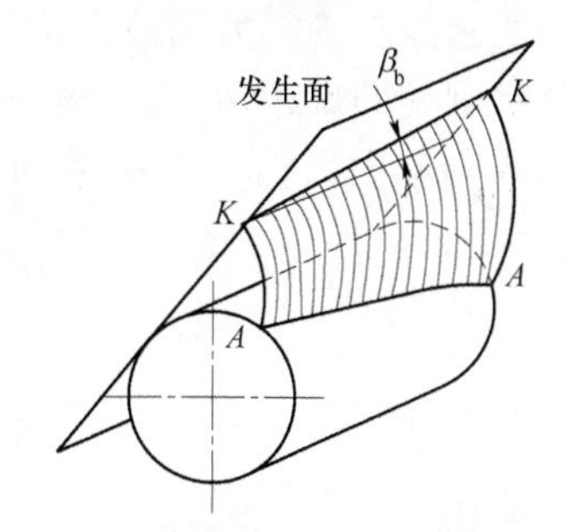

图 4－39　斜齿圆柱齿轮的齿廓曲面

斜齿轮的端面是标准的渐开线，渐开线标准直齿圆柱齿轮的几何尺寸计算完全适用于平行轴标准斜齿圆柱齿轮的几何尺寸计算。但由于斜齿轮的轮齿为螺旋形，除了与直齿轮相同的参数之外，还有着其独有的特殊参数。

（一）螺旋角

螺旋角是反映斜齿轮特征的一个重要参数，渐开线螺旋齿廓曲面与基圆柱所交的螺旋线的螺旋角称为基圆柱的螺旋角以 β_b 表示，与分度圆柱相交所得的螺旋线的螺旋角称为分度圆柱的螺旋角以 β 表示。通常所说的斜齿轮的螺旋角，如不特别注明，即指分度圆柱的螺旋角。

斜齿轮轮齿的旋向分左旋和右旋，右旋 β 为正，左旋 β 为负。当轴线呈铅垂状时，观察者面向齿轮，作斜齿轮轮齿的齿向线，轮齿向右上倾斜的是右旋齿轮、向左上倾斜的是左旋齿轮。

图 4－40 所示为斜齿轮的展开图，左旋螺旋线在分度圆柱面及基圆柱面展开后为一条斜直线，图中 d 为斜齿轮分度圆柱的直径，d_b 为基圆柱的直径，p_z 为导程，即螺旋线绕分度圆柱一整圈后上升的高度，β 为分度圆柱的螺旋角，β_b 为基圆柱的螺旋角，螺旋角的大小表示斜齿轮轮齿的倾斜程度。

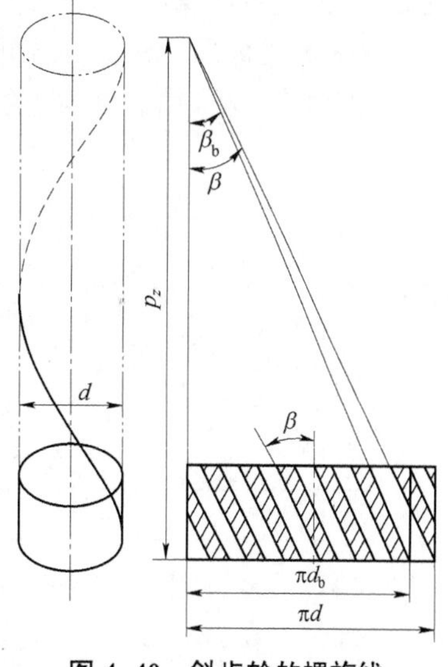

图 4–40　斜齿轮的螺旋线

根据图 4－40 中的几何关系，螺旋角为

$$\mathrm{tg}\,\beta=\frac{\pi d}{p_z}，\ \mathrm{tg}\,\beta_b=\frac{\pi d_b}{p_z} \tag{4-29}$$

斜齿轮传动的重合度随齿宽 B 和螺旋角 β 的增大而增大，即螺旋角越大，轮齿就越倾斜，传动的平稳性也越好，但所产生的轴向力也越大，对轴上零件轴承的受力产生不利影响，因此，螺旋角的取值为β= 8～20°。

（二）法面模数 m_n 和端面模数 m_t

斜齿轮的分析分为端面和法面，端面为垂直于齿轮轴线的截面，法面为垂直于轮齿方向的截面，端面是圆，法面不是圆。端面参数加下角标“t”，法面参数加下角标“n”。

斜齿轮的齿廓面为渐开线螺旋面，其端面齿形和法面齿形不同，端面齿形也是渐开线。

切削加工斜齿轮时，标准刀具沿齿槽方向运动，法面内的齿形与刀具的齿形一致，因此，法面参数与刀具参数相同，且为标准值。

图 4-41 所示为左旋斜齿圆柱齿轮分度圆柱的展开图，图中 d 为分度圆柱的直径，B 为齿宽，β 为分度圆柱的螺旋角，p_t 为端面齿距，p_n 为法面齿距。

端面齿距 p_t 与法面齿距 p_n 的关系为

$$\cos\beta = \frac{p_n}{p_t} \tag{4-30}$$

则

$$p_t = \frac{p_n}{\cos\beta}$$

将 $p_t = \pi m_t$，$p_n = \pi m_n$ 代入上式，有

$$m_t = \frac{m_n}{\cos\beta} \tag{4-31}$$

由式（4-31）可知，由于存在三角函数，计算出的斜齿轮端面模数 m_t 一般为无理数。因此，为避免计算误差，设计计算斜齿轮参数时，应尽量以法面模数 m_n 代入。

（三）法面压力角 α_n 和端面压力角 α_t

为简化分析，用右旋斜齿条说明法面压力角 α_n 和端面压力角 α_t 的关系，如图 4-42 所示。

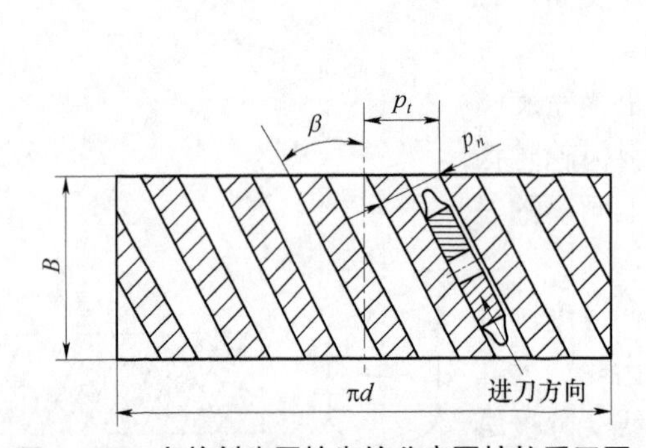

图 4-41　左旋斜齿圆柱齿轮分度圆柱的展开图

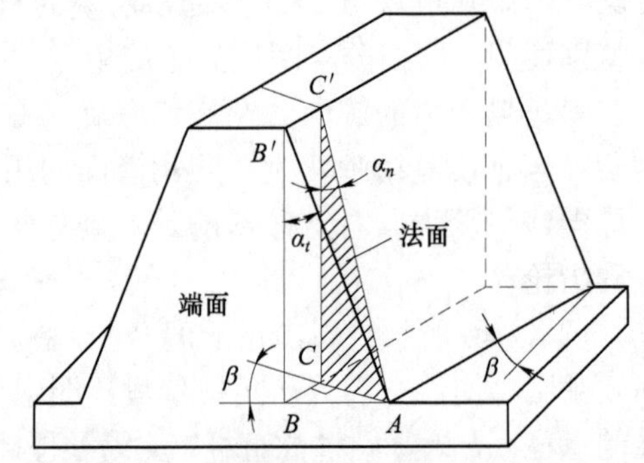

图 4-42　法面压力角 α_n 和端面压力角 α_t

过 A 点作轮齿的端面剖面及法面剖面，在端面三角形 ABB' 中有端面压力角 α_t，在法面三角形 ACC' 中有法面压力角 α_n，在底面三角形中，$\angle BAC = \beta$。

由于端面和法面的齿全高相等，即 $h_t = BB' = h_n = CC'$，所以

$$\tan\alpha_t = \frac{\tan\alpha_n}{\cos\beta} \tag{4-32}$$

由式（4-32）可知，法面压力角 α_n 小于端面压力角 α_t。

（四）法面齿顶高系数 h_{an}^* 和顶隙系数 c_n^*、端面齿顶高系数 h_{at}^* 和顶隙系数 c_t^*

h_{an}^* 和 c_n^* 为斜齿轮法面齿顶高系数和顶隙系数，为标准值，$h_{an}^* = 1$，$c_n{}^* = 0.25$。h_{at}^* 和 c_t^* 为端面齿顶高系数和顶隙系数，为非标准值。

无论在端面还是在法面上，轮齿的齿顶高和顶隙都是分别相等的，即

$$\begin{cases} h_a = h_{an}^* m_n = h_{at}^* m_t \\ c = c_n^* m_n = c_t^* m_t \end{cases} \tag{4-33}$$

将式（4－31）代入式（4－33），得出

$$\begin{cases} h_{at}^* = h_{an}^* \cos\beta \\ c_t^* = c_n^* \cos\beta \end{cases} \tag{4-34}$$

表 4－4 所示为斜齿圆柱齿轮的参数计算。

表 4－4　斜齿圆柱齿轮的参数计算

（其中 z、m_n、α_n、h_{an}^*、c_n^*、β 是基本参数）

名称	符号	计算公式
模数	m	选用标准系列
齿顶高	h_a	$h_a = h_{an}^* m_n$
齿根高	h_f	$h_f = (h_{an}^* + c^*) m_n$
齿全高	h	$h = h_{an} + h_f = (2h_{an}^* + c_n^*) m_n$
分度圆直径	d	$d = zm_t = z\dfrac{m_n}{\cos\beta}$
齿顶圆直径	d_a	$d_a = d + 2h_{an}^* m_n$
齿根圆直径	d_f	$d_f = d - (h_{an}^* + c_n^*) m_n$
基圆直径	d_b	$d_b = d\cos\alpha = m_t z \cos\alpha_t = \dfrac{m_n z \cos\alpha_n}{\cos\beta}$
端面齿距	p	$p = \pi m_t = \dfrac{\pi m_n}{\cos\beta}$
端面齿厚	s	$s = \dfrac{\pi m_t}{2} = \dfrac{\pi m_n}{2\cos\beta}$
端面齿槽宽	e	$e = \dfrac{\pi m_t}{2} = \dfrac{\pi m_n}{2\cos\beta}$
中心距	a	$a = \dfrac{1}{2}(d_1 + d_2) = \dfrac{z_1 + z_2}{2} \cdot \dfrac{m_n}{\cos\beta}$

从表 4－4 中可以看出，在计算斜齿轮的参数及几何尺寸时，可将直齿圆柱齿轮的计算公式直接用于斜齿轮的端面，这是由于一对斜齿轮传动在端面上相当于一对直齿轮传动。由中心距的计算公式可知，通过改变螺旋角 β 的数值可以调整斜齿轮中心距的大小，而不一定采用变位的方法凑配中心距。

斜齿轮的正确啮合条件：法面模数和法面压力角分别相等，而且螺旋角大小相等，旋向相反（外啮合，一个左旋，一个右旋）

$$\begin{cases} m_{n1} = m_{n2} = m_n \\ \alpha_{n1} = \alpha_{n2} = \alpha \\ \beta_1 = -\beta_2 \end{cases} \tag{4-35}$$

外啮合斜齿轮，两个齿轮的螺旋角取负号，主动轮与从动轮的齿向相反；内啮合斜齿轮的螺旋角取正号，主动轮与从动轮的齿向相同。

由于$|\beta_1|=|\beta_2|$，所以

$$m_{t1}=m_{t2},\alpha_{t1}=\alpha_{t2} \tag{4-36}$$

选择铣刀组号的依据是直齿圆柱齿轮的齿数，因此，有必要知道一个齿数为 z 的斜齿轮在法面内的齿形与多少个齿的直齿轮的齿形相当，该直齿轮作为选刀号的依据。

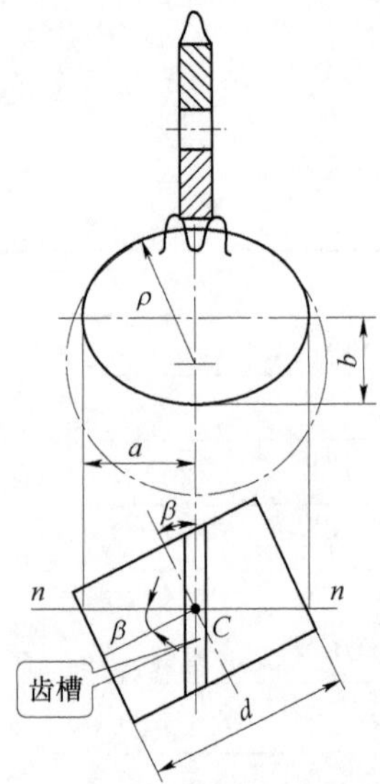

图 4–43 斜齿圆柱齿轮的当量齿轮

与斜齿轮法面齿形相当的直齿轮，称为该斜齿轮的当量齿轮，其齿数称为斜齿轮的当量齿数，以 z_v 表示。

如图 4–43 所示，过分度圆 C 点作轮齿的法剖面得一椭圆，以 C 点曲率半径 ρ 作为当量齿轮的分度圆半径，以 r_v 表示。椭圆的长半轴为

$$a=\frac{d}{2\cos\beta} \tag{4-37}$$

椭圆的短半轴为

$$b=\frac{d}{2} \tag{4-38}$$

$$r_v=\rho=\frac{a^2}{b}=\frac{d}{2\cos^2\beta} \tag{4-39}$$

当量齿轮的齿数

$$z_v=\frac{2r_v}{m_n}=\frac{d}{m_n\cos^2\beta}=\frac{zm_t}{mn\cos^2\beta}=\frac{z}{\cos^3\beta} \tag{4-40}$$

斜齿轮不发生根切的最少齿数

$$z_{\min}=z_{\mathrm{vmin}}\cos^3\beta \tag{4-41}$$

若$\beta=20°$，$z_{\mathrm{vmin}}=17$，$z_{\min}=14$，斜齿轮不发生根切的最少齿数为 14（$\beta=20°$）。

四、蜗轮蜗杆

若单个斜齿轮的齿数很少，只有一个或几个螺旋齿，螺旋角 β 很大，导程角λ很小，且齿宽大于导程时，轮齿在圆柱体上将构成多个完整的圆环，把该斜齿轮称为蜗杆，与蜗杆相啮合的大齿轮称为蜗轮，如图 4–44 所示。

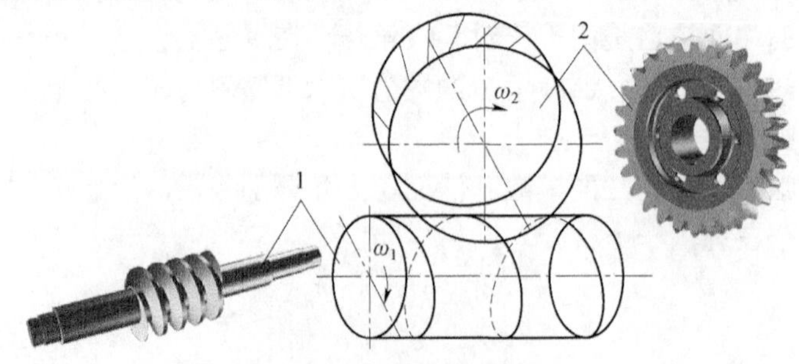

图 4–44 蜗轮蜗杆的形成

1—蜗杆；2—蜗轮

蜗轮蜗杆机构由蜗轮和蜗杆组成，用来传递空间交错两轴之间的运动和动力，通常两轴交错角为 90°。蜗轮蜗杆机构的特点是：传动比大，结构紧凑。一般传动比 $i=10\sim100$，传动平稳，噪声小。蜗轮蜗杆机构齿间相对滑动速度大，故磨损较严重，常需要用耐磨的材料来制造蜗轮，成本较高，蜗杆轴向力较大。

蜗杆的种类有阿基米德蜗杆、渐开线蜗杆、圆柱蜗杆和环面蜗杆。本节只讨论阿基米德蜗杆。

（一）阿基米德蜗杆

阿基米德蜗杆在包含轴线的轴向剖面内的齿廓为直线，其齿形角 $\alpha=20°$，在法向剖面内的齿廓为外凸曲线，在垂直于蜗杆轴线的平面（端面）上，其齿形为阿基米德螺旋线，如图 4－45 所示。

阿基米德蜗杆加工方便，应用广泛，传动效率低，承载能力低。一般用于头数较少、载荷较小、低速或不太重要的场合。

图 4－46 所示为阿基米德蜗轮蜗杆机构的啮合情况。过蜗杆的轴线作一平面并垂直于蜗轮的轴线，该平面称为蜗轮蜗杆传动的中间平面，亦称主截面。在主截面内蜗轮蜗杆相当于渐开线齿轮和齿条的啮合传动，在中间平面内啮合参数分别相等，即

$$m_{a1}=m_{t2}=m,\ \alpha_{a1}=\alpha_{t2}=\alpha \tag{4-42}$$

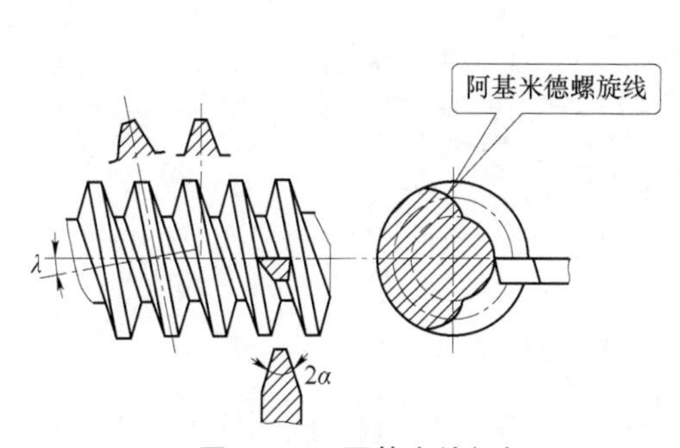

图 4－45　阿基米德蜗杆

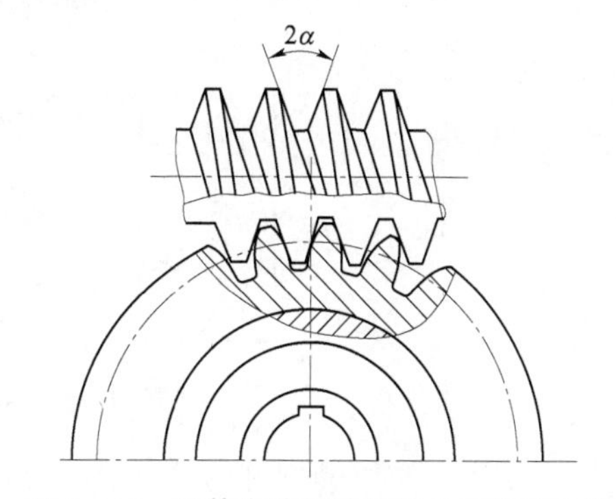

图 4－46　阿基米德蜗轮蜗杆机构的啮合情况

在中间平面内蜗杆与蜗轮的模数和压力角彼此相等，即蜗轮的端面模数 m_{t2} 应等于蜗杆的轴面模数 m_{a1}，且为标准值；蜗轮的端面压力角 α_{t2} 应等于蜗杆轴面的压力角 α_{a2}，且为标准值。

一般蜗杆传动中，常以蜗杆为主动件。图 4－47 所示的蜗轮蜗杆机构啮合时，蜗轮的轮

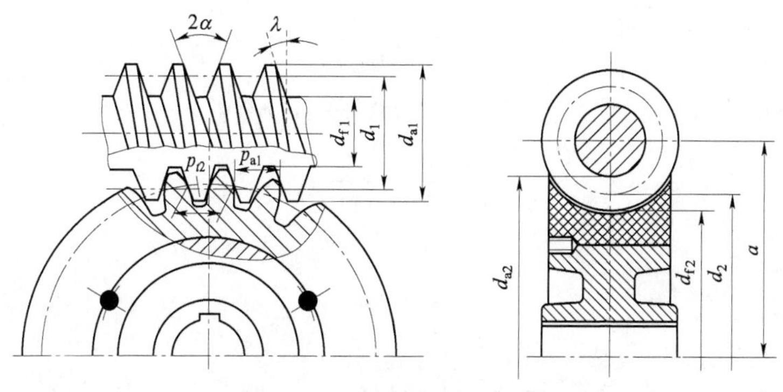

图 4－47　蜗轮蜗杆的参数

齿沿着蜗杆的螺旋面做滑动和滚动。为了改善轮齿的接触情况，将蜗轮沿齿宽方向做成圆弧形，使之将蜗杆部分包住。这样蜗轮蜗杆啮合时为线接触，而不是点接触，如图 4-47 中右端所示。

（二）蜗杆头数

蜗杆的螺旋齿数 z_1 称为头数，相当于齿轮的轮齿数。当 $z_1=1$ 时，为单头蜗杆。单头蜗杆的导程角小于啮合面间的当量摩擦角时，机构具有自锁性。

蜗杆头数 z_1，即螺旋线的数目一般可取 1～10，推荐取 $z_1=1$，2，4，6。当要求大的传动比或反行程自锁时，z_1 取小值；当要求传动效率较高或传动速度较高时，z_1 取较大值。蜗轮齿数 z_2 可根据传动比和 z_1 确定。z_2 不能过小，以避免根切，但也不能过大，否则蜗轮结构尺寸过大，导致蜗杆长度过长，蜗杆的刚度及啮合精度下降。

（三）蜗杆螺旋升角

蜗杆螺旋升角指蜗杆分度圆导程角，该角度为蜗杆螺旋线的切线与回转轴线平面间所夹的锐角，以 λ_1 表示。

图 4-48 中，将分度圆柱展开，有

$$\tan\lambda_1=\frac{L}{\pi d_1}=\frac{z_1 p_{x1}}{\pi d_1}=\frac{z_1 m}{d_1} \tag{4-43}$$

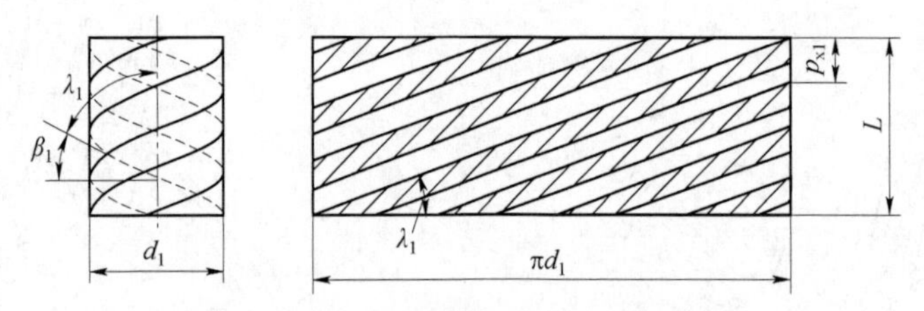

图 4-48　蜗杆螺旋升角 λ_1 与螺旋角 β_1

两轴垂直交错的蜗杆传动，其分度圆螺旋升角 $\lambda_1=90°-\beta_1$，蜗杆的螺旋角 β_1 是导程角 λ_1 的余角。

蜗轮蜗杆啮合时，$\lambda_1=\beta_2$（蜗轮的螺旋角 β_2 等于蜗杆螺旋升角 λ_1），且蜗轮蜗杆旋向相同。

（四）蜗杆直径系数

将式（4-43）改写为

$$d_1=z_1\frac{m}{\tan\lambda_1} \tag{4-44}$$

把蜗杆分度圆直径 d_1 与模数 m 的比值称为蜗杆直径系数，用 q 表示。

$$q=\frac{d_1}{m}=\frac{z_1}{\tan\lambda_1} \tag{4-45}$$

则

$$d_1=mq$$

q 一般取值为 8～18。

引入蜗杆直径系数 q 的意义是：当 m 一定时，q 大则 d_1 大，蜗杆的刚度和强度也大；而

z_1一定时，q小则导程角λ增大，使传动效率提高。

蜗轮蜗杆的参数计算见表 4－5。

表 4－5 蜗轮蜗杆的参数计算

（其中 z、m、λ_1、h_a^*、c^*是基本参数，$h_a^*=1$，$c^*=0.2$）

名称	符号	计算公式	
		蜗轮	蜗杆
分度圆直径	d	$d_2=m_2z_2$	$d_1=mq=mz_1/\tan\lambda_1$
齿顶圆直径	d_a	$d_{a2}=d+2h_{a2}=d_2+2m$	$d_{a1}=d+2h_{a1}=d_1+2m$
齿根圆直径	d_f	$d_{f2}=d-2h_{f2}=d_2-2m$	$d_{f1}=d-2h_{f21}=d_1-2m$
齿顶高	h_a	$h_{a2}=h_a^*m=m$	$h_{a1}=h_a^*m=m$
齿根高	h_f	$h_{f2}=(h_a^*+c^*)m=1.2m$	$h_{f1}=(h_a^*+c^*)m=1.2m$
顶隙	c	$c=c^*m=0.2m$	
中心距	a	$a=(d_1+d_2)/2=m(q+z_2)/2$	

蜗轮蜗杆的分度圆、齿顶圆、齿根圆、中心距都在主截面上计算，除分度圆直径$d_1=mq\neq mz_1$外，齿顶圆直径、齿根圆直径和分度圆直径的计算公式均与直齿圆柱齿轮相同，但齿根高$h_f=1.2m\neq1.25m$。蜗轮齿顶圆并非蜗轮的最大圆。蜗轮轮缘宽度、蜗杆螺纹部分的长度按蜗杆头数z_1用经验公式计算确定。

五、直齿锥齿轮

直齿锥齿轮用来传递两相交轴之间的运动和动力，本节只讨论两相交轴交角$\Sigma=90°$的标准直齿锥齿轮。

锥齿轮的轮齿均匀排列在圆锥体上，轮齿由齿轮的大端到小端逐渐收缩变小，模数自大端起沿齿长逐渐减小。为了计算和测量的方便，规定锥齿轮的参数和几何尺寸均以大端为基准，并以大端基本参数为标准值。大端的模数m的值为标准值，从标准表格中选取，大端的压力角$\alpha=20°$，齿顶高系数$h_a^*=1$，顶隙系数$c^*=0.2$。

对应于圆柱齿轮中的各有关“圆柱”，在锥齿轮中就变成了“圆锥”，如分度锥、节锥、基锥、齿顶锥、齿根锥。

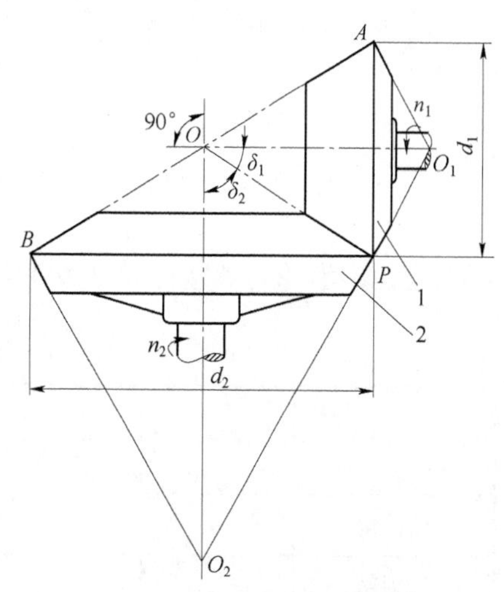

图 4–49 节锥与背锥

1，2—锥齿轮

图 4－49 所示为两轴交角为 90° 的圆锥齿轮传动。一对圆锥齿轮的运动可以看成两个锥顶共点的圆锥体相互做纯滚动。这两个锥顶共点的圆锥体就是节锥，标准安装时，节锥与分度锥重合。

直齿锥齿轮有以下几个参数定义：节锥为轮齿上分度圆锥母线绕锥齿轮轴线旋转形成的圆锥，节锥角为锥齿轮 1 和锥齿轮 2 节锥的锥顶半角δ_1、δ_2，背锥为以分度圆锥母线的垂直线为母线，绕锥齿轮轴线旋转形成的圆锥。大锥齿轮与小锥齿轮节锥顶点重合，背锥母线与节锥母线相交成直角。

圆锥齿轮的齿廓曲面为球面渐开线，由于球面无法展开成平面，设计时常采用当量齿轮的方法进行研究。锥齿轮的背锥可展开成平面并得到一扇形齿轮，如图 4－50 所示，扇形齿轮的模数 m、压力角 α 和齿高系数 h_a^* 等参数分别与锥齿轮大端参数相同，将扇形齿轮补满可得到一个完整的假想直齿圆柱齿轮，这个虚拟的直齿圆柱齿轮称为该圆锥齿轮的大端当量齿轮。

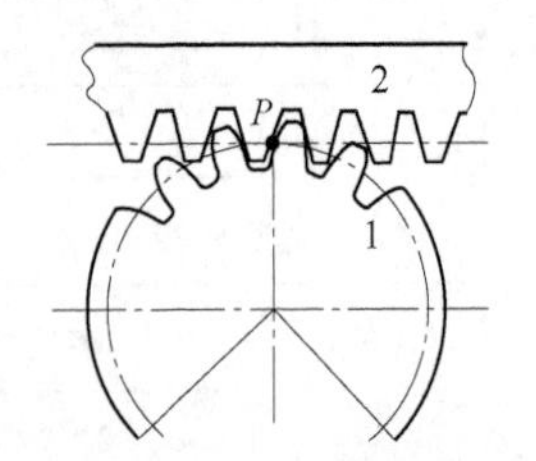

图 4–50　锥齿轮的当量齿轮

1—扇形齿轮；2—直齿圆柱齿轮

当量齿轮的齿形与锥齿轮的大端齿形相同，其模数和压力角与圆锥齿轮大端的模数和压力角相同。这样就可用大端当量齿轮的齿形近似地作为锥齿轮的大端齿形，即锥齿轮的大端轮齿尺寸（h_a、h_f等）等于当量齿轮的轮齿尺寸。

当量齿轮是一个齿数为 $z_v=z/\cos\delta$，其模数、压力角等于该锥齿轮大端基本参数的直齿圆柱齿轮。一对锥齿轮的啮合传动可视为一对当量齿轮的啮合传动，锥齿轮的当量齿轮可将锥齿轮的空间啮合过渡到直齿轮的平面啮合。

如图 4－51 所示，锥齿轮的分度圆直径 d、齿顶圆直径 d_a、齿宽中点圆直径 d_m 在大端并垂直于回转轴线的平面内度量，齿顶高 h_a、齿根高 h_f 在大端面并垂直于分度圆锥母线（背锥锥距）方向度量。

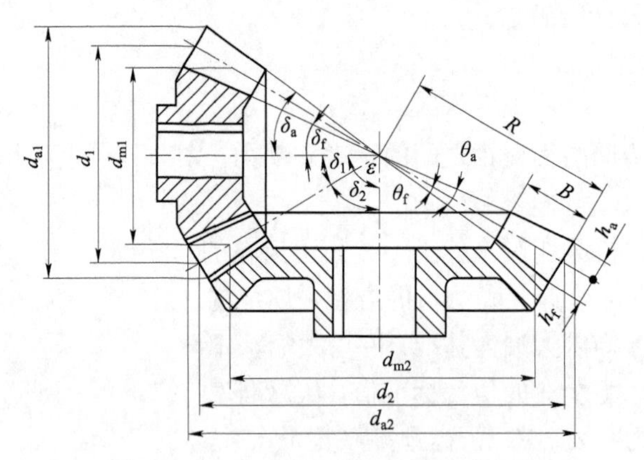

图 4－51　直齿锥齿轮的几何尺寸参数

直齿锥齿轮的参数计算见表 4－6。

表 4－6　直齿锥齿轮的参数计算（Σ=90°）

名称	符号	计算公式	
		小锥齿轮	大锥齿轮
分锥角	δ	$\delta_1=\arctan(z_1/z_2)$	$\delta_2=90-\delta_1$
齿顶高	h_a	$h_a=h_a^*m=m$	
齿根高	h_f	$h_f=(h_a^*+c^*)m=1.2m$	

续表

名称	符号	计算公式	
		小锥齿轮	大锥齿轮
分度圆直径	d	$d_1 = mz_1$	$d_2 = mz_2$
齿顶圆直径	d_a	$d_{a1} = d_1 + 2h_a \cos\delta_1$	$d_{a2} = d_2 + 2h_a \cos\delta_2$
齿根圆直径	d_f	$d_{f1} = d_1 - 2h_f \cos\delta_1$	$d_{f2} = d_2 - 2h_f \cos\delta_2$
锥距	R	$R = m\sqrt{z_1^2 + z_1^2} / 2$	
齿根角	θ_f	$\tan\theta_f = h_f / R$	
顶锥角	δ_a	$\delta_{a1} = \delta_1 + \theta_f$	$\delta_{a2} = \delta_2 + \theta_f$
根锥角	δ_f	$\delta_{f1} = \delta_1 - \theta_f$	$\delta_{f2} = \delta_2 - \theta_f$
顶隙	c	$c = c^* m$（一般 $c^* = 0.2$）	
分度圆齿厚	s	$s = \pi m / 2$	
当量齿数	z_v	$z_{v1} = z_1 / \cos\delta_1$	$z_{v2} = z_2 / \cos\delta_2$

注：当 $m \leqslant 1$ mm 时，$c^* = 0.25$，$h_f = 1.25m$。

第五章
齿 轮 传 动

齿轮传动是利用啮合原理发展而成的一种啮合传动，可传递两轴之间的旋转运动，或将旋转运动转变为直线往复运动，用来实现空间任意两轴间的运动转换和动力传递。齿轮传动是机械传动中最重要、应用最广泛的一种传动形式。图 5－1 所示为齿轮传动结构简图。

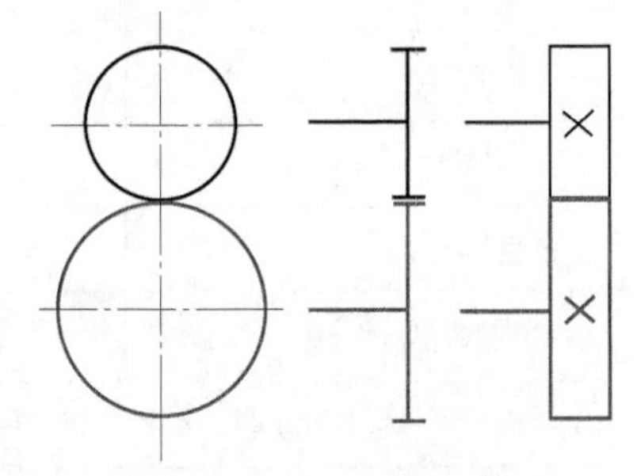

图 5－1　齿轮传动结构简图

一、齿轮传动的基本要求及优缺点

齿轮传动的基本要求是瞬时传动比保持不变、承载能力高和有较长的使用寿命，否则将引起机器振动和噪声，影响工作精度。

在齿轮设计、生产和科研中，有关齿廓曲线、齿轮强度、制造精度、加工方法以及热处理工艺等，都围绕基本要求而进行。

齿轮传动的优点：瞬时传动比准确；传动比范围大，可用于减速或增速；传动效率高；结构紧凑，适用于近距离传动；工作可靠、使用寿命长。

齿轮传动的缺点：制造、安装精度要求较高，某些具有特殊齿形或精度很高的齿轮因需要专用的或高精度的机床、刀具和量仪等，故制造工艺复杂，成本高，不适于中心距较大两轴间的传动；精度不高的齿轮，传动时的噪声、振动和冲击大，使用维护成本较高。

二、齿轮传动的传动比

由一个小齿轮和一个大齿轮组成的传动，称为单级齿轮传动。一般传动比单级可达到 8，最大可达到 20；两级齿轮传动可达到 45，最大可达到 60；三级齿轮传动可达到 200，最大可达到 300。传递功率可达到 100 000 kW，转速可达到 100 000 r/min，圆周速度可达到 300 m/s。单级效率为 0.96～0.99。

三、齿轮传动的种类

（一）按传动轴的相对位置分

1. 平行轴齿轮传动

平行轴齿轮传动的从动齿轮与主动齿轮回转轴相互平行，如图 5－2（a）所示。

2. 相交轴齿轮传动

相交轴齿轮传动的从动齿轮与主动齿轮回转轴在平面内相交，如图 5-2（b）所示。

3. 交错轴齿轮传动

交错轴齿轮传动的从动齿轮与主动齿轮回转轴在空间交错，如图 5-2（c）所示。

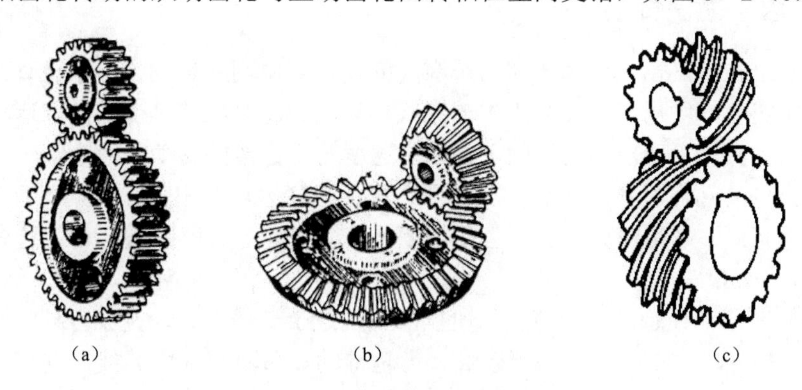

(a)　　(b)　　(c)

图 5-2　不同传动轴相对位置的齿轮传动

（a）平行轴齿轮传动；（b）相交轴齿轮传动；（c）交错轴齿轮传动

（二）按工作条件分

1. 开式齿轮传动

开式齿轮传动的齿轮完全外露，易落入灰砂和杂物，不能保证良好的润滑，轮齿易磨损，仅用于低速、不重要的场合。

2. 半开式齿轮传动

半开式齿轮传动装有简单的防护罩，有时还把大齿轮部分浸入油池中，比开式传动润滑好些，但仍不能严密防止灰砂及杂物的浸入，多用于农业机械、建筑机械及简单机械设备中。

3. 闭式齿轮传动

闭式齿轮传动把传动密封在刚性的箱壳内，并保证良好的润滑和较好的啮合精度，较多采用。尤其是速度较高的齿轮传动，必须采用闭式传动。闭式齿轮传动多用于汽车、机床及航空发动机等的齿轮传动中。

第一节　齿轮传动的主要类型

根据两轴的相对位置和轮齿的方向，齿轮传动可分为多种类型。最常见的类型是直齿圆柱齿轮传动，除此以外，由于实际应用的需要，又演化出了齿轮齿条啮合传动、内啮合齿轮传动、斜齿圆柱齿轮传动（平行轴、交错轴）、蜗轮蜗杆传动、直齿锥齿轮传动等类型。

一、直齿圆柱齿轮传动

直齿圆柱齿轮简称直齿轮，其轮齿分布于圆柱体上，方向与齿轮回转轴线平行，结构简单，用成形法或范成法加工比较方便。直齿轮传动一般由小齿轮和大齿轮组成，用于传递平行轴间的动力和运动，是实际生产和使用中最常见的齿轮传动之一。

直齿轮传动时，轮齿沿整个齿宽同时进入接触或同时分离，容易引起冲击、振动和噪声。啮合时，两轮齿廓处于点线接触状态，其接触应力值会很大。另一方面，沿其齿长方向存在较大的切向相对滑动速度，因而会产生较大的磨损，传动的重合度小，同时啮合的轮齿对数少，每对轮齿的负荷大，承载能力相对较低。在交替啮合时，轮齿负荷的变动大，传动不够平稳，因此不适用于高速重载的传动，仅适用于中、低速传动。

二、齿轮齿条啮合传动

齿轮齿条啮合传动是由一个齿轮和齿条组成的，齿轮做回转运动，齿条做直线运动。齿轮齿条传动可将齿轮的圆周运动变为齿条的直线移动，或将直线移动变为圆周运动，实现回转运动与直线运动的相互变换。齿轮的节圆圆周速度等于齿条的移动线速度。

标准直齿齿条的几何参数计算与标准渐开线直齿圆柱齿轮的相同，其正确啮合条件也与直齿圆柱齿轮的相同，即齿轮分度圆与齿条中线（分度线）上的模数 m 相等，齿轮的压力角与齿条的齿形角 α 相等。

由于齿条的节圆半径趋近于无穷大，所以节圆趋近于节线。齿轮齿条传动时，通过齿廓的接触，齿轮推动齿条沿节（中）线方向直线移动。啮合线的方向不随着中心距的改变而改变，即啮合角 α' 始终等于压力角 α。

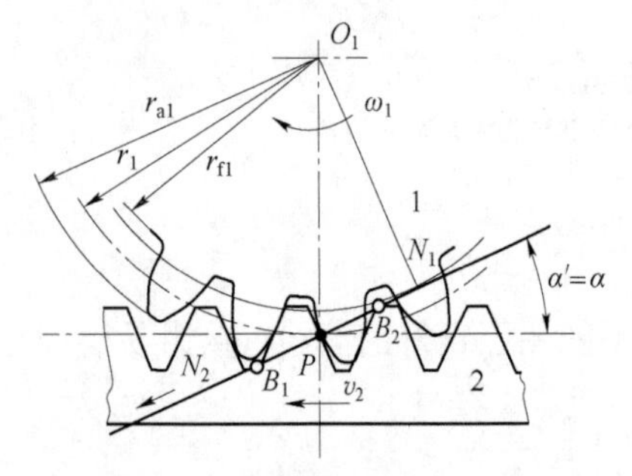

图 5-3　齿轮齿条啮合传动

1—直齿圆柱齿轮；2—直齿齿条

由图 5-3 中可以看出，齿轮齿条啮合传动时，一对齿廓任一接触点的公法线始终与齿轮的基圆相切，与垂直于齿条并过齿轮中心 O_1 的直线相交于定点 P，由此可见，齿轮齿条啮合传动符合齿廓啮合基本定律，能够保证齿轮齿条的瞬时传动比恒定。

齿条的啮合线 N_1N_2 与齿轮的基圆相切于 N_1，由于齿条的基圆为无穷大，所以啮合线与齿条基圆的切点 N_2 在无穷远处。齿轮与齿条的实际啮合线为 B_1B_2，即齿条顶线及齿轮齿顶圆与啮合线 N_1N_2 的交点 B_2、B_1 之间的长度。

三、内啮合齿轮传动

一对内啮合齿轮传动由外齿轮（轮齿分布在圆柱体外表面上）和内齿轮（轮齿分布在空心圆柱体内表面上）组成。外齿轮是原盘形的，外圈有齿。内齿轮是环形的，外圈光滑，内圈有齿。当要求齿轮传动两轴平行、回转方向相同且结构紧凑时，可采用内啮合齿轮传动。

如图 5-4 所示，内啮合齿轮传动中，大齿轮的齿形在内孔上，大齿轮包容小齿轮，可以看成一个大圆与一个小圆内切，两轮中心距小于大圆的半径。

内齿轮和外齿轮的啮合原理是完全一致的，只是内齿轮的齿槽相当于外齿轮的齿宽而已。

内啮合齿轮传动的标准中心距为

$$a = r_2 - r_1 = \frac{m}{2}(z_2 - z_1) \tag{5-1}$$

式中　m——模数；

z_1——外齿轮齿数；

r_1——外齿轮分度圆半径；

z_2——内齿轮齿数；

r_2——内齿轮分度圆半径。

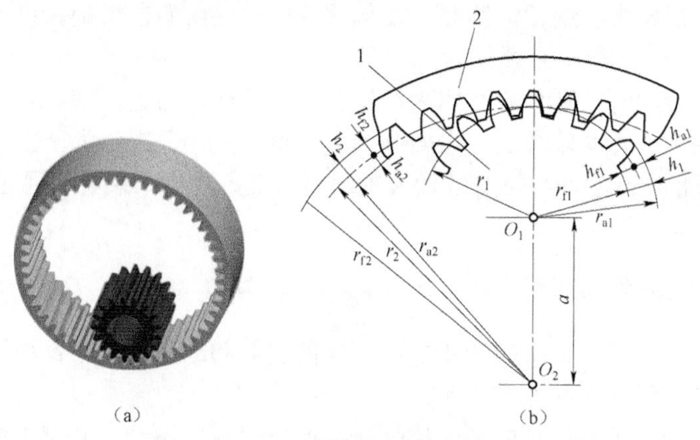

(a) (b)

图 5-4 内啮合齿轮传动

(a)内、外齿轮;(b)内啮合参数

1—外齿轮;2—内齿轮

四、斜齿圆柱齿轮传动

斜齿圆柱齿轮简称斜齿轮，相比较于直齿轮，主要特点表现在传动的平稳性和承载能力两个方面，在高速重载场合使用广泛。下面详细介绍斜齿轮的特点。

(一)传动平稳

一对斜齿圆柱齿轮啮合时，由于轮齿方向与齿轮轴线不平行，两轮齿的齿廓曲面沿着与轴线倾斜的直线接触，在啮合传动过程中，齿面接触线由短变长，再由长变短地变化，直至脱离接触。因此，斜齿轮传动的重合度比直齿轮的重合度大，啮合性能好，传动平稳性好。轮齿承受的载荷逐渐由小到大，再由大到小，可减少冲击、振动和噪声。

(二)承载力高

在斜齿轮传动中，由于轮齿的倾斜，所以当轮齿的一端进入啮合时，另一端尚未进入啮合；或当轮齿的一端脱离啮合时，另一端仍在继续啮合。例如，以端面尺寸及宽度相同的斜齿轮传动与直齿轮传动相比，由于斜齿轮的轮齿是螺旋状的，实际啮合的轮齿对数较相应的直齿轮多，每对齿的承载相应地减小，因此其承载能力也强于直齿轮。

直齿圆柱齿轮的最小齿数为 17 齿，斜齿轮不发生根切的最小齿数为 14 齿($\beta=20°$)，这使斜齿轮的结构尺寸比较紧凑。调整螺旋角 β 可配凑中心距，由于轮齿的倾斜，运转时产生附加轴向分力，且螺旋角 β 越大，轴向分力也越大。

五、蜗轮蜗杆传动

蜗轮蜗杆传动常用来传递两交错轴之间的运动和动力。蜗轮与蜗杆在其中间平面内相当于齿轮与齿条的啮合，蜗杆与螺杆形状相似，兼有齿轮传动和螺旋传动的特点，属于空间齿轮传动，常被用于两轴交错、传动比大、传动功率不高或间歇工作的场合。

多数情况下，蜗轮与蜗杆的回转轴交错成 90°。蜗杆的径向尺寸小，这使机构的结构紧凑。单头蜗杆转动一周，蜗轮转一个齿，因此，可以得到很大的传动比。

蜗轮蜗杆传动相当于螺旋传动，为多齿啮合传动，故传动平稳、噪声很小。当蜗杆的导程角小于啮合轮齿间的当量摩擦角时，机构具有自锁性，可实现反向自锁，即只能由蜗杆带动蜗轮，而不能由蜗轮带动蜗杆。例如，在起重机械中使用的自锁蜗杆机构，其反向自锁性可起安全保护的作用。

蜗轮蜗杆啮合传动时，啮合齿面间为线接触，其承载能力大。啮合轮齿间的相对滑动速度大，故摩擦损耗大，传动效率低，齿面磨损较严重，发热严重。为了散热和减小磨损，常采用价格较为昂贵的、减摩性与抗磨性较好的材料及良好的润滑装置，因而成本较高。同时，蜗杆的轴向力较大。

六、直齿锥齿轮传动

直齿锥齿轮传动用来传递空间两相交轴之间的运动和动力，两个锥齿轮轴线间的夹角一般为90°，可以实现两个垂直轴的传动。

锥齿轮工作时相当于两齿轮的节圆锥做成的摩擦轮进行滚动，其摩擦锥相当于锥齿轮传动的节锥，两节锥锥顶必须重合，才能保证两节锥传动比一致，这样就增加了制造、安装的困难，并降低了锥齿轮传动的精度和承载能力，因此直齿锥齿轮传动一般应用于轻载、低速的场合。

第二节　常用材料及热处理

一、对齿轮材料的基本要求

对齿轮材料的基本要求是齿面要硬，齿芯要韧，易于加工及热处理。为了保证大、小齿轮有相同的使用寿命，小齿轮齿面硬度HBS应比大齿轮高30～50。其原因是：小齿轮的应力循环次数较多；小齿轮齿根强度较弱；当大小齿轮有较大硬度差时，较硬的小齿轮会对较软的大齿轮齿面产生冷作硬化作用，因此可提高大齿轮的接触疲劳强度。一般而言，软齿面的齿面硬度HBS≤350，硬齿面的齿面硬度HBS＞350。

二、常用的齿轮材料

常用的齿轮材料有钢、铸铁、非金属材料等。

钢材料的含碳量为0.1%～0.6%，性能较好（可通过热处理提高机械性能）。钢材料经锻造后成为锻钢，性能可得到进一步的提高。常用的钢材料有 45、35SiMn、42SiMn、40Cr、35CrMo。铸钢的耐磨性和强度均较好，承载能力稍低于锻钢，常用于尺寸较大（d＞400～600 mm）且不宜锻造的场合，常用的铸钢材料为ZG310－570、ZG340－640。铸铁用于开式齿轮、低速齿轮，强度差，易成型；常用的有灰口铸铁HT200、HT300，球墨铸铁QT500－7。非金属材料常用于小功率、高速度、低噪声的场合。

三、常用的热处理方法

常用的热处理方法有以下几种。

（一）正火

批量小、单件生产、对传动尺寸没有严格限制时，常采用正火处理。

（二）调质

调质得到的均是软齿面（硬度 HBS≤350），常用于对尺寸和精度要求不高的传动。

（三）整体（表面）淬火

整体（表面）淬火后再低温回火，常用的材料有中碳钢或中碳合金钢。

（四）渗碳淬火

冲击载荷较大的齿轮，宜采用渗碳淬火，常用的材料有低碳钢或低碳合金钢。

（五）表面氮化

表面氮化得到的均是硬齿面（硬度 HBS＞350），常用于高速、重载、精密传动，渗氮齿轮的硬度高、变形小，适用于内齿轮和难于磨削的齿轮。

（六）碳氮共渗

碳氮共渗工艺时间短，且有渗氮的优点，可以代替渗碳淬火，其材料和渗碳淬火的相同。

当两齿轮材料相同时，可采用不同的热处理方法以使两齿轮的齿面硬度不同。

表 5－1 所示为钢的常用热处理方法及其应用。

表 5－1　钢的常用热处理方法及其应用

热处理	说　明	应　用
退火	将钢件加热到临界温度以上 30～50 ℃，保温一段时间，然后再缓慢地冷下来（一般用炉冷）	用来消除铸、锻、焊零件的内应力，降低硬度使其易于切削加工，细化金属晶粒，改善组织，增加韧性
正火	将钢件加热到临界温度以上，保温一段时间，然后用空气冷却，冷却速度比退火快	用来处理低碳和中碳结构钢件及渗碳零件，使其组织细化，增加强度与韧性，减少内应力，改善切削性能
淬火	将钢件加热到临界温度以上，保温一段时间，然后在水、盐水或油中急冷下来，使其得到高的硬度	用来提高钢的硬度和强度极限，但淬火时会引起内应力使钢变脆，所以淬火后必须回火
回火	将钢件加热到临界温度以下的温度，保温一段时间，然后在空气中或油中冷却下来	用来消除淬火后的脆性和内应力，提高钢的塑性和冲击韧度
调质	淬火后高温回火，称为调质	用来使钢获得高的韧性和足够的强度
渗碳（也可渗氮）	使表面层增碳的工艺，渗碳层深度为 0.4～6 mm	增加钢件的耐磨性能、表面硬度、抗拉强度及疲劳极限

四、齿轮材料的选择原则

齿轮的应用范围取决于材料的选择，齿轮材料的选择主要考虑其传动特点和工作条件。

（1）为保持精度持久，应选择耐磨材料。

（2）要求质量小，应选择铝合金或非金属材料。

（3）为减小噪声或防腐蚀，应选择非金属材料。

（4）为传动大功率，应选择硬度和强度较高的材料。

（5）为抗腐蚀和高耐磨，应选择合金钢。

（6）为抗腐蚀性、防磁性和机械性能都好，应选择青铜或黄铜。

表 5－2 所示为小模数齿轮常用的材料、热处理方式及其应用范围。

表 5-2　小模数齿轮常用的材料、热处理方式及其应用范围

材料名称	材料牌号	热处理方式	应用范围
优质碳素结构钢	15　20	渗碳、淬火、回火	常用于圆周速度为 3 m/s 以下的齿轮
	40　45　50	正火或调质	常用于圆周速度较高和强度较高的齿轮和蜗杆
优质碳素工具钢	T8A　T10A	淬火、调质	常用于制造小齿轮和蜗杆
合金钢	15Cr　20Cr	渗碳（氮）、淬火、回火	用于制造承受冲击和交变负荷的齿轮和蜗杆
	40Cr	调质、渗氮	用于制造速度较高的耐磨齿轮
	38CrMoAlA	调质、渗氮	用于制造需氮化的齿轮，热处理后不必磨齿
不锈钢	2Cr13Ni2	淬火、调质	用于要求防锈、防腐的齿轮，淬火后变形极小，齿面光泽
硬铝　超硬铝			用于制造要求质量小、受力较小的齿轮
锡青铜	ZCuSn10Pb1		用于制造高抗磨或防磁的重要齿轮及蜗轮
铸铁　青铜	ZCuAl9Mn2		用于制造抗磨、防腐的次要齿轮及蜗轮
黄铜	H62		用于制造抗磨、抗腐蚀性要求一般的齿轮及蜗轮
夹布胶木　卡普隆 高分子增强尼龙 聚碳酸酯			用于制造不要求抗磨性，而要求抗冲击、振动和噪声小的齿轮

第三节　齿轮传动受力分析

齿轮的受力分析是设计齿轮的基础，同时，也可为设计轴及轴承提供初始条件。

齿轮啮合时，可看作两个圆柱体的直接接触，其半径等于啮合点处两齿廓的曲率半径。主动轮的啮合点由齿根向齿顶移动，从动轮的啮合点由齿顶向齿根移动，相互啮合的轮齿受到不断变化的齿面接触应力的重复作用，节点附近一般只有一对轮齿受载，故疲劳损坏多发生在节点附近。

一、直齿圆柱齿轮传动受力分析

齿轮在工作过程中，节点附近受力最大，故受力分析多在节点啮合处计算。

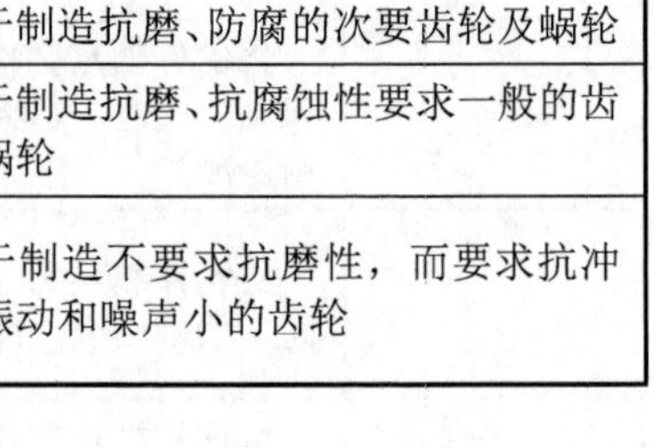

图 5-5 中，一对标准直齿圆柱齿轮相啮合，标准安装时节圆与分度圆重合。若略去齿面间的摩擦力，轮齿节点处的法向力（总作用力）$\boldsymbol{F}_n$ 沿啮合线指向工作齿面，$\boldsymbol{F}_n$ 可分解为两对互相垂直的分力：切于分度圆上的圆周力（切向力）$\boldsymbol{F}_{t1}$、$\boldsymbol{F}_{t2}$ 和沿半径方向的径向力 $\boldsymbol{F}_{r1}$、$\boldsymbol{F}_{r2}$。

图 5-5　直齿圆柱齿轮传动受力

（一）各力的大小

$$F_t = \frac{2T_1}{d_1} \tag{5-2}$$

$$F_r = F_t \tan\alpha \tag{5-3}$$

$$F_n = \frac{F_t}{\cos\alpha} = \frac{2T_1}{d_1 \cos\alpha} \tag{5-4}$$

式中　T_1——主动齿轮传递的名义转矩，$T_1 = 9.55\times10^6 \frac{P_1}{n_1}$，N·mm；

d_1——主动齿轮分度圆直径，mm；

α——分度圆压力角；

P_1——主动齿轮传递的功率，kW；

n_1——主动齿轮的转速，r/min。

圆周力 $\boldsymbol{F}_t$ 的大小可直接由齿轮所传递的转矩确定，因此在进行齿轮受力分析时，总是将其他各力表示为 $\boldsymbol{F}_t$ 的函数。

（二）各力的方向

1. 圆周力 $\boldsymbol{F}_t$

主动轮圆周力 $\boldsymbol{F}_{t1}$ 的方向与回转方向相反，从动轮圆周力 $\boldsymbol{F}_{t2}$ 的方向与回转方向相同。

2. 径向力 $\boldsymbol{F}_r$

径向力 $\boldsymbol{F}_r$ 分别指向主、从动轮各自的轮心。

（三）各力的对应关系

作用在主动轮和从动轮上的各对应力大小相等、方向相反，即

$$\boldsymbol{F}_{n1} = -\boldsymbol{F}_{n2}$$
$$\boldsymbol{F}_{t1} = -\boldsymbol{F}_{t2}$$
$$\boldsymbol{F}_{r1} = -\boldsymbol{F}_{r2}$$

二、斜齿圆柱齿轮传动受力分析

斜齿圆柱齿轮的轮齿具有齿倾斜角 β，当 $\beta=0$ 时为直齿圆柱齿轮。图 5-6 所示为斜齿圆柱齿轮的传动受力图。

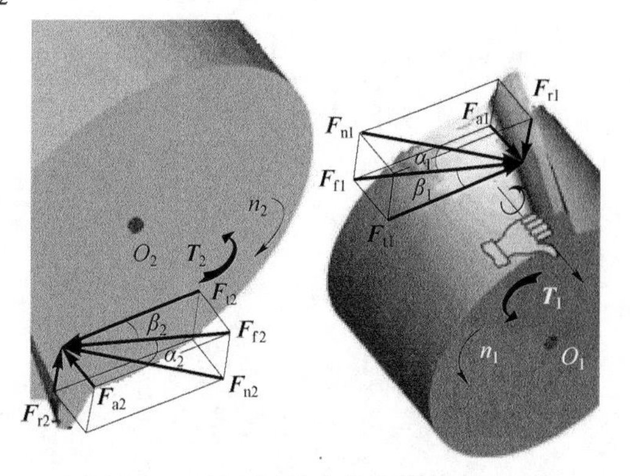

图 5-6　斜齿圆柱齿轮的传动受力图

（一）各力的大小

$$F_t = \frac{2T_1}{d_1} \tag{5-5}$$

$$F_r = \frac{F_t \tan\alpha_n}{\cos\beta} \tag{5-6}$$

$$F_a = F_t \tan\beta \tag{5-7}$$

$$F_n = \frac{F_t}{\cos\alpha_n \cos\beta} = \frac{F_t}{\cos\alpha_t \cos\beta_b} = \frac{2T_1}{d_1 \cos\alpha_t \cos\beta_b} \tag{5-8}$$

式中　T_1——主动齿轮传递的名义转矩，$T_1 = 9.55 \times 10^6 \dfrac{P_1}{n_1}$，N·mm；

α_n——法面分度圆压力角；

α_t——端面分度圆压力角；

β——分度圆螺旋角；

β_b——基圆螺旋角。

（二）各力的方向

1. 圆周力 $\boldsymbol{F}_t$

主动轮圆周力 $\boldsymbol{F}_{t1}$ 的方向与转向相反，从动轮圆周力 $\boldsymbol{F}_{t2}$ 的方向与转向相同。

2. 径向力 $\boldsymbol{F}_r$

径向力 $\boldsymbol{F}_r$ 分别指向主从动轮各自的轮心。

3. 轴向力 $\boldsymbol{F}_a$

主动轮的轴向力 $\boldsymbol{F}_a$ 用“左、右手法则”来判断：当主动轮右旋时，用右手四指的弯曲方向表示主动轮的转动方向，大拇指所指的方向即为轴向力的方向；当主动轮左旋时，用左手来判断，方法同上。

（三）各力的对应关系

作用在主动轮和从动轮上的各对应力大小相等、方向相反，即

$$\boldsymbol{F}_{n1} = -\boldsymbol{F}_{n2}$$

$$\boldsymbol{F}_{t1} = -\boldsymbol{F}_{t2}$$

$$\boldsymbol{F}_{r1} = -\boldsymbol{F}_{r2}$$

$$\boldsymbol{F}_{a1} = -\boldsymbol{F}_{a2}$$

圆周力 $\boldsymbol{F}_t$ 是计算轮齿强度的根据，径向力 $\boldsymbol{F}_r$ 及轴向力 $\boldsymbol{F}_a$ 是设计轴及轴承的依据。

三、直齿锥齿轮传动受力分析

图 5-7 所示为直齿锥齿轮的传动受力图。

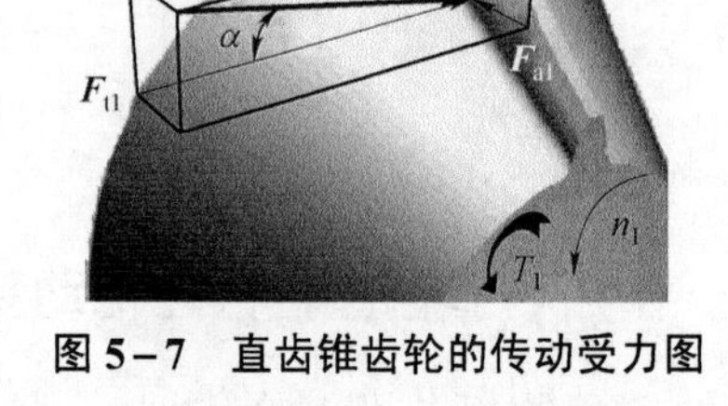

图 5-7　直齿锥齿轮的传动受力图

（一）各力的大小

$$F_{t1} = \frac{2T_1}{d_{m1}} \tag{5-9}$$

$$F_{r1} = F_{t1} \tan\alpha \cos\delta_1 \tag{5-10}$$

$$F_{a1} = F_{t1} \tan\alpha \sin\delta_1 \tag{5-11}$$

$$F_n = \frac{F_t}{\cos\alpha} = \frac{2T_1}{d_{m1} \cos\alpha} \tag{5-12}$$

式中　T_1——主动齿轮传递的名义转矩，$T_1 = 9.55 \times 10^6 \dfrac{P_1}{n_1}$，N·mm；；

d_{m1}——主动齿轮齿宽中点处的分度圆直径；

α——分度圆压力角；

δ_1——主动轮的分锥角。

（二）各力的方向

1. 圆周力 $\boldsymbol{F}_t$

主动轮上圆周力 $\boldsymbol{F}_{t1}$ 的方向与转向相反，从动轮上圆周力 $\boldsymbol{F}_{t2}$ 的方向与转向相同。

2. 径向力 $\boldsymbol{F}_r$

径向力 $\boldsymbol{F}_r$ 分别指向主、从动轮各自的轮心。

3. 轴向力 $\boldsymbol{F}_a$

轴向力 $\boldsymbol{F}_a$ 分别指向主、从动轮各自的大端。

（三）各力的对应关系

$\boldsymbol{F}_{a1}$ 是主动轮的轴向力，也是从动轮的径向力 $\boldsymbol{F}_{r2}$，如图 5－8 所示。具体为

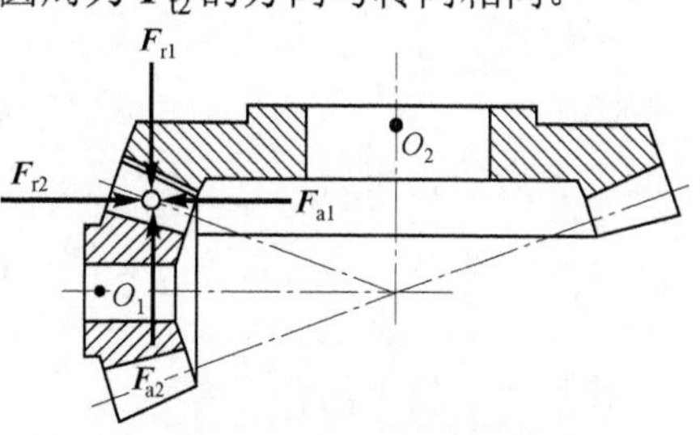

图 5－8　锥齿轮传动轴向力与径向力的受力关系

$$\boldsymbol{F}_{n1}=-\boldsymbol{F}_{n2}$$
$$\boldsymbol{F}_{t1}=-\boldsymbol{F}_{t2}$$
$$\boldsymbol{F}_{a1}=-\boldsymbol{F}_{r2}$$
$$\boldsymbol{F}_{r1}=-\boldsymbol{F}_{a2}$$

四、蜗轮蜗杆传动受力分析

图 5－9 所示为蜗轮蜗杆的传动受力图。

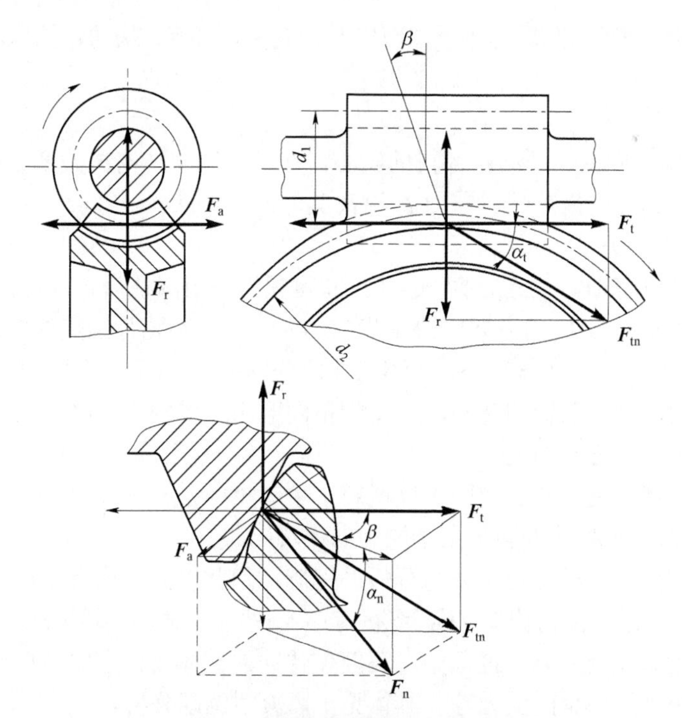

图 5－9　蜗轮蜗杆的传动受力图

作用于蜗轮上的转矩 $\boldsymbol{T}_2$（N・m）使其匀速转动，蜗轮分度圆直径为 d_2，则作用于其分度圆上节点处的圆周力为

$$F_t = \frac{T_2}{d_2} \tag{5-13}$$

端面内轮齿的正压力为

$$F_{tn} = \frac{F_t}{\cos\alpha} \tag{5-14}$$

法面内轮齿的正压力为

$$F_n = \frac{F_t}{\cos\alpha_n \cos\beta} \tag{5-15}$$

作用于蜗轮上的轴向力

$$F_a = F_t \tan\beta \tag{5-16}$$

作用于蜗轮、蜗杆上的径向力

$$F_r = F_t \tan\alpha \tag{5-17}$$

蜗杆上的轴向力与蜗轮上的圆周力相等，蜗杆上的圆周力与蜗轮上的轴向力相等。

五、齿轮传动的受力分析小结

在作齿轮传动的受力分析时，首先要分清主动轮和从动轮。关于各力的大小已经给出计算公式，下面将着重就如何正确地判断各力的方向和做到在图中正确地标注进行讨论。

（一）圆周力 $\boldsymbol{F}_t$

主反从同，即主动轮的圆周力 $\boldsymbol{F}_t$ 为阻力，与回转方向相反；从动轮的圆周力 $\boldsymbol{F}_t$ 为驱动力，与回转方向相同。

（二）径向力 $\boldsymbol{F}_r$

径向力 $\boldsymbol{F}_r$ 分别指向主、从动轮各自的轮心。注意：这一结论在大多数情况下是正确的，唯一例外的是对于圆柱内齿轮的径向力 $\boldsymbol{F}_r$ 背离其轮心。

（三）轴向力 $\boldsymbol{F}_a$

直齿圆柱齿轮没有轴向力 $\boldsymbol{F}_a$，即 $\boldsymbol{F}_a=0$，它可视为斜齿圆柱齿轮的特例。

斜齿圆柱齿轮轴向力 $\boldsymbol{F}_a$ 的方向取决于齿轮的回转方向和轮齿螺旋线的方向。主动轮轴向力 $\boldsymbol{F}_a$ 的方向可用左、右手定则来判断：当主动轮为右旋时用右手，当主动轮为左旋时用左手，以四指的弯曲方向表示主动轮的转向，则拇指指向即为所受轴向力的方向。从动轮轴向力的方向与主动轮轴向力的方向相反。

需要强调：上述“左、右手定则”仅适用于主动轮。

直齿锥齿轮轴向力 $\boldsymbol{F}_a$ 的方向是由小端指向大端的。

一对齿轮传动受力分析是轮系受力分析的基础，除此以外，还有多对齿轮传动组合的受力分析，如两级斜齿圆柱齿轮传动、锥齿轮—斜齿圆柱齿轮传动、斜齿圆柱齿轮—蜗杆传动、锥齿轮—蜗杆传动。在受力分析过程中，还要使传动的整体设计方案尽可能做到受力合理。例如，尽可能减小轴及轴承的受力等，具体见下面典型例题分析。

六、典型例题分析

齿轮传动受力分析这类题目一般是给定传动方案、输入或输出齿轮轴转向以及某个斜齿轮的轮齿旋向，另可附加一些其他条件。要求确定输出或输入齿轮轴转向，其余待定齿轮轮齿旋向，标出齿轮所受各分力的方向以及画出某齿轮轴的空间受力简图等。

例 5－1　两级斜齿圆柱齿轮传动如图 5－10（a）所示。已知动力输入轴Ⅰ的转向。试求：

（1）标出输出轴Ⅲ的转向。

（2）确定齿轮 2、3、4 的轮齿旋向，为减小轮齿偏载，要求轴Ⅱ上两斜齿轮轴向力可相互抵消一部分。

（3）标出齿轮 2、3 所受各分力的方向。

解： 输出轴的转向、齿轮 2、3、4 轮齿的旋向以及齿轮 2、3 所受各分力的方向如图 5－10（b）所示。

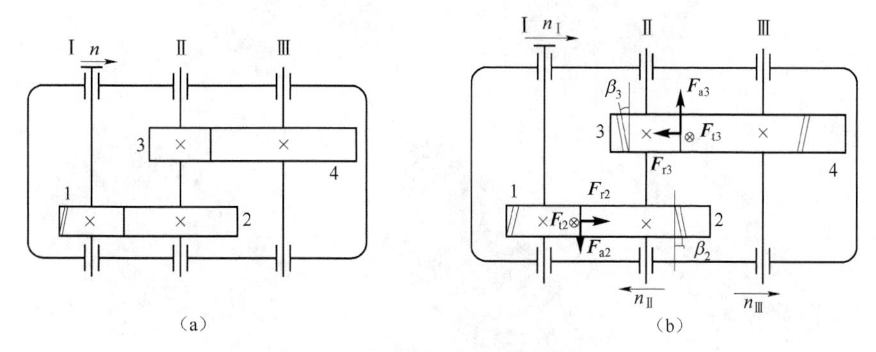

图 5－10　两级斜齿圆柱齿轮传动

（a）两级斜齿圆柱齿轮传动；（b）轮齿的旋向及齿轮各分力的方向

解题要点：

（1）中间轴上两齿轮的轮齿旋向相同，想使轴Ⅱ上两斜齿轮所受轴向力相互抵消一部分，以减小中间轴上轴承的轴向载荷，必须使该轴上两斜齿轮所受轴向力方向相反。由于两齿轮转向相同，螺旋线方向相同，但一个为从动（齿轮 2），一个为主动（齿轮 3），其轴向力才会反向。

（2）认清主动轮及其旋向，在判断齿轮 2、3 轴向分力方向时，用“左、右手定则”。由于“左、右手定则”仅适用于一对啮合齿轮中的主动轮。因此，首先要分清齿轮是主动轮还是从动轮。

（3）把各分力画在啮合点上，在标出齿轮 2、3 所受各分力的方向时，将各力画在啮合点上。注意不要把轴向力直接画在轴线或表示轮齿旋向的斜线上。

在齿轮的受力分析中，斜齿圆柱齿轮的轴向力 $\boldsymbol{F}_a$ 方向的判断比较困难。因此，在学习时，应着重掌握斜齿圆柱齿轮传动中轴向力方向的判断方法。其次，在学习锥齿轮时，应注意经常将其与圆柱齿轮进行比较，掌握它与圆柱齿轮的不同之处。例如：锥齿轮在受力计算时，用的是齿宽中点节线处的直径，即平均直径 d_m，由于锥齿轮两轴平面垂直相交，主、从动轮上并非各同名分力仍然对应大小相等、方向相反关系。显然，这里除了 $\boldsymbol{F}_{t1}=-\boldsymbol{F}_{t2}$ 之外，$\boldsymbol{F}_{r1}\neq-\boldsymbol{F}_{r2}$、$\boldsymbol{F}_{a1}\neq-\boldsymbol{F}_{a2}$，而是 $\boldsymbol{F}_{r1}=-\boldsymbol{F}_{a2}$、$\boldsymbol{F}_{a1}=-\boldsymbol{F}_{r2}$。

第四节　齿轮强度校核

任何一个构件如果是机器中的关键部件都应该进行强度校核。齿轮的强度计算是根据齿轮传动可能出现的失效形式而进行的。

一、齿轮传动的失效形式

齿轮的失效通常都集中在轮齿部分。轮齿的常见失效形式有轮齿断裂、齿面磨损、齿面点蚀、齿面胶合、齿面塑性变形 5 种，如图 5－11 所示。

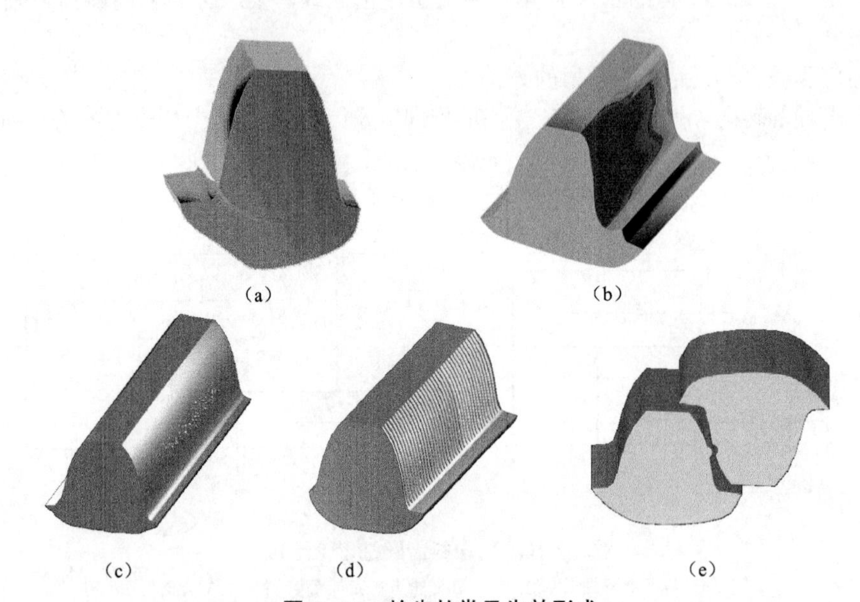

图 5－11　轮齿的常见失效形式

（a）轮齿断裂；（b）齿面磨损；（c）齿面点蚀；（d）齿面胶合；（e）齿面塑性变形

（一）轮齿断裂

对于长期重载工作的齿轮，其齿根部位受到连续变化的应力冲击，容易产生疲劳裂纹，最终导致齿根断裂，见图 5－11（a）。

1. 发生轮齿断裂的现象

齿根处产生裂纹，裂纹扩展，进而断齿。

2. 产生轮齿断裂的原因

齿廓根部受交变弯曲应力的作用，应力集中，材料较脆，突然过载或冲击。

3. 提高轮齿抗弯强度的措施

增大齿轮的模数，增大齿根圆角半径，采用正变位齿轮。

（二）齿面磨损

齿轮啮合传动时，两渐开线齿廓之间存在着相对滑动，在载荷作用下，对于软齿面齿轮，粉尘、齿面摩擦脱落的金属细微颗粒会引起齿面磨损，见图 5－11（b）。

1. 发生齿面磨损的现象

润滑油不干净，磨料的磨损导致齿形破坏、齿根减薄。

2. 产生齿面磨损的原因

当齿面间落入砂粒、铁屑、非金属物等磨料性物质时，会发生磨料磨损。齿面磨损后，齿廓形状破坏，引起冲击、振动和噪声，且由于齿厚减薄而可能发生轮齿断裂。

3. 减缓齿面磨损的措施

采用闭式齿轮传动，提高齿面的硬度和光洁度，保持润滑油清洁。

（三）齿面点蚀

受循环、交变接触应力的作用，金属材料表面经历塑性变形→微小裂纹→裂纹扩展→表面金属脱落，长期运转后，产生齿面点蚀，见图 5－11（c）。

1. 发生齿面点蚀的现象

齿面产生裂纹，油的挤压致金属剥落，靠近节线的齿面出现麻点状凹坑。

2. 产生齿面点蚀的原因

齿面受交变接触应力的作用，有润滑油存在的闭式传动中，齿面较软、硬度 HBS≤350 接触疲劳极限。

3. 减缓或防止齿面点蚀的措施

增大齿轮的直径或中心距，提高齿面硬度，采用合适的润滑油。

（四）齿面胶合

当齿轮持续运转时，由于两齿轮的相对滑动，在齿轮表面撕成沟纹，产生齿面胶合，见图 5－11（d）。

1. 发生齿面胶合的现象

齿面上沿相对滑动的方向会形成沟纹。

2. 产生齿面胶合的原因

两齿面金属直接接触并粘接，齿面间相对滑动，较软的齿面沿滑动方向被撕下一条条沟纹。

3. 减缓或防止齿面胶合的措施

减小模数，降低齿高，减小滑动系数，提高齿面硬度，采用抗胶合能力强的润滑油。

（五）齿面塑性变形

塑性变形是由于在过大的应力作用下，轮齿材料处于屈服状态而产生的齿面永久变形，见图 5－11（e）。

1. 发生齿面塑性变形的现象

齿面失去正常齿形。

2. 产生齿面塑性变形的原因

齿面较软、重载，齿面形成凹沟、凸棱。主动轮上的摩擦力分别朝向齿顶和齿根，从而形成凹沟。从动轮上的摩擦力由齿顶和齿根朝向中间，形成凸棱。

3. 减缓或防止齿面塑性变形的措施

提高齿面硬度，采用黏度高的润滑油。

二、齿轮强度设计的计算准则

为保证齿轮传动所需的工作性能和寿命，应进行强度计算与强度校核。目前广泛采用的两种强度计算方式是齿面接触疲劳强度计算和齿根弯曲疲劳强度计算。

齿面接触和齿根弯曲疲劳强度决定了齿轮的承载能力，如会不会断齿，同时决定了齿轮的寿命，具体应按照齿轮应用的场合来校核。采用类比法设计时，载荷不是很大的情况下可以不做校核。开式齿轮只需校核齿根弯曲强度，闭式齿轮还要校核接触强度。表 5－3 所示为轮齿的主要破坏形式和强度计算依据。

表 5-3　轮齿的主要破坏形式和强度计算依据

工作情况	破坏形式	计算依据
短时过载，冲击载荷或交变载荷	轮齿断裂	弯曲强度
软齿面，润滑不良，开式传动	齿面磨损	接触强度
闭式传动，有过高的齿面压力	齿面点蚀	接触强度
大功率，软齿面，高速转动，润滑较差，一对齿轮材料相同，齿面滑移速度过高	齿面胶合	接触强度
软齿面，重载荷	齿面塑性变形	接触强度

（一）闭式齿轮传动设计的计算准则

软齿面（HBS≤350）闭式齿轮传动，主要失效形式为齿面点蚀，故通常先按齿面接触疲劳强度设计几何尺寸，然后用齿根弯曲疲劳强度校核验算其承载能力。

硬齿面（HBS＞350）闭式齿轮传动，主要失效形式为轮齿断裂，故通常先按齿根弯曲疲劳强度设计几何尺寸，然后用齿面接触疲劳强度验算其承载能力。

高速重载闭式齿轮传动，由于易发生胶合失效，在保证不发生轮齿断裂和齿面点蚀失效的条件下，还应进行胶合能力的计算。

（二）开式齿轮传动设计的计算准则

开式齿轮传动的主要失效形式为齿面磨损，磨损后齿厚减薄导致轮齿断裂。但目前尚无完善的磨损计算方法，故仅以齿根弯曲疲劳强度设计几何尺寸或验算其承载能力，并在设计计算时用适当加大模数（加大 10%～20%）的方法来考虑磨损因素的影响。

三、齿轮强度校核

齿轮传动强度校核的内容为：在初定的齿轮基本参数、材料、使用条件、工艺条件后，验算齿面接触疲劳强度及齿根弯曲疲劳强度。

（一）齿面接触疲劳强度计算

齿轮传动在节点处多为一对轮齿啮合，接触应力较大，因此，选择齿轮传动的节点作为接触应力的计算点。

将轮齿节线接触视为两圆柱体接触，以弹性力学赫兹公式为基础导出齿面接触应力基本值σ_{H0}，乘上与载荷有关的修正系数得到σ_{H}，使其不超过许用接触应力［σ_{H}］。

σ_{H0}的计算依据赫兹公式——两圆柱体接触应力计算公式，即

$$\sigma_{\mathrm{H0}}=z_E\sqrt{\frac{P}{B\rho_\Sigma}} \tag{5-18}$$

式中　z_E——弹性影响系数，其计算公式为

$$z_E=\sqrt{\frac{1}{\pi\left[\left(\frac{1-\mu_1^2}{E_1}\right)+\left(\frac{1-\mu_2^2}{E_2}\right)\right]}} \tag{5-19}$$

式中 P——齿面压力，N；

ρ_{Σ}——两圆柱体接触的当量曲率半径，mm；

B——齿宽，mm。

如图 5－12 所示，将一对轮齿的节点啮合视为曲率半径为 ρ_1 和 ρ_2 的两圆柱体接触，其曲率半径分别为

$$\rho_1=\frac{d_1}{2}\sin\alpha，\ \rho_2=\frac{d_2}{2}\sin\alpha \tag{5-20}$$

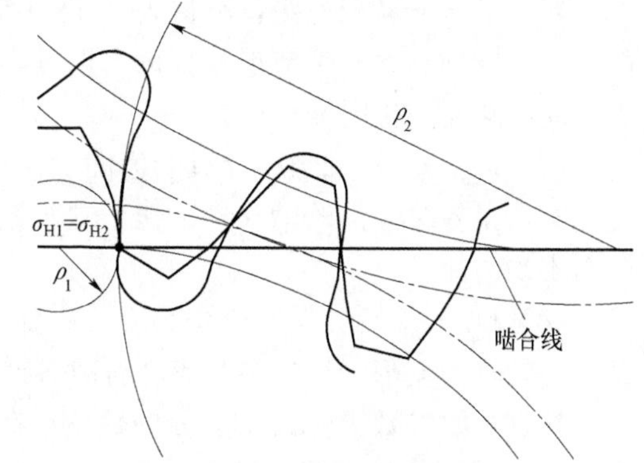

图 5－12 两圆柱体节线接触

则两圆柱体接触的当量曲率半径 ρ_{Σ}为

$$\frac{1}{\rho_{\Sigma}}=\frac{1}{\rho_1}\pm\frac{1}{\rho_2}=\frac{\rho_2\pm\rho_1}{\rho_1\rho_2}=\frac{\frac{\rho_2}{\rho_1}\pm1}{\rho_1\left(\frac{\rho_2}{\rho_1}\right)}=\frac{\frac{\rho_2}{\rho_1}\pm1}{\rho_2} \tag{5-21}$$

式中 “±”分别区分外、内啮合，外啮合取“+”，内啮合取“−”。

定义齿数比 u 为

$$u=\frac{z_2}{z_1}=\frac{d_2}{d_1}=\frac{\rho_2}{\rho_1} \tag{5-22}$$

综合式（5–23）和式（5–24），两圆柱体接触的当量曲率半径 ρ_{Σ} 可表示为

$$\frac{1}{\rho_{\Sigma}}=\frac{1}{\rho_1}\frac{u\pm1}{u}=\frac{2}{d_1\sin\alpha}\frac{u\pm1}{u} \tag{5-23}$$

实际啮合时并不总是单齿对啮合，此时齿面接触应力基本值σ_{H0}为

$$\sigma_{H0}=z_E z_{\varepsilon} z_H z_{\beta}\sqrt{\frac{2P}{Bd_1\sin\alpha}\frac{u\pm1}{u}} \tag{5-24}$$

式中 z_{ε}——重合度系数，其计算公式为

$$z_{\varepsilon}=\sqrt{\frac{4-\varepsilon_{\alpha}}{3}} \tag{5-25}$$

z_H——节点区域系数，其计算公式为

$$z_H=\sqrt{\frac{2}{\sin\alpha\cos\alpha}} \tag{5-26}$$

z_{β}——螺旋角系数，其计算公式为

$$z_{\beta}=\sqrt{\cos\beta} \tag{5-27}$$

关于 z_E、z_{ε}、z_H、z_{β} 系数的定义及取值，具体可查阅 GB/T 3480—1997。

根据齿面接触应力基本值σ_{H0}，再乘上 4 个与载荷有关的修正系数，即可获得计算接触应力σ_H，即

$$\sigma_H=\sigma_{H0}\sqrt{K_A K_V K_{H\beta} K_{H\alpha}} \tag{5-28}$$

定义载荷综合系数 $K=K_AK_VK_{H\beta}K_{H\alpha}$，用4个系数考虑4个方面的影响因素。这4个系数分别是：

（1）K_A——使用系数，取值为1～1.25。考虑齿轮啮合时，外部因素引起的附加动载荷对传动的影响。它与原动机和工作机的类型与特性、联轴器的类型等有关。

（2）K_V——动载系数，取值为1.1～1.5。考虑齿轮加工误差及弹性变形引起的附加动载荷。当齿轮制造存在基节误差、齿形误差、轮齿变形时，导致齿廓公法线的位置波动，即节点波动，从而产生附加载荷。

（3）$K_{H\beta}$——接触强度计算的齿向负荷分布系数，取值为1.1～1.25。当齿轮传动存在安装、制造误差时，齿轮轴（弯、扭）支承系统变形，从而导致齿面上的动载荷沿齿宽接触线分布不均匀。

（4）$K_{H\alpha}$——接触强度计算的齿间负荷分布系数，取值为1～1.35。考虑当存在制造误差时，齿轮轮齿变形，导致多对齿啮合时各对轮齿间的载荷分配不均匀。

根据初始参数 P、B、d_1、u 的数值，在确定了一系列修正系数后，可计算出齿面接触应力σ_H，使其不超过许用接触应力［σ_H］，即满足圆柱齿轮齿面接触疲劳强度的校核条件$\sigma_H \leqslant [\sigma_H]$，则可认为齿面接触疲劳强度条件已满足。否则，需要修改初始设计参数，重新验算，直到满足为止。

一对钢制标准直齿圆柱齿轮传动的齿面接触疲劳强度常用以下校核公式和设计公式。校核公式用于已知齿轮尺寸，根据载荷验算齿轮强度；设计公式由强度校核公式推导而得，用于已知载荷确定齿轮尺寸。

校核公式

$$\sigma_H = 671\sqrt{\frac{KT_1}{Bd_1^2}\frac{u \pm 1}{u}} \leqslant [\sigma_H] \quad (\text{N/mm}^2) \tag{5-29}$$

设计公式

$$d_1 \geqslant \sqrt[3]{\left(\frac{671}{[\sigma_H]}\right)^2 \frac{(u+1)KT_1}{u\psi_d}} \quad (\text{mm}) \tag{5-30}$$

式中 T_1——主动齿轮传递的名义转矩，N·mm；

B——工作齿宽，mm；

d_1——小齿轮分度圆直径，mm；

u——齿数比，$u=z_2/z_1$，z_1、z_2 为小、大齿轮的齿数；

ψ_d——齿宽系数，$\psi_d=b/d_1$；

±——外啮合取“+”，内啮合取“−”。

（二）齿根弯曲疲劳强度计算

一对齿轮刚接触时的受力状态是齿根弯曲疲劳强度计算的重要基础。齿根的应力集中是产生疲劳裂纹的根源，所以齿根圆角不宜过小，齿根受拉应力的一边更易折断。

如图5－13所示，齿根危险截面的位置用30°切线法确定。作与轮齿对称中心线成30°角的两直线，并使其与齿根圆角过渡曲线相切，连接两切点的齿厚即为齿根危险截面的齿厚。

齿根弯曲疲劳强度计算时将轮齿视为一悬臂梁，当齿顶啮合受力时，齿根受拉侧危险截面处（30°切线法）产生最大的弯曲应力。

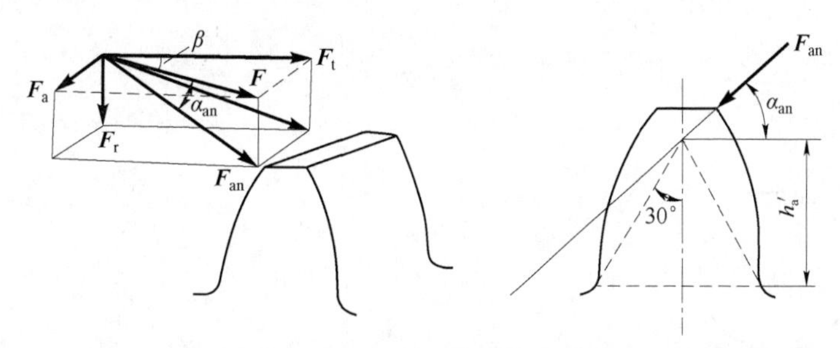

图 5-13　齿顶部受力状态

导出危险截面上的最大弯曲应力σ_F，使其不超过许用弯曲应力［σ_F］，即满足圆柱齿轮齿根弯曲疲劳强度校核条件$\sigma_H \leqslant [\sigma_H]$，则可认为齿面接触疲劳强度条件已满足。齿根弯曲疲劳强度的校核公式和设计公式分别如下：

校核公式

$$\sigma_F = \frac{2KT_1 Y_{Fa} Y_{Sa} Y_\beta Y_\varepsilon}{\psi_d m^3 z_1^2} \leqslant [\sigma_F] \tag{5-31}$$

设计公式

$$m \geqslant \sqrt[3]{\frac{2KT_1}{\psi_d z_1^2} \cdot \frac{Y_{Fa} Y_{Sa} Y_\beta Y_\varepsilon}{[\sigma_F]}} \tag{5-32}$$

式中　Y_{Fa}——齿形系数；

Y_{Sa}——应力修正系数；

Y_β——螺旋角系数；

Y_ε——重合度系数；

ψ_d——齿宽系数，$\psi_d = B / d_1$。

关于上述系数的定义及取值，具体可查阅 GB/T 3480—1983。

第五节　多级齿轮传动

由一系列（三个以上）齿轮组成的齿轮传动链将主动轴的运动或转矩传递到从动轴，这一系列的齿轮（包括圆柱齿轮、圆锥齿轮和蜗杆蜗轮等）组成的齿轮传动链称为多级齿轮传动系统。

一、多级齿轮传动的用途

（一）可获得较大的传动比并使结构紧凑

当传动比较大时，若仅用一对齿轮传动，会使齿轮传动尺寸加大（大齿轮尺寸过大，中心距加大），还会引起小齿轮轮齿过早磨损。如改用多个齿轮组成的轮系，则可减少整个传动结构的尺寸，如图 5-14 所示。

（二）可作相距较远两轴间的传动

如图 5-15 所示，当两轴相距较远时，仅用一对齿轮就会产生前面所述的不良现象。若改用多对齿轮传动轮系，则可避免这样的不良现象。

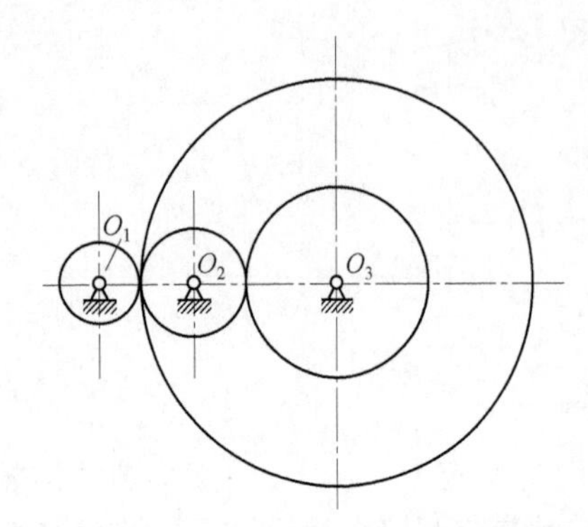

图 5－14　传动级数对平面布局的影响

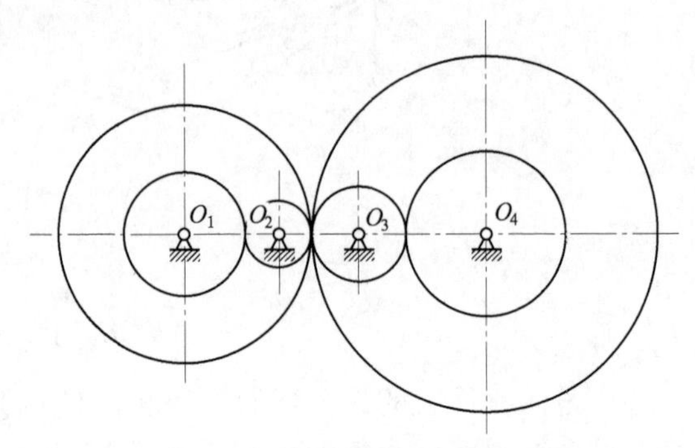

图 5－15　实现远距离传动的轮系

（三）可实现多种传动比的传动

若采用图 5－16 所示的轮系，只要移动主动轴上的两联齿轮 1、1′，使之分别与从动轴上的齿轮 2 或 2′啮合，便可使从动轴得到两种不同的转速。

（四）可改变从动轴的转向

若采用图 5－17 所示的轮系，只要改变两联齿轮的轴向位置，使齿轮 1、4 分别与齿轮 2、5 啮合，便可改变从动轴的转向，实现正向或反向转动。

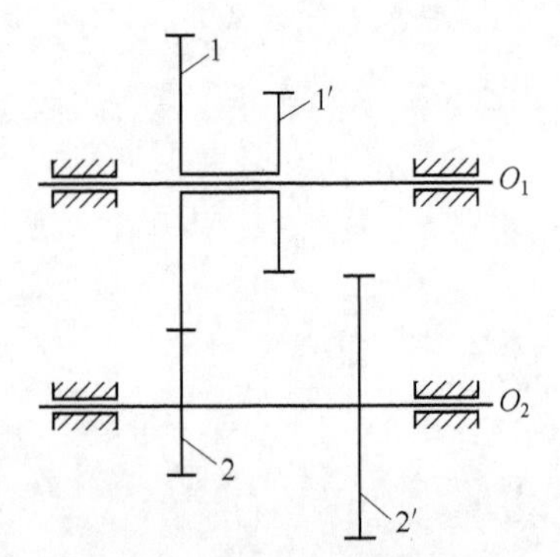

图 5－16　实现一轴多速的轮系

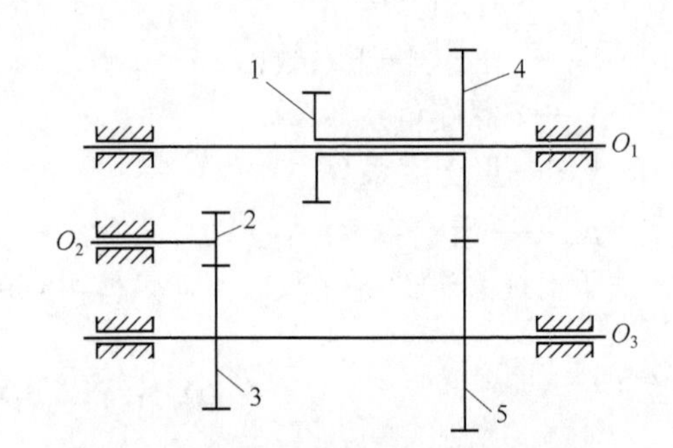

图 5－17　实现换向传动的轮系

二、轮系的分类

按传动时各齿轮轴线在空间的相对位置关系，轮系可分为定轴轮系和周转轮系两类。

（一）定轴轮系

轮系中各轮的几何轴线均是固定的轮系，称为定轴轮系（或称普通轮系）。

（二）周转轮系

轮系中至少有一个齿轮的几何轴线是绕着其他齿轮的固定轴线转动的，这种轮系称为周转轮系。在周转轮系中，按其自由度的数目不同又可分为以下三种。

1. *差动轮系*

自由度为 2 的周转轮系称为差动轮系。

2. 行星轮系

自由度为 1 的周转轮系称为行星轮系。

3. 复合轮系

在某些复杂的轮系中，既有定轴轮系部分，又有周转轮系部分，故称为复合轮系。

三、定轴轮系传动比的计算

图 5－18 所示的定轴轮系由圆柱齿轮组成，各轮的轴互相平行，因此传动比有正负之分。如果主动轴和从动轴的回转方向相同，则其传动比为正，反之为负。

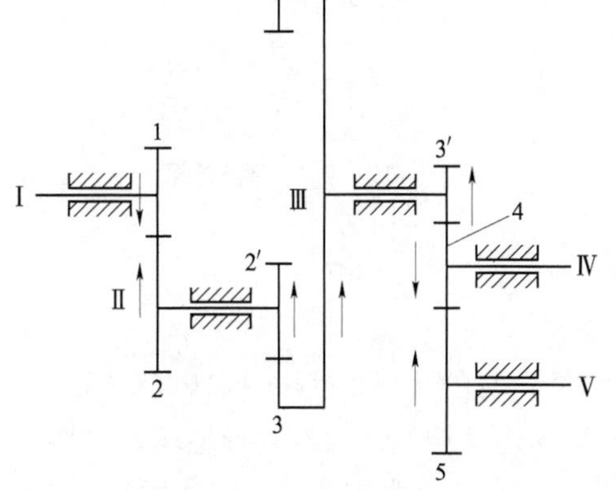

图 5－18 定轴轮系

若已知各轮齿数，则各级齿轮的传动比为

$$\left.\begin{aligned} i_{12} &= \frac{\omega_1}{\omega_2} = -\frac{z_2}{z_1} \\ i_{2'3} &= \frac{\omega_2'}{\omega_3} = \frac{z_3}{z_2'} \\ i_{3'4} &= \frac{\omega_3'}{\omega_4} = -\frac{z_4}{z_3'} \\ i_{4'5} &= \frac{\omega_4'}{\omega_5} = -\frac{z_5}{z_4'} \end{aligned}\right\} \tag{5-33}$$

式中 “－”表示外啮合时，主、从动轮转向相反；“+”表示内啮合时，主、从动轮转向相同。

因为 $\omega_2 = \omega_2'$， $\omega_3 = \omega_3'$， $\omega_4 = \omega_4'$， $z_4 = z_4'$，所以有

$$i_{15} = \frac{\omega_1}{\omega_5} = (-1)^3 \frac{z_2 z_3 z_5}{z_1 z_2' z_3'} \tag{5-34}$$

式（5－34）表明定轴轮系传动比为组成该轮系的各对齿轮传动比的连乘积，其值等于各对齿轮从动轮齿数的连乘积与主动轮齿数的连乘积之比。此外，在轮系中不影响轮系的传动比，而只影响末轮转向的齿轮称为惰轮。

根据上述分析，若一定轴轮系的首轮以 1 表示，末轮以 k 表示，圆柱齿轮外啮合的次数用 m 表示，则轮系的传动比为

$$i_{1k} = \frac{\omega_1}{\omega_k} = \frac{n_1}{n_k} = (-1)^m \frac{\text{各从动齿轮齿数的乘积}}{\text{各主动齿轮齿数的乘积}} \tag{5-35}$$

尚需指出：当一对空间齿轮传动的轴不平行，就不能用上式表示，如图 5－19 所示。

例 5－2 时钟上的轮系如图 5－20 所示。已知 $z_1 = 8$，$z_2 = 60$，$z_2' = 8$，$z_3 = 64$，$z_3' = 28$，$z_4 = 42$， $z_4' = 8$， $z_5 = 64$。求秒针与分针、分针与时针的传动比。

解：（1）秒针与分针的传动比

$$i_{13} = \frac{n_1}{n_3} = \frac{z_2 z_3}{z_1 z_2'} = \frac{60 \times 64}{8 \times 8} = 60$$

（2）分针与时针的传动比

$$i_{35} = \frac{n_3}{n_5} = \frac{z_4 z_5}{z_3' z_4'} = \frac{42 \times 64}{28 \times 8} = 12$$

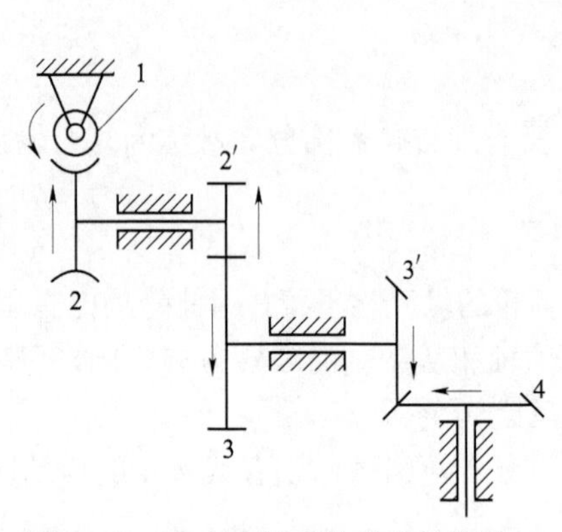

图 5-19　含有空间齿轮的定轴轮系

1—蜗杆；2—蜗轮；2′，3—直齿圆柱齿轮；3′，4—锥齿轮

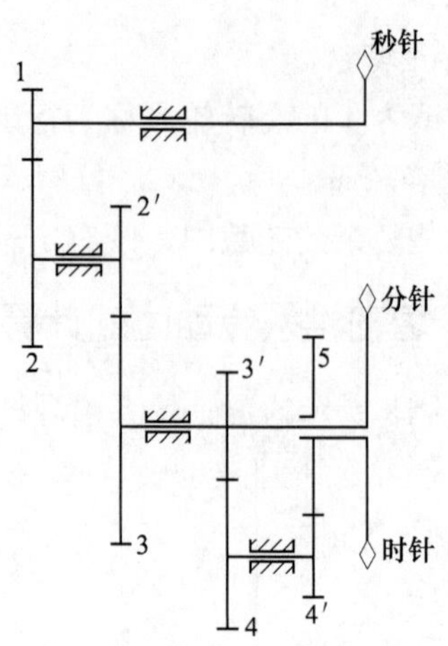

图 5-20　时钟指针轮系

四、周转轮系传动比的计算

图 5-21 中，齿轮 2 活装在杆 H 的小轴上，因此它绕自身的几何轴线 O_2 回转（自转）时又随杆 H 绕几何轴线 OH 回转（公转），其运动与行星的运动相似，故称为行星轮。支持行星轮的构件称为系杆（或转臂），而几何轴线固定的齿轮 1 和 3 称为中心轮（或太阳轮）。

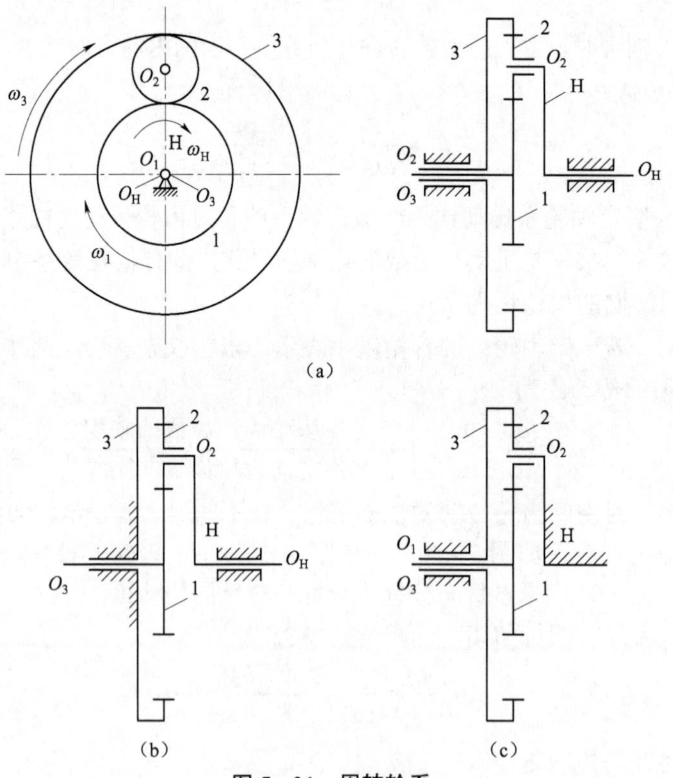

图 5-21　周转轮系

1，2，3—齿轮；H—随杆

为了解决周转轮系的传动比问题，根据相对运动原理，当给周转轮系加上一个附加的公共角速度之后，则周转轮系各构件间的相对运动关系仍保持不变。设ω_1、ω_2、ω_3及ω_H为齿轮1、2、3及随杆绝对角速度，给轮系加上一个$(-\omega_H)$后，其各构件的角速度即可求出。

这种经过加上$(-\omega_H)$后所得的机构（轮系）称为原周转轮系的转化轮系。转化轮系中任意两轮的传动比均可用定轴轮系的方法求得，例如

$$i_{13}^{H}=\frac{\omega_1^H}{\omega_3^H}=\frac{\omega_1-\omega_H}{\omega_3-\omega_H}=(-1)\frac{z_2z_3}{z_1z_2}=-\frac{z_3}{z_1} \tag{5-36}$$

这种周转轮系具有两个自由度，称为差动轮系。

若齿轮3固定不动，则

$$i_{13}^{H}=\frac{\omega_1^H}{\omega_3^H}=\frac{\omega_1-\omega_H}{\omega_3-\omega_H}=\frac{\omega_1-\omega_H}{0-\omega_H}=1-i_{1H}=-\frac{z_3}{z_1} \tag{5-37}$$

所以$i_{1H}=1-i_{13}^{H}$。

上式表明，只要知道两构件1和H中任一构件的角速度（ω_1、ω_H），则另一构件的角速度便可求出。这种周转轮系具有一个自由度，通称为行星轮系。

应用相对运动原理来计算周转轮系传动比时，应注意下列事项：

（1）转化机构传动比的正负号，要根据在定轴轮系中决定传动比正负号的方法来确定。

（2）在已知的诸绝对角速度中，取向同一方向旋转者为正值，向相反方向旋转者为负值；在计算时应连同本身的符号一并代入公式中。

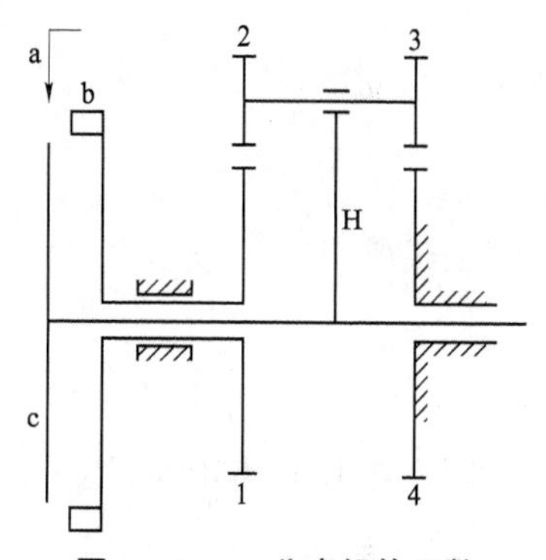

图5－22 一分度机构示数装置中的行星轮系

1—齿轮；2，3—双联齿轮；4—中心轮；a—固定指针；b—粗标尺；c—精标尺

例5－3 图5－22所示为一分度机构示数装置中的行星轮系。其中a为固定指针，b为粗标尺（与中心轮相连），c为精标尺（与转臂相连），双联齿轮2、3为行星轮，中心轮4固定不动。已知$z_1=60$，$z_2=z_3=20$，$z_4=59$，求粗标尺与精标尺的传动比i_{bc}。

解：

$$i_{1H}=1-i_{14}^{H}=1-(-1)^2\times\frac{z_2z_4}{z_1z_3}=1-\frac{20\times59}{60\times20}=\frac{1}{60}$$

即粗标尺转一周，精标尺则转60周，两者转向相同。如果把两标尺的圆周分作360等份，即粗标尺的分度值为1°，精标尺的分度值为1°/60（即1′）。这样，就可以从粗标尺读出多少“度”，从精标尺读出多少“分”。

五、复合轮系传动比的计算

在运用相对运动原理计算混合轮系传动比时，必须引起注意的是：应该将其定轴轮系部分与周转轮系部分正确地划分开来，然后分别列出传动比计算式，最后联立求解出混合轮系的传动比。

例5－4 图5－23所示为一加法机构轮系，已知$z_1=z_2=z_3=15$，$z_4=30$，$z_5=15$。齿轮1

和 3 都是输入运动的主动轮，它们的转速分别为 n_1 和 n_2。求该轮系的输出转速 n_5。

解：由图示机构不难看出，1－2－3－H 组成一差动轮系，4－5 组成一定轴轮系，可以写出

$$i_{13}^{\mathrm{H}}=\frac{n_1^{\mathrm{H}}}{n_3^{\mathrm{H}}}=\frac{n_1-n_{\mathrm{H}}}{n_3-n_{\mathrm{H}}}=(-1)\times\frac{z_2z_3}{z_1z_2}=-\frac{15\times15}{15\times15}=-1$$

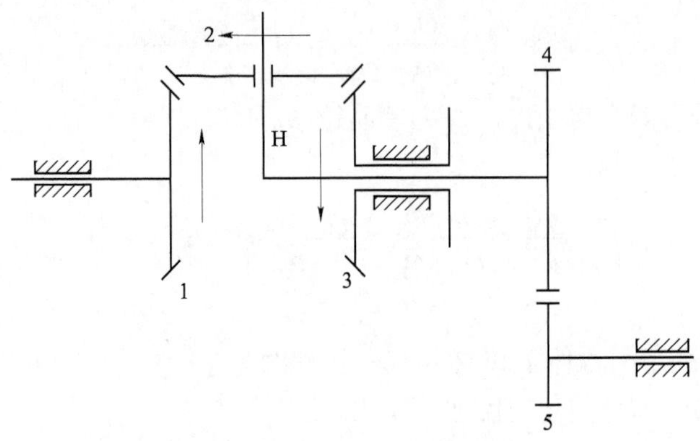

图 5－23　一加法机构轮系

整理上式得

$$n_{\mathrm{H}}=\frac{1}{2}(n_1+n_3)$$

因系杆 H 与齿轮 4 同装在一根轴上，所以 $n_4=n_{\mathrm{H}}$，则有 $n_4=(n_1+n_3)/2$。

又因为齿轮 4 与 5 组成定轴轮系，故

$$i_{45}=\frac{n_4}{n_5}=-\frac{z_5}{z_4}=-\frac{1}{2}$$

所以

$$n_5=-2n_4=-(n_1+n_3)$$

即输出转速为两个输入转速之和（转向相反），因此称该机构为加法机构。

第六节　传动比的选择和分配

工程中实际应用的齿轮传动经常以齿轮系的形式出现，即多个齿轮（通常 4 个以上）以实现多级齿轮传动。多级齿轮传动可用来获得大传动比、变速和换向、合成或分解运动以及距离较远的传动。

齿轮传动的传动比等于齿轮主动轮角速度与从动轮角速度之比、从动轮齿数与主动轮齿数之反比、从动轮分度圆直径与主动轮分度圆直径之反比。

传动比的数值反映了齿轮主、从动轮之间的速度增减关系。对于减速运动，传动比大于 1；对于增速转动，传动比小于 1。

一、单级齿轮传动的传动比

单级齿轮传动即两个齿轮之间的传动，其传动比与传动形式、传动力矩有关。应根据不同需要选择传动比的大小，传动比的选择范围：直齿、斜齿圆柱齿轮，一般的传动，其传动比为1/10～10；力矩很小时的传动，其传动比为1/15～15。圆锥齿轮，其传动比为1/7.5～7.5；力矩很小时的传动，其传动比为1/10～10。蜗杆蜗轮传动，其传动比为3～500，多用10～100。

二、多级齿轮传动传动比的选择、排列和分配

（一）多级齿轮传动传动比的选择

多级齿轮传动传动比的选择根据传动链的具体情况而定。减速传动中，尽量采用较大的单级传动比，减少齿轮级数和零件数，提高齿轮传动精度。但减速比过大，会使传动链的轮廓尺寸增大。因此，应适当选择传动类型，分配传动比。

（1）若载荷比较均匀，为使齿轮能很好地磨配和分析周期误差，建议传动比为整数比。

（2）对于变化明显的载荷，为了减少某些轮齿的集中磨损，应采用质数比的传动比，如$i=37/13$，101/17，……

（二）多级齿轮传动传动比的排列

从提高传动链的传动精度和减小空回出发，可根据传动链的增减速情况来排列传动比。

（1）在$i>1$的情况下，最后一级的减速比应最大，传动比的排列前小后大。这可使前几级的传动误差经过最后一级较大减速后，而减小很多，使传动链的总精度较高。也就是说，可令前几级传动（靠近输入端）的齿轮精度低些，而最后一级（接输出轴）的精度高些。

（2）在$i<1$的传动中，应该从输入轴开始，就尽量增大转速（传动比尽量小），在接近输出轴处增速要小（传动比尽量大），以使传动比的排列前小后大。

（三）多级齿轮传动传动比的分配

要适当分级和分配传动比，通常主要采用以下三种原则。

1. 有利于精度原则

按有利于精度原则分配传动比时，应按“先小后大”的原则，从第一级至最后一级传动比逐级递增；在兼顾结构紧凑的原则下，尽量减少传动级数，从而减少传动误差和提高工作精度。

如图5－24所示，两级传动，AB为齿轮副，CD为蜗轮副。方案Ⅰ，输入端为第一级齿轮副传动，输出端为第二级蜗轮副传动，方案Ⅱ则反过来排列。两种不同的排列方式具有不同的传动精度。

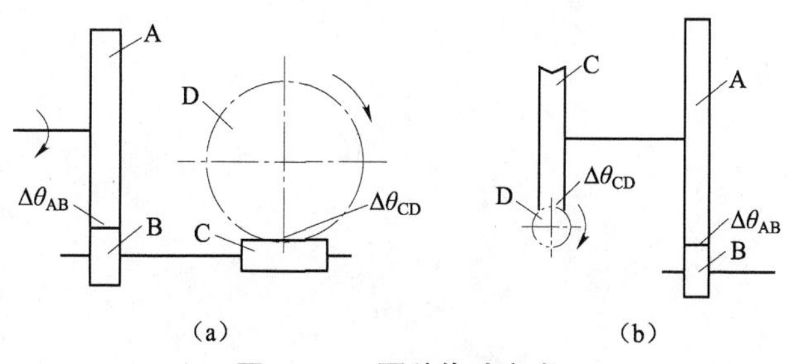

图5－24　两种传动方式

（a）方案Ⅰ；（b）方案Ⅱ

方案Ⅰ，齿轮 A 经过齿轮 B 增速后，再经蜗轮副 CD 减速。

方案Ⅱ，蜗杆 C 经过蜗轮 D 减速后，再经齿轮副 AB 增速。

设齿轮副 AB 的转角误差为$\Delta\theta_{AB}$，蜗轮副 CD 的转角误差为$\Delta\theta_{CD}$。

从动轴的转角误差为两级传动的转角误差和，第一级传动的转角误差传给第二级的从动轴时，要受到第二级传动中传动比的影响。

方案Ⅰ中从动轴的转角误差$\Delta\theta_1$为

$$\Delta\theta_1=\frac{\Delta\theta_{AB}}{i_{CD}}+\Delta\theta_{CD} \tag{5-38}$$

方案Ⅱ中从动轴的转角误差$\Delta\theta_2$为

$$\begin{aligned}\Delta\theta_2&=\frac{\Delta\theta_{CD}}{i_{AB}}+\Delta\theta_{AB}\\&=\Delta\theta_{CD}+\frac{1-i_{AB}}{i_{AB}}\Delta\theta_{CD}+\frac{\Delta\theta_{AB}}{i_{CD}}+\frac{i_{CD}-1}{i_{CD}}\Delta\theta_{AB}\\&=\Delta\theta_1+\frac{1-i_{AB}}{i_{AB}}\Delta\theta_{CD}+\frac{i_{CD}-1}{i_{CD}}\Delta\theta_{AB}\end{aligned} \tag{5-39}$$

由于齿轮副 AB 为增速传动，蜗轮副 CD 为减速传动，即 $i_{AB}<1$，$i_{CD}>1$，因此式（5-39）中的第二、第三项均为大于零的数，由此判定，$\Delta\theta_2>\Delta\theta_1$，即方案Ⅱ的转角误差比方案Ⅰ的转角误差大。

由以上的分析可以看出，将大传动比级放在末级，即遵循传动比分配先小后大的原则，对提高传动精度有利。

2. 最小体积原则

以两级齿轮传动为例，说明按最小体积原则分配传动比的方法。假定各齿轮的宽度 B 相同，各级小齿轮的分度圆直径相同，即 $d_1=d_3$，忽略轴与支承的体积，则齿轮传动链的总体积为

$$\begin{aligned}V&=\frac{\pi d_1^{\,2}}{4}B+\frac{\pi d_2^{\,2}}{4}B+\frac{\pi d_1^{\,2}}{4}B+\frac{\pi d_4^{\,2}}{4}B\\&=\frac{\pi d_1^{\,2}}{4}B\left(2+\frac{d_2^{\,2}}{d_1^{\,2}}+\frac{d_4^{\,2}}{d_1^{\,2}}\right)\\&=\frac{\pi d_1^{\,2}}{4}B\left(2+i_{12}^{\,2}+\frac{i^2}{i_{12}^{\,2}}\right)\end{aligned} \tag{5-40}$$

体积最小的条件为

$$\frac{\mathrm{d}V}{\mathrm{d}i_{12}}=0$$

则有

$$i=i_{12}^2$$

因为

$$i=i_{12}i_{34}$$

故有

$$i_{12}=i_{34} \tag{5-41}$$

按最小体积的原则分配传动比时，应使传动链中各级的传动比相等，各级大小齿轮的分度圆直径对应相等，即各级齿轮的中心距彼此相等。这使传动系统中齿轮的尺寸品种减至两种，有利于加工，降低成本。

3. 最小转动惯量原则

对于要求启动、停止和逆转快的伺服传动系统，以及经常变向的回转传动系统，当力矩一定时，转动惯量越小，角加速度越大，运转就越灵敏。这样可使过渡过程短，响应快，减小起动功率。

按最小转动惯量原则分配各级传动比时，从第一级到最后一级传动比的大小逐级递增。所以，由最后一级传动比的允许值可确定传动系统的传动级数，然后求出其余各级传动比。

假定略去齿轮轴的极转动惯量，把齿轮作为一个实心圆盘（厚度不变）看待，各齿轮材料相同，小齿轮大小相等。

设齿轮的极转动惯量为 J，分度圆直径为 d，有

$$J=Kd^4,\quad K=\frac{\pi}{32}$$

则齿轮 1 的极转动惯量为

$$J_1=Kd_1^{\ 4}$$

齿轮 n 的极转动惯量为

$$J_n=Kd_n^{\ 4}$$

因为小齿轮大小相等，则有

$$J_1=J_2=\cdots=J_{n-1}$$

设 i_1 为第一级传动比，i_2 为第二级传动比，若齿轮总数为 n 个，则传动级数为 $j=n/2$，第 j 级传动比为 i_j。

齿轮传动的总传动比为

$$i_{1j}=i_1i_2\cdots i_j$$

设 n 个齿轮作用在齿轮轴 1 上的总转动惯量为 J_{1n}，各回转件的动能守恒，则有

$$J_{1n}\frac{\omega_1^2}{2}=J_1\frac{\omega_1^2}{2}+(J_2+J_3)\frac{\omega_2^2}{2}+(J_4+J_5)\frac{\omega_3^2}{2}+\cdots+J_n\frac{\omega_{\frac{n}{2}}^2}{2}$$

$$J_{1n}=J_1+(J_2+J_3)\frac{1}{i_1^{\ 2}}+(J_4+J_5)\frac{1}{i_1^{\ 2}i_2^{\ 2}}+\cdots+J_n\frac{1}{i_1^{\ 2}i_2^{\ 2}\cdots i_j^{\ 2}} \tag{5-42}$$

$$J_{1n}=J_1\left(1+i_1^{\ 2}+\frac{1}{i_1^{\ 2}}+\frac{i_2^{\ 2}}{i_1^{\ 2}}+\frac{1}{i_1^{\ 2}i_2^{\ 2}}+\cdots+\frac{i_j^{\ 2}}{i_1^{\ 2}i_2^{\ 2}\cdots i_{j-1}^{\ 2}}\right)$$

以两级传动为例，求转动惯量最小时传动比的关系，此时，$n=4$，$j=2$，总传动比为 $i_{12}=i_1i_2$，齿轮轴 1 上的总转动惯量为 J_{14}，则有

$$J_{14}=J_1\left(1+i_1^2+\frac{1}{i_1^2}+\frac{i_2^2}{i_1^2}\right)$$

将总传动比带入上式得

$$J_{14}=J_1\left(1+i_1^2+\frac{1}{i_1^2}+\frac{i_{12}^2}{i_1^4}\right)$$

转动惯量最小的条件为

$$\frac{\mathrm{d}J_{14}}{\mathrm{d}i_1}=0$$

从而有

$$i_2=\sqrt{\frac{i_1^4-1}{2}}$$

因为

$$i_1^4 \gg 1$$

所以，两级传动比之间的关系近似为

$$i_2=\frac{i_1^2}{\sqrt{2}} \tag{5-43}$$

对于多级传动，转动惯量最小时传动比的递推关系有

$$\begin{cases} i_2=\dfrac{i_1^2}{\sqrt{2}} \\ i_3=\dfrac{i_2^2}{\sqrt{2}} \\ \quad\cdots \\ i_j=\dfrac{i_{j-1}^2}{\sqrt{2}} \end{cases} \tag{5-44}$$

假设 k 表示 j 级齿轮传动的任一级数，第 k 级的传动比为

$$i_k=\sqrt{2}\left(\frac{i_1}{\sqrt{2}}\right)^{2^{k-1}}=\sqrt{2}\left(\frac{1}{\sqrt[4]{2}}\right)^{2^{k-1}}\left(\frac{i_1}{\sqrt[4]{2}}\right)^{2^{k-1}} \tag{5-45}$$

第一级传动比为

$$i_1=\sqrt{2}\left(\frac{i_k}{\sqrt{2}}\right)^{\frac{1}{2^{k-1}}} \tag{5-46}$$

总传动比为

$$i_{1j}=\prod_1^j\left(\frac{1}{\sqrt{2}}\right)^{2^{j-2}-1}\left(\frac{i_1}{\sqrt[4]{2}}\right)^{2^{k-1}} \tag{5-47}$$

任一级的传动比为

$$i_k=\sqrt{2}\left(\frac{i_{1j}}{2^{j/2}}\right)^{\frac{2^{k-1}}{2^j-1}} \tag{5-48}$$

例 5-5　已知一齿轮减速器的总传动比 $i_{1j}=60$，四级齿轮传动，试按最小转动惯量的原则分配传动比。

解：(1) 计算。将 $i_{1j}=60$，$j=4$ 带入式（5-51），分别得到各级传动比的近似值

$$i_1=1.694，i_2=2.029，i_3=2.912，i_4=5.995$$

由式（5–51）计算所得到的各级传动比一般来说多为无理数，由于传动比是从动轮齿数与主动轮齿数之比，所以靠设计加工齿轮的齿数实现各级传动比的计算值是极其困难的。实际应用中，依据计算值，还需对各级传动比进行化整配凑，以使传动比为有理数。

(2) 配凑。传动比配凑常考虑齿数搭配、精度最高、加工工艺及结构紧凑几个原则。

表 5-4 所示为各级传动比的分配方案。

表 5-4　各级传动比的分配方案

i_1	i_2	i_3	i_4	i_{14}
5/3	2	3	6	60
1.6	2	3	6.25	60
2	2	3	5	60
1.5	2	4	5	60

在满足总传动比的情形下，上述 4 种各级传动比的分配方案均是可行的。

依据最小转动惯量原则进行传动比分配时，把齿轮看作实心圆盘（厚度不变），略去了轴的转动惯量，同时又规定了各小齿轮都一样大，这与实际有些出入。计算出的各级传动比经化整配凑到较为接近的数值后，实际分配后的传动比只是接近于最小转动惯量的传动链。

第七节　齿轮传动链的设计

在仪器仪表设计中，齿轮传动链的设计，大致可分为下列几个步骤：

(1) 根据传动的要求和工作特点，正确选择传动形式。

(2) 决定传动级数，并分配各级传动比。

(3) 确定各级齿轮的齿数和模数，计算出齿轮的主要尺寸。

(4) 对于精密齿轮传动链，有时还需进行误差的分析和估算（一般精度传动此项可以省略）。

(5) 传动的结构设计包括齿轮的结构、齿轮与轴的连接方法等。对于精密齿轮传动链，有时还需设计消除空回的结构。

一、齿轮传动形式的选择

齿轮的传动形式很多，在设计时，要根据齿轮传动的使用要求和工作特点正确地选择最合理的传动形式。在一般情况下，可根据以下几点进行选择。

（1）结构特点对齿轮传动的要求。这种限制不是绝对的，传动链的设计也可以反过来对机械结构提出要求。

（2）对齿轮传动的精度要求。

（3）齿轮传动的工作速度及传动平稳性和无噪声的要求。

（4）齿轮传动的工艺性因素（这一点必须和具体的生产设备条件及生产批量结合起来考虑）。

（5）考虑传动效率和润滑条件。

齿轮传动形式的选择是个复杂的问题，常需要拟定出几种不同的传动方案，根据技术经济指标，分析对比后决定取舍。

在传递力矩不大、速度较低和传动精度要求不高时，可采用简化啮合。图 5-25 所示为某些钟表机构、打字机中所采用的简化啮合。简化啮合是一种不完善的传动方式，它的侧隙很大，瞬时传动比也不均匀。但由于制造精度要求不高，故可降低成本。

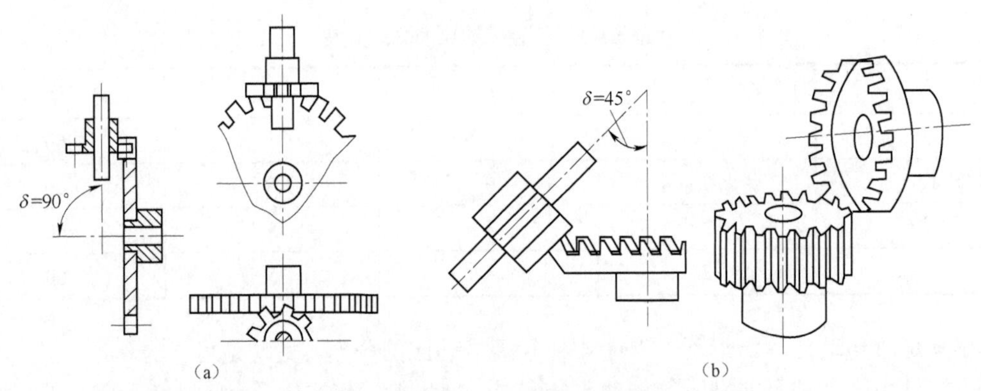

图 5-25　某些钟表机构、打字机中所采用的简化啮合

（a）钟表机构中的简化啮合；（b）打字机中的简化啮合

二、传动比的分配

传动比的分配是齿轮传动链设计中的重要问题之一。传动比分配的是否合理，将影响整个传动链的结构布局及其工作性能。因此，在设计中必须根据使用要求，合理地进行传动比的分配。

齿轮传动链的总传动比往往是根据具体要求事先给定的。总传动比给出之后，据此确定传动级数并分配各级的传动比。确定的原则是：传动链级数尽量少，单级传动比不要过大。因为传动级数越多，传动链的结构就越复杂。传动级数少，不但可以使结构简化，同时还有利于提高传动效率，减小传动误差和提高工作精度。但在总传动比一定的情况下，由于传动级数的减少，势必引起各级传动比数值的增大。若各级传动比（单级传动比）数值过大，将会使传动链的结构不紧凑。同时，当单级传动比过大时，从动轮的直径就会很大，致使齿轮的转动惯量随之增加，这对于要求转动惯量较小的齿轮传动链是不希望的。因此，应根据齿轮传动链的具体工作要求合理地确定其传动级数。

设计时可参考下列原则进行传动比的分配。

（1）先小后大的原则分配传动比，可获得较高的传动精度。图 5-26 所示为总传动比相同的两种传动比分配方案的比较。图 5－26 中（a）方案从动轴总的转角误差较（b）方案的小。

（2）最小体积原则分配传动比。

（3）最小转动惯量原则分配传动比。

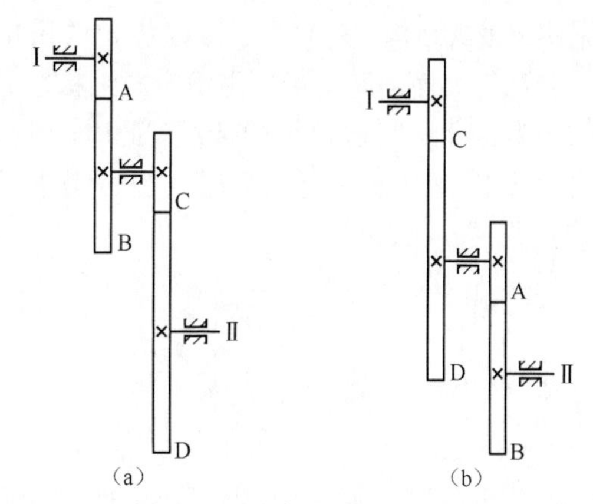

图 5－26 总传动比相同的两种传动比分配方案的比较

（a）先小后大；（b）先大后小

三、齿数、模数的确定

（一）齿数的确定

注意最小齿数，防止根切。为避免根切，对于压力角为 20° 的标准直齿圆柱齿轮最小齿数 $z_{\min}=17$，斜齿圆柱齿轮 $z_{\min}=17\cos\beta$。如果设计时齿数必须少于最小齿数，可采用变位齿轮。

中心距一定时，增加齿数能使重合度增大，提高传动平稳性。在满足弯曲强度的前提下，应适当减小模数，增大齿数。高速齿轮或对噪声有严格要求的齿轮，齿数建议取 $z_1\geqslant 25$。对于重要的传动或重载高速传动，大小齿轮的齿数互为质数，这样轮齿磨损均匀，有利于提高寿命。

蜗轮蜗杆传动，蜗杆螺旋线的头数一般可取 1～4。在蜗杆直径和模数一定时，增加蜗杆螺旋线的头数，可增大分度圆柱螺旋导程角，因而提高了传动效率，但此时加工工艺性较差，甚至丧失自锁性。用于示数传动的精密蜗杆传动，则应采用单头蜗杆，以避免由于相邻两螺旋线的齿距误差而引起周期性的传动误差。

（二）模数的确定

在精密机械中，若齿轮传动仅用来传递运动或传递的转矩很小，齿轮的模数一般不宜按照强度计算的方法确定，而是根据结构条件选定。一般都是依传动装置的外轮廓尺寸选定齿轮的中心距。如果齿轮传动的传动比和齿数也已选定，则齿轮的模数 m 可用下式求出

$$m=\frac{2a}{z_1(1+i_{12})} \tag{5-49}$$

应当指出，求出的模数 m 应圆整为标准模数。对于传递转矩较大的齿轮，其模数需按强度计算方法确定。

四、齿轮传动链的结构设计

（一）齿轮的结构设计

通过齿轮传动的强度计算，只能确定出齿轮的主要尺寸，如齿数、模数、齿宽、螺旋角、分度圆直径等，而齿圈、轮辐、轮毂等的结构形式及尺寸大小通常由结构设计而定，结构必须满足工艺性和可靠性的要求。

图 5－27 所示为精密机械中推荐采用的圆柱齿轮的典型结构。

当齿轮的齿根圆直径与轴径接近时，可以将齿轮和轴做成一个整体，称为齿轮轴，见图 5－27（a）。如果齿轮的齿根圆直径比轴的直径大得多，则应把齿轮和轴分开来制造。直径较小的齿轮可做成实心的，见图 5－27（b）。齿顶圆直径 $d_a\leqslant 500$ mm 的齿轮可以是锻造的或铸造的，

常采用辐板式结构；有时为了减轻齿轮的质量，可在腹板上开孔，见图 5－27（c）。

当齿轮大而薄时，可采用组合式结构，如图 5－28 所示。图 5－28（a）中的齿轮最适合于需用有色金属制造轮缘的情况，此时轮毂用钢制造而轮缘用板料制造，这样能节省贵重的有色金属。对于非金属齿轮，也可考虑做成组合式的，否则非金属齿轮与金属轴难于连接，见图 5－28（b）。

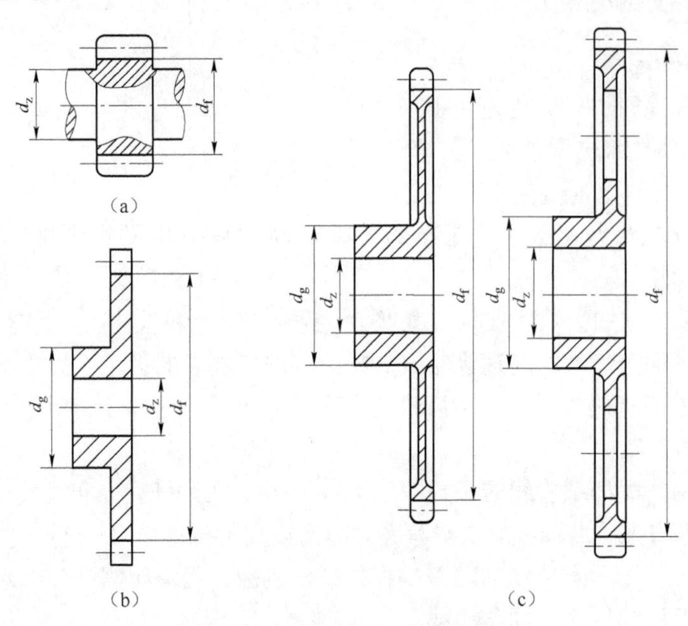

图 5－27　圆柱齿轮的典型结构

（a）齿轮轴；（b）实心齿轮；（c）辐板式齿轮

d_z—轴孔直径，d_g—轴外圆直径，d_f—齿根圆直径

圆锥齿轮的典型结构如图 5－29 所示。当直径较小时，可采用齿轮轴的形式；当直径较大时，也可在腹板上开孔以减轻质量。

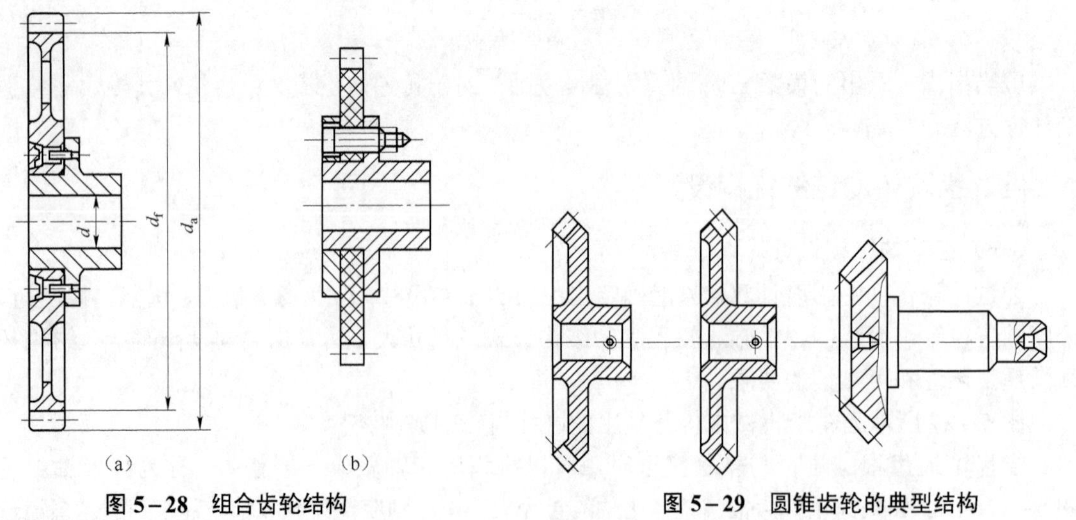

图 5－28　组合齿轮结构

（a）组合齿轮；（b）非金属齿轮

图 5－29　圆锥齿轮的典型结构

常见的蜗杆典型结构如图 5－30 所示。一般将蜗杆和轴作成一体，称为蜗杆轴。

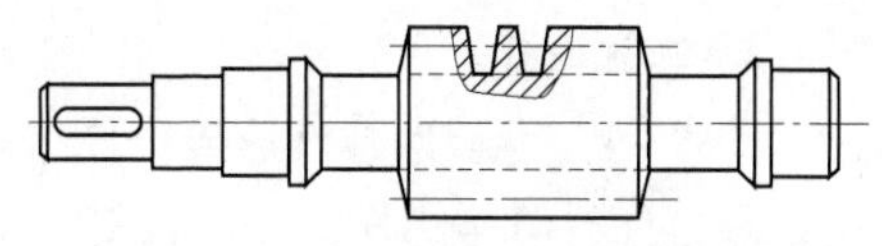

图 5－30　常见的蜗杆典型结构

图 5－31 所示为几种蜗轮的结构，蜗轮的结构一般为组合式结构，齿圈用青铜制造，轮芯用铸铁或钢制造。图 5－31（a）为组合式过盈连接，这种结构常由青铜齿圈与铸铁轮芯组成，多用于尺寸不大或工作温度变化较小的蜗轮。图 5－31（b）为组合式螺栓连接，这种结构装拆方便，多用于尺寸较大或易磨损的蜗轮。图 5－31（c）为整体式连接，主要用于铸铁蜗轮或尺寸很小的青铜蜗轮。图 5－31（d）为拼铸式连接，将青铜齿圈浇铸在铸铁轮芯上，常用于成批生产的蜗轮。

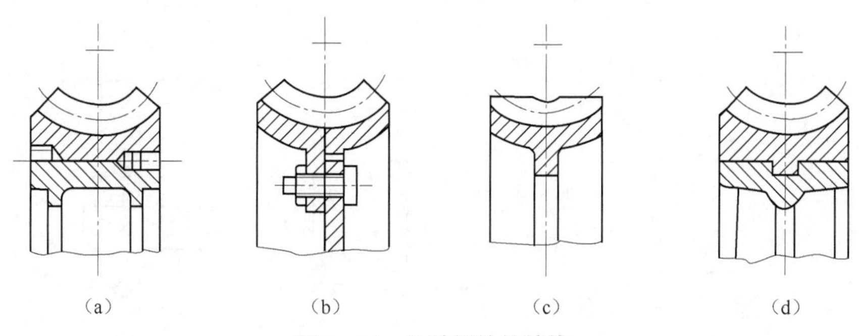

图 5－31　几种蜗轮的结构

（a）组合式过盈连接；（b）组合式螺栓连接；（c）整体式连接；（d）拼铸式连接

（二）齿轮与轴的连接

齿轮与轴的连接方法是传动链结构设计中重要的内容之一，因为连接方法的好坏，将直接影响传动精度和工作可靠性。由于齿轮传动链的工作条件（传递转矩、拆卸的频繁程度等）、结构的空间位置以及装配的可能性等情况的不同，因此齿轮与轴的连接方式也是多种多样的。总的来说，在齿轮与轴的连接中，要求连接牢固，传递的转矩大，能保证轴与齿轮的同轴度和垂直度。不同的连接方法，对于满足以上要求的完备程度各不相同，因此应根据传动链的特点合理地选择。

以下介绍常用的几种连接方法。

1. 销连接

图 5－32 所示中齿轮与轴的连接方式为销连接，此种方法在小型精密机械中用得较多。优点是结构简单，工作可靠，能传递中等大小的转矩，不易产生空回。缺点是装配时齿轮不能自由绕轴转动到适合的位置，不能减小偏心的有害影响。同时，不宜用在齿轮直径太大之处，因为轮缘会挡住钻卡，以致不能顺利钻出销钉孔。

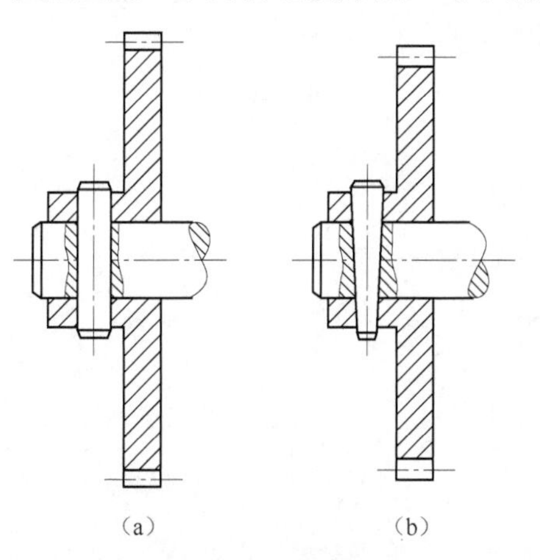

图 5－32　销连接

（a）圆柱销；（b）圆锥销

图 5－32（a）为圆柱销连接。若齿轮需经常拆换，可用圆锥销连接，见图 5－32（b）。圆柱销和圆锥销的直径一般取轴径的 1/4，最大不超过 1/3，以免过多地削弱轴的强度和刚度。

2. 螺钉连接

图 5-33 所示为螺钉连接。图 5-33（a）为用紧定螺钉沿齿轮轮毂径向固定齿轮，该方法装卸方便，但传递转矩小，螺钉容易松动，且拧紧螺钉时会引起齿轮的偏心。图 5-33（b）为在齿轮与轴的分界面上钻孔攻螺纹，并骑缝拧入紧定螺钉的固定结构。传动时，紧定螺钉受剪切和挤压作用。优点是结构简单，便于装卸，轴向尺寸小，宜用于轮毂很短（或无轮毂）而外径小的齿轮。缺点是传递转矩小，且易在使用中产生空回，故也不宜用于精密齿轮传动链中。图 5-33（c）为用螺钉直接将齿轮固定在轴套凸缘上的结构。齿轮的定心靠其内孔与轴套外圆的配合保证，垂直度则靠轴肩的端面与齿轮端面的贴紧来保证。这种结构主要用于非金属齿轮的连接。此法在保证同轴度和垂直度方面较好。

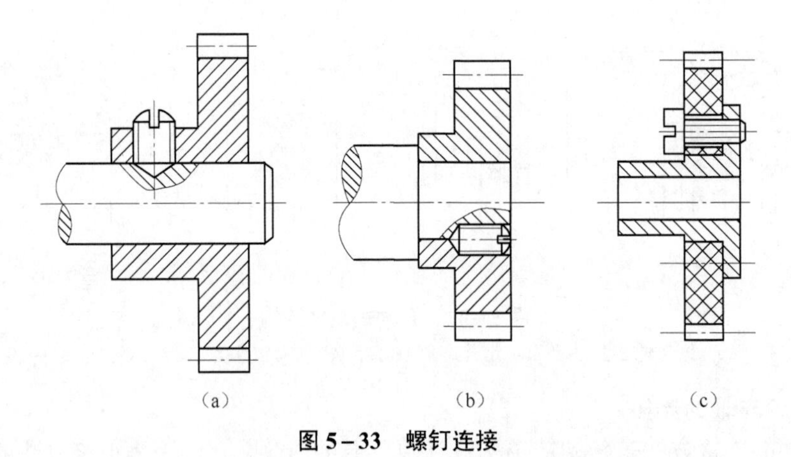

图 5-33　螺钉连接

（a）紧定螺钉连接；（b）骑缝螺钉连接；（c）凸缘螺钉连接

3. 键连接

图 5-34 所示为键连接。最常用的是平键和半圆键。图 5-34（a）为平键连接，图 5-34（b）为半圆键连接。键连接一般多用于传递转矩较大和尺寸较大的齿轮传动。它的优点是装卸方便，工作可靠；缺点是同轴度较差，沿圆周方向不能调整。

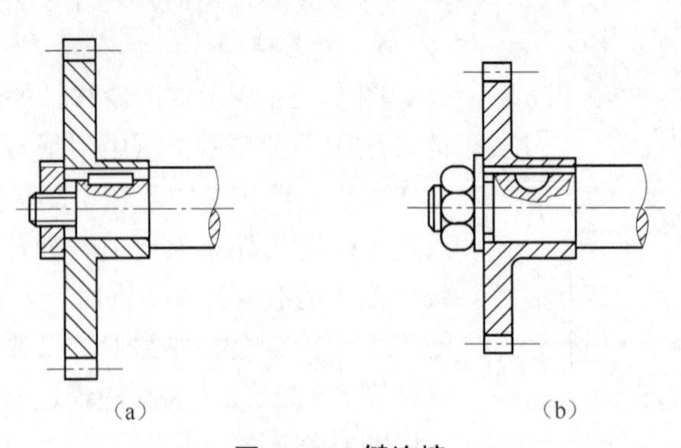

图 5-34　键连接

（a）平键连接；（b）半圆键连接

第八节 齿轮传动误差分析

一、齿轮的误差

齿轮在加工制造过程中，齿轮参数不可避免地会出现与理论设计值之间的偏差。按国家标准规定，圆柱齿轮及其传动规定有 12 个精度等级，从高到低依次用 1，2，…，12 表示。

除了规定齿轮的精度等级外，对齿轮副规定了侧隙。一对齿轮啮合时，非工作齿面间存在着间隙，这个间隙称为侧隙。侧隙受一对齿轮的中心距以及每个齿轮的实际齿厚所控制。表 5－5 所示为根据最小中心距及法面模数而选取的侧隙值。

表 5－5 根据最小中心距及法面模数而选取的侧隙值

m_n	最小中心距/mm					
	50	100	200	400	800	1 600
1.5	0.09	0.1				
2.0	0.11	0.12	0.15			
3.0		0.15	0.17	0.24		
5.0		0.18	0.21	0.28		
8.0		0.24	0.27	0.34	0.47	
12.0			0.35	0.42	0.55	
18.0				0.54	0.67	0.94

（一）侧隙的组成

侧隙由最小侧隙和侧隙公差决定。小模数渐开线圆柱齿轮的最小侧隙和侧隙公差有 7 种侧隙类型，按从小到大分别用 a、b、c、d、e、f、g 表示，如图 5－35 所示。

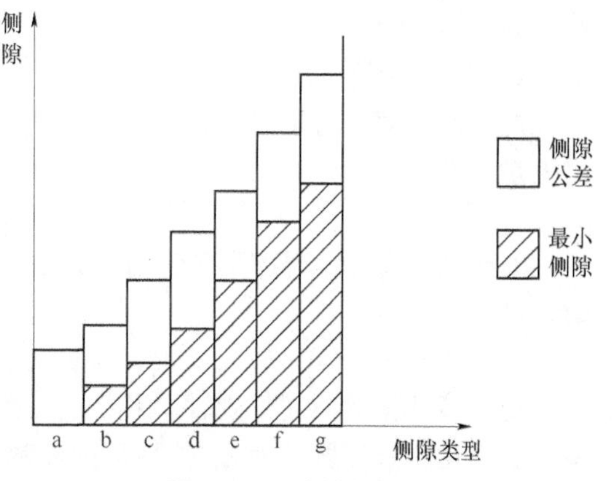

图 5－35 齿轮的侧隙

（二）侧隙对齿轮精度的影响

从理论上，一对啮合齿轮可以是无侧隙的。但实际上侧隙对传动的正常工作是必要的。适当的侧隙是齿轮副工作的必要条件，它可以补偿轮齿因受力变形和摩擦发热而膨胀所引起的挤压，避免由于零件的加工误差而使轮齿卡住，补偿制造和装配的误差以及考虑由于温度变化而引起零件尺寸的变化，此外还提供了储存润滑油的空间，便于齿廓润滑。

齿轮副的侧隙是保证齿轮传动正常工作的重要条件。对于分度或示数机构中的齿轮传动，要求有较小的侧隙，尤其是经常需要正反转运动的齿轮传动，对侧隙应有严格的要求。

二、齿轮的空回误差

齿轮的误差分为运动误差和空回误差两大类。传递运动的准确性即齿轮的运动误差，表示齿轮的实际转角与理论转角之差。空回是指当主动轮改变转动方向时，从动轮滞后的一种现象，滞后的角度值即空回误差值。产生空回的主要原因是一对啮合齿轮之间有侧隙，因此凡引起侧隙的因素都是造成空回误差的根源。

造成空回误差的主要因素包括固有误差和装配误差。

（一）固有误差

固有误差指齿轮的加工误差，包括中心距增大、齿厚变薄、基圆偏心、齿形误差、齿向误差。

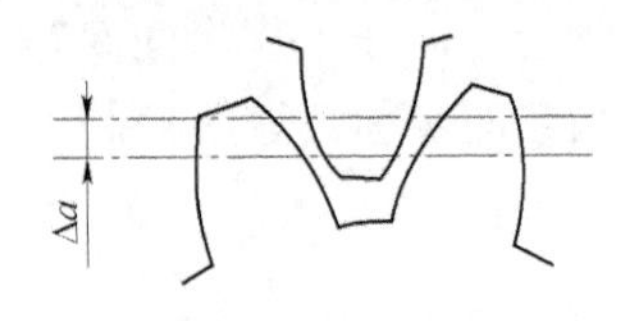

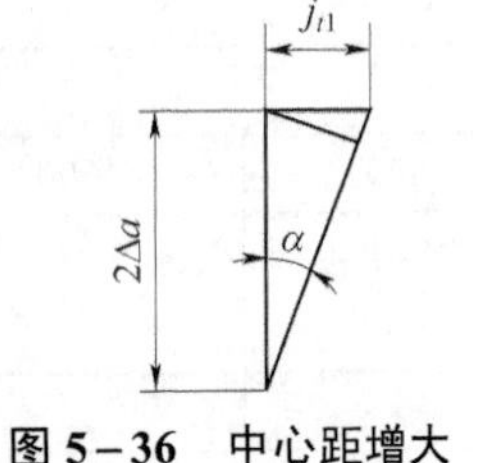

图 5-36　中心距增大

1. 中心距增大

图 5-36 中，当中心距增大 Δa 时，齿轮的径向偏摆相当于偏心量的两倍，其切向侧隙的增大量 j_{t1} 为

$$j_{t1}=2\Delta a\tan\alpha \tag{5-50}$$

2. 齿厚变薄（原始齿廓位移）

切向侧隙 j_{t2} 的最大值为

$$j_{t2}=2E_{si}\tan\alpha \tag{5-51}$$

式中　E_{si}——齿厚的下极限偏差。

3. 基圆偏心、齿形误差、齿向误差

切向侧隙的增大量 j_{t3} 为

$$j_{t3}=2F_i''\tan\alpha \tag{5-52}$$

式中　F_i''——径向综合误差公差。

（二）装配误差

装配后由相关零件误差引起的侧隙增大，包括轴承游隙和径向偏摆、齿轮孔与轴的配合间隙、齿轮轴中心相对于轴颈中心的偏心、轴承与壳体孔之间的配合间隙、轴的刚度不足、环境温度的影响。

1. 轴承游隙和径向偏摆

游隙即间隙，对于滑动轴承，间隙为轴承孔径与轴颈直径之差 $\varDelta'$，所产生的切向侧隙的增大量 j_{t4} 为

$$j_{t4}=\varDelta'\tan\alpha \tag{5-53}$$

对于滑动轴承，若存在径向跳动 E_D，则会引起齿轮中心径向偏摆，从而产生切向侧隙，即

$$j_{t5}=E_D\tan\alpha \tag{5-54}$$

对于滚动轴承，间隙为轴承孔径与轴颈直径之差，指固定、转动座圈与滚动体之间的间隙。若固定座圈的偏摆为 E_D'，转动座圈的偏摆为 E_D''，则产生的总切向侧隙为

$$j_{t5}=(E_D'+E_D'')\tan\alpha \tag{5-55}$$

2. 齿轮孔与轴的配合间隙

若配合间隙为 $\varDelta$，由此引起的切向侧隙为

$$j_{t6}=\varDelta\tan\alpha \tag{5-56}$$

3. 齿轮轴中心相对于轴颈中心的偏心

这种偏心即轴的同轴度，若同轴度为 e（偏心量），则由此引起的切向侧隙为

$$j_{t7}=2e\tan\alpha \tag{5-57}$$

4. 轴承与壳体孔之间的配合间隙

若配合间隙为Δ_0，则由此引起的切向侧隙为

$$j_{t8}=\Delta_0\tan\alpha \tag{5-58}$$

5. 轴的刚度不足

若轴在齿轮啮合处切线方向上的变形量为F_0，则由此引起的切向侧隙为

$$j_{t9}=F_0 \tag{5-59}$$

6. 环境温度的影响

当环境温度变化较大时，由中心距的变化所引起的切向侧隙为

$$j_{t10}=2a(\alpha_2-\alpha_1)(t-t_0)\tan\alpha \tag{5-60}$$

式中 a——原始中心距，mm；

α_2——箱体材料的线膨胀系数，K^{-1}；

α_1——齿轮材料的线膨胀系数，K^{-1}；

t——工作温度，℃；

t_0——装配时温度，℃；

α——压力角，（°）。

对于一对啮合齿轮，最大切向侧隙值为

$$j_{\max}=2\Delta a\tan\alpha+(j_{t2}+j_{t3}+\cdots+j_{t10})z_1+(j_{t2}+j_{t3}+\cdots+j_{t10})z_2 \tag{5-61}$$

式中 z_1，z_2——齿轮 1、齿轮 2 的齿数。

最大可能值为

$$j_{n\max}=(2\Delta a\tan a)^2+({j_{t2}}^2+{j_{t3}}^2+\cdots+{j_{t10}}^2)z_1+({j_{t2}}^2+{j_{t3}}^2+\cdots+{j_{t10}}^2)z_2 \tag{5-62}$$

一对啮合齿轮由于最大切向侧隙值所引起的从动轮空回为

$$\Delta\theta_{\max}=\frac{2j_{\max}}{d_2} \tag{5-63}$$

最大可能切向侧隙值所引起的从动轮空回为

$$\Delta\theta_{n\max}=\frac{2j_{n\max}}{d_2} \tag{5-64}$$

对于二级齿轮传动系统，第一级传动齿轮最大空回为$\Delta\theta_{12}$，第二级传动齿轮最大空回为$\Delta\theta_{34}$，则在齿轮输出轴上的最大空回为

$$\Delta\theta_{\max}=\Delta\theta_{34}+\frac{\Delta\theta_{12}}{i_{12}} \tag{5-65}$$

根据齿轮传动系统的转角关系，可导出 n 级齿轮传动系统输出轴上的最大空回为

$$\Delta\theta_{\max}=\Delta\theta_{(2n-1),2n}+\frac{\Delta\theta_{(2n-2),(2n-1)}}{i_{(2n-1),2n}}+\cdots+\frac{\Delta\theta_{12}}{i_{1,2}i_{3,4}\cdots i_{(2n-1),2n}} \tag{5-66}$$

由式（5-66）可以看出，对于传动比大于 1 的减速传动系统，适当增大输出端的传动比，可以最大限度地减小各级空回传递的影响。由此得出结论，传动比的排列应先小后大，即输入端应小，输出端应大。此外，若提高输出端的各级齿轮制造精度，对减小系统空回较为有利。

三、减小空回的结构和措施

可通过控制或消除侧隙来减小或消除空回。

（一）调整中心距消除齿侧间隙

如图 5－37 所示的结构，转动偏心轴，改变齿轮回转中心的位置，以调整两齿轮的中心距。该方法可部分消除空回并适应任何负荷。

（二）分片齿轮消除齿侧间隙

图 5－38 所示中的结构由两片齿轮组合而成，一片齿轮套在另一片齿轮的轮毂上，两片齿轮可以相对转动，但不能轴向移动。在两片齿轮间装有弹簧，迫使两齿轮在圆周方向相对转动错开，充满与之相啮合齿轮的全部齿间。轮齿啮合时，只要负载力矩小于弹簧力矩，相啮合轮齿间的侧隙就可以减小。该方法仅适用于负荷较小的情况。为了提高承受载荷的能力，可以利用两片齿轮相对错位转动使啮合齿间侧隙减小，调到适当位置后用螺钉固紧，这种结构能传递较大的负荷，结构简单，但只能消除部分齿间侧隙。

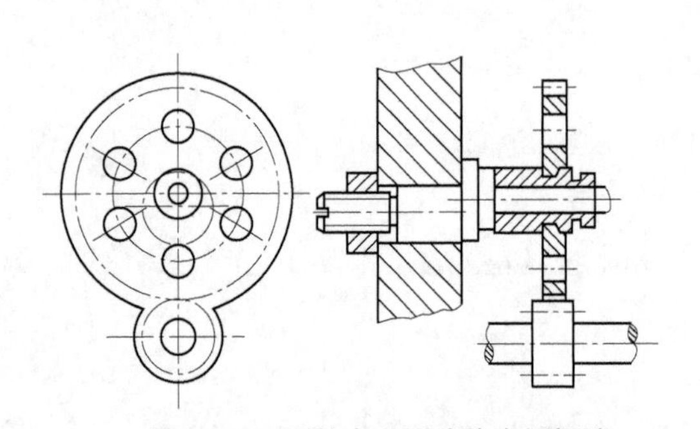

图 5－37　调整中心距消除齿侧间隙

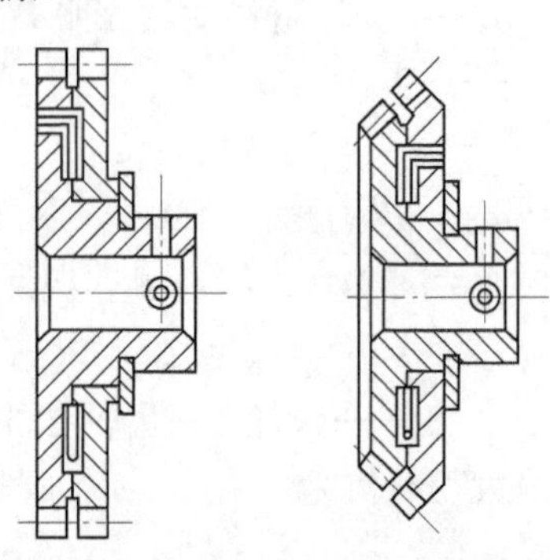

图 5－38　分片齿轮消除齿侧间隙

（三）游丝消除齿侧间隙

如图 5－39 所示的结构，一个齿轮上装有游丝，由它产生的力矩使该齿轮在工作过程中与另一个齿轮的轮齿保持单面接触，迫使齿轮在传动时总在固定的齿面啮合（单面压紧），以消除齿侧间隙。其特点是齿轮的转动圈数不能多，在工作起始时的外力矩要大于游丝力矩，否则带不动此传动链。这种结构简单，适用于小型仪表中。

（四）弹簧拉力消除齿侧间隙

如图 5－40 所示的结构，利用弹簧拉力使齿轮靠紧，其特点为转速范围大，负荷不大，中心距可调，适用于位于传动系统端部的一对齿轮，成本不高。

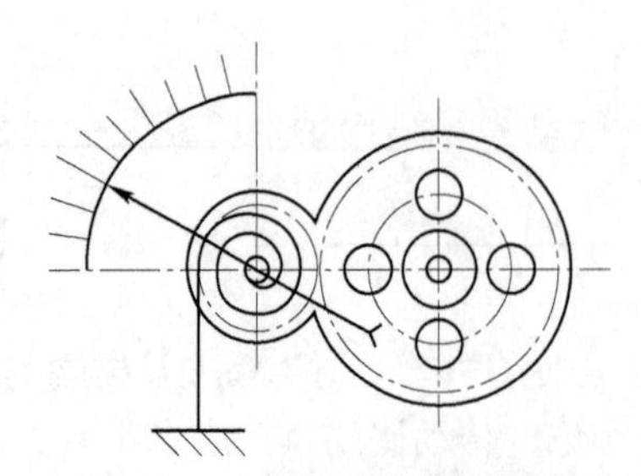

图 5－39　游丝消除齿侧间隙

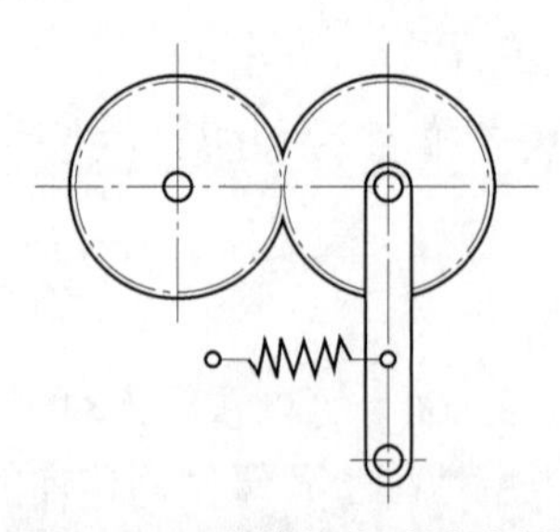

图 5－40　弹簧拉力消除齿侧间隙

第九节 谐波齿轮传动简介

谐波齿轮传动是利用机械波使齿轮材料产生弹性变形，从而实现运动和动力传动的一种新型齿轮传动。近年来，谐波齿轮传动技术得到了迅速的发展。其主要特点为传动比大、范围宽（一级传动的传动比为50～500，二级传动的可达2 500～25 000），且在传动比很大的情况下，仍具有较高的效率（单级传动可达69%～96%）。谐波齿轮传动具有结构紧凑、结构简单、体积小、质量小、承载能力强、传动平稳、运动精度高等特点，此外，还能实现密封空间的运动传递。其缺点是材料热处理要求高；加工装配比较复杂，特别是模数较小的比较困难；柔轮易发生疲劳损坏；启动力矩大。

一、谐波齿轮的工作原理及齿形

谐波齿轮由波发生器H、柔轮R和刚轮G组成。柔轮R是一个柔性齿轮构件，通常为刚性很小的薄轮缘，波发生器H在柔轮内旋转时，迫使柔轮发生弹性变形，并与刚轮齿相啮合，使其在啮合区和脱离区的位置发生变化，产生一个移动变形波，迫使柔轮和刚轮G齿之间产生相对运动，从而达到传动的目的。

波发生器H的接触头数（简称波数）n 等于完全啮合（或脱离）区域的数量，即柔轮R的变形波数。理论上可制造出很多个波数，但实际应用中由于材料强度的局限，变形波数常取双波和三波。图5-41中所示同时有两个啮合区域，即双波情形。

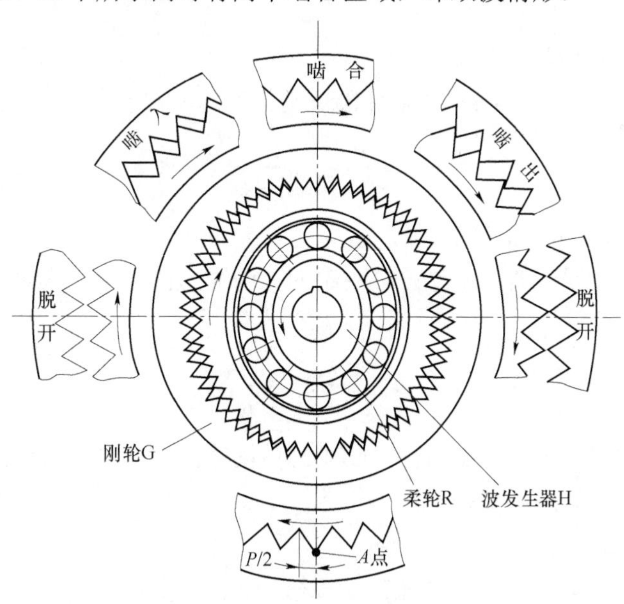

图5-41 谐波齿轮传动原理

波数 n 与刚轮齿数 z_3 和柔轮齿数 z_2 之间的关系（刚轮在外，柔轮在内）为

$$n=z_3-z_2$$

由于柔轮和刚轮的节距相同，因而柔轮的变形值 Δh 等于两齿轮节圆直径之差，波高（齿高）$h=\Delta h$。

根据谐波齿轮的传动原理，柔轮轮齿是经过弹性变形而与刚轮轮齿啮合，啮合运动时柔轮与刚轮的轮齿中心线在运动过程中始终保持平行，即只做平移运动，因而在齿面上存在滑移。由此可见，谐波齿轮轮齿的理想齿形应为三角形，但三角齿形加工困难，所以实际应用中广泛采用渐开线齿形。当谐波齿轮齿数较多、模数较小时，齿形曲线近似直线，即渐开线齿形近似三角齿形。

二、谐波齿轮的传动比计算

谐波齿轮传动的主要参数有系统传动比、轮齿理论齿高和轮齿齿形角等，这里仅讨论传动比的计算问题。

由于固定件、输入件和输出件不同，传动比的计算公式也不同。若刚轮固定，波发生器输入，柔轮输出，主、从动件的转动方向相反，则系统的传动比 i 为

$$i=-\frac{n_1}{n_2}=-\frac{\varphi_1}{\varphi_2}=-\frac{2\pi-\varphi_2}{\varphi_2}=-\frac{2\pi}{\varphi_2} \tag{5-67}$$

式中 n_1——输入轴转速；

n_2——输出轴转速；

φ_1——波发生器的转角；

φ_2——柔轮的转角，与φ_1反向，其值为

$$\varphi_2=\frac{2\pi(d_3-d_2)}{d_3} \tag{5-68}$$

式中 d_2——柔轮分度圆直径；

d_3——刚轮分度圆直径。

将式（5－68）代入式（5－67），系统传动比 i 可进一步写为以下形式：

$$i=-\frac{d_2}{d_3-d_2}=-\frac{z_2}{z_3-z_2}=-\frac{z_2}{n} \tag{5-69}$$

n——波数，即刚轮与柔轮的齿数差。

当柔轮固定时，波发生器为主动件，刚轮为从动输出件，主、从动件转向相同，则系统的传动比 i 的计算公式为

$$i=\frac{z_3}{z_3-z_2}=\frac{z_3}{n} \tag{5-70}$$

当波发生器固定时，柔轮为主动件，刚轮为从动输出件，主、从动件转向相同，此时能得到很小的传动比 i，其计算公式为

$$i=\frac{z_3}{z_2} \tag{5-71}$$

从以上的计算可以看出，谐波齿轮传动中变换固定件、输入件和输出件，可以实现传动比的大范围变化。

第六章
轴 和 轴 系

在精密机械系统中，当传递转矩及动力时，经常用到转动的零件或部件。轴是旋转零件，可绕某一轴线做精确的定轴转动。轴承的主要功能是支承旋转零件，降低其运动过程中的摩擦系数，并保证其回转精度。轴、轴承和轴上零件的组合构成了轴系，它是机械系统的重要组成部分，对系统的正常运转有着重大的影响。

第一节 轴 的 设 计

轴是机械传动系统中的重要部件之一，其主要作用是支承回转零件，传递运动和动力。一切做回转运动的传动零件，如齿轮、凸轮，都必须安装在轴上才能进行运动及动力的传递。

一、轴的类型

轴是旋转体零件，其长度大于直径，一般由外圆柱面、外圆锥面、外螺纹面、内孔及相应的端面组成。

根据轴线形状的不同，可将轴分为直轴、曲轴和钢丝挠性轴。

（一）直轴

直轴的各截面中心在同一条直线上，根据几何形状的不同，直轴又可分为光轴、阶梯轴、实心轴、空心轴。

图 6－1 所示为光轴，轴的全长上直径都相等。光轴形状简单，加工容易，应力集中少，但轴上的零件不易装配及定位。

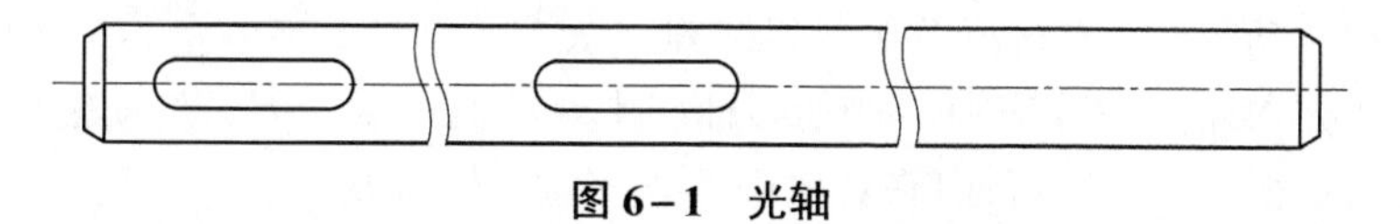

图 6－1　光轴

图 6－2 所示为阶梯轴，轴的各段直径不等，其轴上零件容易装配和定位，但加工复杂一些。

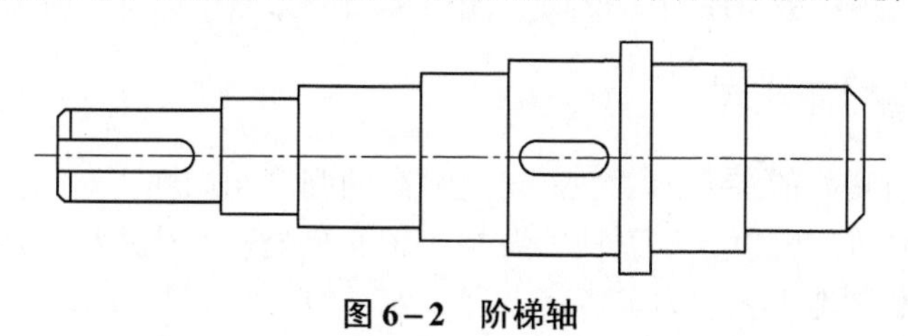

图 6－2　阶梯轴

直轴一般都制成实心的。实际设计时，为了减小质量，从而减小转动惯量，有时将圆截面转轴设计成空心轴。空心轴内径与外径的比值通常为 0.5～0.6，以保证轴的刚度及扭转稳定性。在外圆直径、材料、热处理相同的情况下，实心轴比空心轴的抗弯和抗扭能力更高。在截面积、材料、热处理相同的情况下，空心轴的抗弯和抗扭能力更高，但也不是无条件的。如果壁太薄，尽管它的惯性矩和抗弯截面模数很高，但在承受弯矩的情况下，压应力可能会造成受压区局部失稳破坏。如果直径一样，那么无论抗弯、抗扭还是抗拉，都是实心轴比空心轴强。如果质量一样，那就不一定了，要看具体的截面形状。一根直径为 100 mm 的空心轴，控制好壁厚，可以做的比直径为 10 mm 的实心轴有更高的抗弯能力。

（二）曲轴

图 6-3 所示为曲轴，曲轴各截面中心不在同一条直线上，其轴线为折线。曲轴通常是专用零件，通过连杆可以将旋转运动改变为往复直线运动，或做相反的运动变换，主要用于有往复运动的机械中，如内燃机中的曲轴。

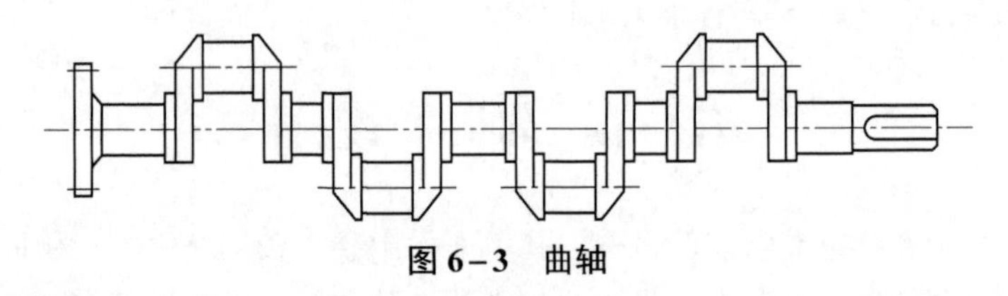

图 6-3　曲轴

（三）钢丝挠性轴

图 6-4 所示为钢丝软轴，又称挠性钢丝轴，由多组钢丝分层卷绕而成，具有良好的挠性，轴线可变，可以随意弯曲，可将回转运动灵活地传到不开敞的任意空间位置。

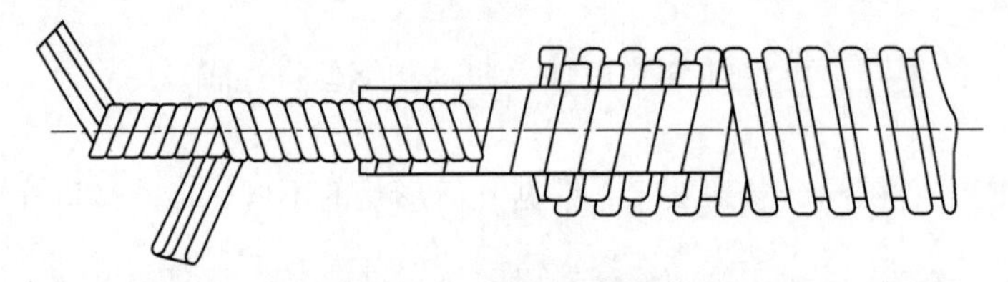

图 6-4　钢丝挠性轴

根据轴所受载荷的不同，轴又可以分为芯轴、传动轴和转轴。芯轴只承受弯矩而不承受转矩，用于支承转动零件，芯轴又分为转动芯轴（火车车轮轴）和固定芯轴（滑轮轴）。在静载荷作用下，固定芯轴产生静应力，转动芯轴产生对称循环变应力。传动轴只传递转矩而不承受弯矩（或弯矩很小），如双万向联轴器中的连接轴。转轴既承受弯矩又承受转矩，是机械传动中应用最为广泛的一种轴，如大部分齿轮轴。

光轴主要用于芯轴和传动轴，阶梯轴则常用于转轴。本章主要讨论应用最广泛的阶梯转轴。

二、轴的材料和热处理

轴的材料应具有良好的综合力学性能，足够高的强度和韧性，对应力集中敏感性低，选用时主要根据轴的强度、刚度、耐磨性等要求，轴的热处理方法及机械加工工艺性的要求，同时考虑材料来源及制造工艺，力求经济合理。

轴的材料种类很多，常用的材料有碳素钢和合金钢。碳素钢强度较合金钢低，但价格低廉，对应力集中的敏感性低，力学性能较好，加工工艺性好，故应用最广。合金钢比碳素钢有更高的机械强度和更好的淬火性能，但对应力集中比较敏感，且价格较贵，多用于对强度和耐磨性有特殊要求的轴。一般用途的轴可采用碳素钢，在高温、高速和重载条件下工作的轴常采用合金钢。

常用的优质碳素钢有 30、40、45 和 50 号钢，最常用的是 45 号钢。耐磨性好的碳素钢有 T8 和 T12A。为改善其力学性能，应进行调质或正火等热处理。对于载荷不大的或不重要的轴，也可用 Q235、Q255、Q275 等普通碳素钢，无须热处理。

合金钢具有良好的综合力学性能，精密机械中常用 20Cr、40Cr、20CrMnTi、35CrMo、40MnB、40CrNi 等。对于受载荷较大、轴的尺寸和质量受到限制、对强度和耐磨性有特殊要求或处于高低温或腐蚀条件下工作的轴，常采用合金钢。由于常温下合金钢与碳素钢的弹性模量相差无几，当其他条件相同时，用合金钢代替碳钢并不能提高轴的刚度。

球墨铸铁和一些高强度铸铁的铸造性能好，容易铸成复杂形状，吸振性、耐磨性强，对应力集中敏感性低，支点位移的影响小，故常用于制造外形复杂的轴。

在一些特殊场合，若有防磁、防锈等特殊要求，则可以用黄铜、青铜或不锈钢等材料制造。

圆柱、圆锥、圆台的轴截面通常为圆形，轴由轧制圆钢或锻件经切削加工制造。轴的直径较小时，可用圆钢棒制造。对于大直径或阶梯直径变化较大的轴，多采用锻件。对于形状复杂的轴（如凸轮轴、曲轴）可采用铸造。为节约金属材料和提高工艺性，直径大的轴还可以制成空心轴，并且带有焊接或者锻造的凸缘。

可通过选择合适的热处理和表面强化来实现轴的较高的机械性能，提高轴的疲劳强度。轴的整体热处理是根据工作条件的要求而定的，一般是调质，对不重要的轴采用正火处理。对要求高或要求耐磨的轴或轴段进行表面强化处理（如喷丸、辊压等）和化学处理（如渗碳、渗氮、氮化等），以提高其强度（尤其是疲劳强度）和耐磨、耐腐蚀等性能。表 6-1 所示为轴的常用材料及其主要力学性能。

表 6-1 轴的常用材料及其主要力学性能

<table>
<tr><th rowspan="3">材料</th><th rowspan="3">牌号</th><th rowspan="3">热处理</th><th rowspan="3">毛坯直径/mm</th><th rowspan="3">硬度（HBS）</th><th colspan="7">力学性能/MPa</th><th rowspan="3">备注</th></tr>
<tr><th rowspan="2">抗拉强度 R_m</th><th rowspan="2">屈服强度</th><th rowspan="2">抗弯强度 τ_{bb}</th><th rowspan="2">抗剪强度 τ_b</th><th colspan="3">弯曲许用应力</th></tr>
<tr><th>$[\sigma_{+1b}]$</th><th>$[\sigma_{0b}]$</th><th>$[\sigma_{-1b}]$</th></tr>
<tr><td rowspan="2">普通碳素钢</td><td>Q235-A</td><td></td><td></td><td></td><td>430</td><td>235</td><td>175</td><td>100</td><td>130</td><td>70</td><td>40</td><td rowspan="2">用于不重要或载荷不大的轴</td></tr>
<tr><td>Q275</td><td></td><td></td><td></td><td>570</td><td>275</td><td>220</td><td>130</td><td>150</td><td>72</td><td>42</td></tr>
<tr><td rowspan="4">优质碳素钢</td><td rowspan="4">45</td><td>正火</td><td>25</td><td>≤241</td><td>600</td><td>355</td><td>257</td><td>148</td><td rowspan="3">196</td><td rowspan="3">93</td><td rowspan="3">54</td><td rowspan="4">应用最广泛</td></tr>
<tr><td>正火</td><td>≤100</td><td>170～217</td><td>588</td><td>294</td><td>238</td><td>138</td></tr>
<tr><td>回火</td><td>＞100～300</td><td>162～217</td><td>570</td><td>285</td><td>230</td><td>133</td></tr>
<tr><td>调质</td><td>≤200</td><td>217～255</td><td>637</td><td>353</td><td>268</td><td>155</td><td>216</td><td>98</td><td>59</td></tr>
</table>

续表

材料	牌号	热处理	毛坯直径/mm	硬度（HBS）	力学性能/MPa							备注
					抗拉强度 R_m	屈服强度	抗弯强度 τ_{bb}	抗剪强度 τ_b	弯曲许用应力 $[\sigma_{+1b}]$	弯曲许用应力 $[\sigma_{0b}]$	弯曲许用应力 $[\sigma_{-1b}]$	
合金钢	40Cr	调质	25	241～286	980	785	477	275	245	118	69	用于载荷较大而无很大冲击的重要轴
			≤100		736	539	314	199				
			>100～300		686	490	317	183				
	35SiMn（42SiMn）	调质	25	229	885	735	450	260	245	118	69	性能接近40Cr，用于中小型轴
			≤100	229～286	785	510	350	202				
			>100～300	219～269	740	440	320	185				
合金钢	40MnB	调质	25	207	785	540	365	210	245	118	69	性能接近40Cr，用于重要的轴
			≤200	241～286	736	490	331	191				
	40CrNi	调质	25	241	980	785	475	275	275	125	74	低温性能好，用于很重要的轴
			≤100	270～300	900	735	420	243				
	20Cr	渗碳淬火回火	15	56～62 HRC	835	540	370	214	220	100	60	用于要求强度和韧性均较高的轴
			≤60		637	392	305	160				
	20CrMnTi		15	56～62 HRC	1 080	835	480	277				
球墨铸铁	QT400–15			156～197	400	300	145	125	64	34	25	用于结构形状复杂的轴
	QT600–3			197～269	600	420	215	185	96	52	37	

第二节　轴的承载能力计算

轴的承载能力计算包括强度计算和刚度计算，下面主要介绍这两种计算。

一、强度计算

轴的强度是指轴在外载荷作用下不被破坏。由于轴所受的载荷情况较为复杂，其截面上的应力多为循环变应力，所以轴的损坏常为疲劳损坏。为了保证所设计的轴能正常工作，必须进行轴的强度计算，以防止疲劳断裂和过大的塑性变形。对于传递动力的轴，满足强度条件是最基本的要求。在精密机械中，由于负荷较小，一般可按结构条件确定轴的尺寸、材料，必要时进行强度校核，以增加可靠性。根据轴的受力情况，可利用材料力学中的有关公式进行强度计算校核。

轴的直径直接影响轴系部件的强度和刚度。直径越粗，强度越大，刚度越高，但同时与它相配的轴上零件的尺寸也越大。故设计之初，可根据经验手册等选择轴的直径。

轴的强度计算主要有按转矩计算和按当量弯矩计算两种方法。由于工程中常用实心圆截面轴，故均以圆截面轴进行讨论。

（一）按转矩计算轴的直径

设计初期，在轴上零件的位置、尺寸和载荷等要素未定时，按转矩估算转轴的最小直径，用于只受转矩或主要受转矩作用的轴的强度计算。

圆截面实心转轴的扭转强度条件为

$$\tau = \frac{T}{W_T} \approx \frac{9\,550 \times 10^3 \dfrac{P}{n}}{\dfrac{\pi d^3}{16}} \leqslant [\tau] \text{（MPa）} \tag{6-1}$$

式中　T——轴传递的转矩，N・mm；

W_T——抗扭截面模量，$W_T = \pi d^3/16$，mm^3；

P——轴传递的功率，kW；

n——轴的转速，r/min；

d——轴的直径，mm；

$[\tau]$——许用扭转应力，MPa。

根据材料查手册按扭转强度条件初步估算轴的直径 d 为

$$d \geqslant \sqrt[3]{\frac{9\,550 \times 10^3 P}{0.2[\tau]n}} = A\sqrt[3]{\frac{P}{n}} \tag{6-2}$$

式中　A——计算常数（若轴的材料为 45 号钢，则 A 的取值为 118～106；若为合金钢，则 A 的取值为 106～98）。

若要实现轴与轴上零件的键连接，则在所计算轴的直径处设计键槽。考虑到键槽对轴强度削弱的影响，应适当加大轴径，若有 1 个键槽，轴径则加大 3%；若有 2 个键槽，轴径则加大 7%。为便于加工，轴径的设计结果应尽量取略大于计算值的整数。轴径计算要进行圆整，以便能够采用标准量具和刀具。

按转矩进行轴的强度计算是最为粗略的计算方法，计算精度较低，一般只用作估算直径。对于转轴而言，此直径应作为设计之初轴最细处的直径。

（二）按当量弯矩计算轴的直径

该方法需预先确定轴上零件的位置、尺寸和载荷等要素，并进行当量弯矩的计算。根据弯矩图和转矩图（或当量弯矩图）确定可能的危险截面，用于既承受弯矩又承受转矩作用的轴的强度计算及强度校核。近似按第三强度理论计算危险截面的弯扭合成强度，此时当量弯应力 σ_e 为

$$\sigma_e = \sqrt{\sigma^2 + 4\tau^2} = \sqrt{\left(\frac{M}{W}\right)^2 + 4\left(\frac{T}{W_T}\right)^2} = \frac{\sqrt{M^2 + T^2}}{W} \tag{6-3}$$

式中 M——轴截面上所受的弯矩，N·mm；

T——轴传递的转矩，N·mm；

W——抗弯截面模量，$W=\pi d^3/32$，mm^3；

W_T——抗扭截面模量，$W_T=\pi d^3/16$，mm^3。

定义当量弯矩 M_e 为

$$M_e=\sqrt{M^2+T^2} \tag{6-4}$$

考虑扭切应力与弯曲应力循环特性不同的影响，引入应力校正系数 α，此时当量弯矩 M_e 为

$$M_e=\sqrt{M^2+(\alpha T)^2} \tag{6-5}$$

当量弯曲应力及强度条件为

$$\sigma_e=\frac{M_e}{W}=\frac{\sqrt{M^2+(\alpha T)^2}}{W}\leqslant[\sigma]_W \tag{6-6}$$

强度条件表明由当量弯矩所产生的弯曲应力σ_e应小于许用弯曲应力$[\sigma]_W$。

按当量弯矩强度条件计算轴的直径 d 为

$$d\geqslant\sqrt[3]{\frac{32\sqrt{M^2+(\alpha T)^2}}{\pi[\sigma]_W}}\approx\sqrt[3]{\frac{\sqrt{M^2+(\alpha T)^2}}{0.1[\sigma]_W}} \tag{6-7}$$

许用弯曲应力与轴的材料、负荷性质等因素有关。对于齿轮传动系统，根据不同的应力状态，轴的许用弯曲应力$[\sigma]_W$存在$[\sigma_{+1}]_W$、$[\sigma_0]_W$和$[\sigma_{-1}]_W$三种情形。$[\sigma_{+1}]_W$为静应力状态下轴材料的许用弯曲应力，$[\sigma_0]_W$为脉动循环应力状态下轴材料的许用弯曲应力，$[\sigma_{-1}]_W$为对称循环应力状态下轴材料的许用弯曲应力。设计时，轴的许用弯曲应力具体可根据表 6-2 选取。

表 6-2　轴的许用弯曲应力

材料	牌号	抗拉强度极限/MPa	许用弯曲应力/MPa		
			$[\sigma_{+1}]_W$	$[\sigma_0]_W$	$[\sigma_{-1}]_W$
碳素钢（正火）	30	480	160	77	45
	35	520	175	82	49
	40	560	185	90	52
	45	600	200	96	56
	50	620	205	100	58
合金钢（调质）	40Cr	750	250	120	70
	35SiMn	800	265	130	75

若齿轮传递的力矩大小不变，则轴表面将承受对称循环应力的作用，此时$[\sigma]_W$表示为$[\sigma_{-1}]_W$。对于一般转轴，弯曲应力按对称循环规律变化；对于转矩变化规律不易确定的轴，按脉动循环规律变化；对于经常正反转且转矩值相等的，通常按对称循环规律变化。

应力校正系数 α 数值的确定可按下述情况进行：若轴上转矩不变，$\alpha=[\sigma_{-1}]_W/[\sigma_{+1}]_W$，可取 0.3；当转矩脉动变化时，$\alpha=[\sigma_{-1}]_W/[\sigma_0]_W$，可取 0.6；对于频繁正反转的轴可取 1，对于特性不清楚的轴可按脉动循环选取。

当已知支点、转矩、弯矩时，轴的强度计算与校核分析步骤如下。

1. 作轴的空间受力简图

作轴的空间受力简图［见图 6－5（a)］，将轴上作用力分解为垂直面受力图［见图 6－5（b)］和水平面受力图［见图 6－5（c)］。轴上的分布载荷或转矩可当作集中力作用于轴上零件的宽度中点，支反力的位置位于轴承宽度的中点。

2. 求垂直面内及水平面内作用于轴上的支反力

垂直面内的支反力为

$$R_{VA}=\frac{F_{\mathrm{r}}\times\frac{1}{2}+F_{\mathrm{a}}\times\frac{d}{2}}{1}$$

$$R_{VB}=\frac{F_{\mathrm{r}}\times\frac{1}{2}-F_{\mathrm{a}}\times\frac{d}{2}}{1}$$

水平面内的支反力为

$$R_{HA}=R_{HB}=\frac{F_{\mathrm{r}}}{2}$$

3. 计算轴的弯矩，并作弯矩和转矩图

作垂直面和水平面上的弯矩图，分别如图 6－5（d）和图 6－5（e）所示；画转矩图，如图 6－5（f）所示。

4. 计算当量弯矩并作图

根据转矩变化情况选定应力校正系数 α，则当量弯矩 $M_{\mathrm{e}}=\sqrt{M^2+(\alpha T)^2}$，作当量弯矩图，如图 6－5（g）所示。

5. 校核危险截面轴的强度

只需对危险截面进行轴的强度校核即可，危险截面多发生在当量弯矩最大或当量弯矩较大且轴的直径较小处。

若 $\sigma_{\mathrm{e}}=M_{\mathrm{e}}/W=\sqrt{M^2+(\alpha T)^2}/W\leqslant[\sigma]_W$，则轴安全。

轴的受力情况与轴的结构密切相关，在轴的结构未确定之前，轴上力的作用点和支点间的跨距难以确定，故无法对轴进行强度计算。因此在轴的设计过程中，轴的强度计算和结构设计是交错进行的。

二、刚度计算

刚度为轴在正常工作状态下，由于外载荷作用而产生的弹性变形量。轴的主要变形有由转矩产生的扭转变形（扭转角 φ）和由弯矩产生的弯曲变形（挠度 y 或偏转角 θ）。轴刚度计算的目的是使轴在外载荷作用下所产生的扭转或弯曲变形量不超过允许值。

对刚度要求高的轴和受力很大的细长轴，应进行刚度计算，以防止工作时产生过大的弹性变形，如车床的主轴、电动机的转子轴、内燃机的凸轮轴等。当轴传递的功率一定时，轴的刚度与抗弯（扭）截面模量、材料弹性模量及支承的位置有关。

（一）轴的扭转刚度校核计算

计算轴的刚度时，通常把轴简化处理，将其看成两点简支，用简支梁的计算公式来计算。

根据《工程力学》中梁的变形公式，分别求轴的扭转变形和弯曲变形。

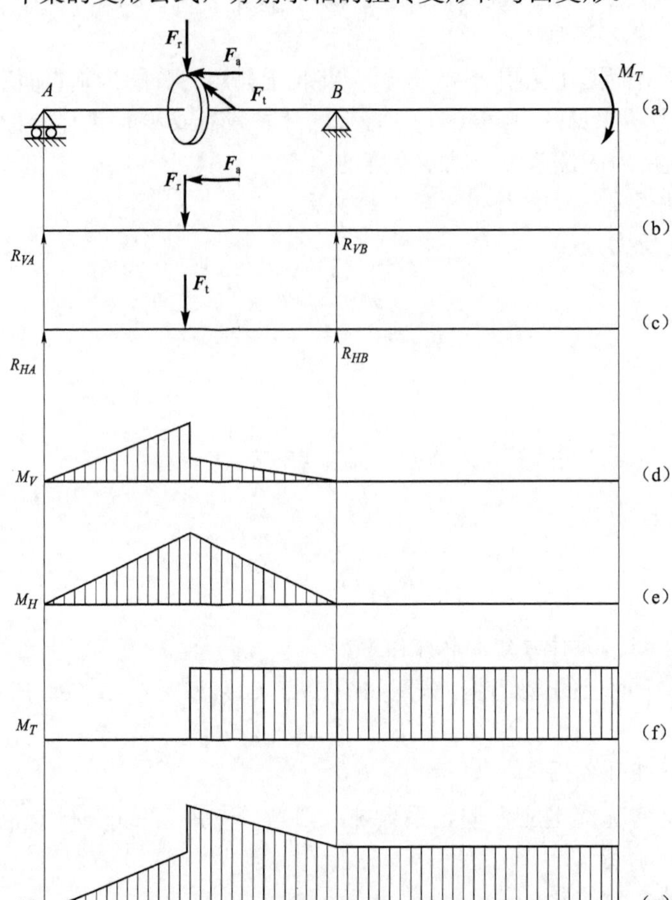

图 6-5　轴的受力与力矩图

(a) 空间受力简图；(b) 垂直面受力图；(c) 水平面受力图；(d) 垂直面弯矩图；(e) 水平面弯矩图；(f) 转矩图；(g) 当量弯矩图

扭转刚度条件为扭转角 $\varphi \leqslant [\varphi]$，其中，$[\varphi]$ 为轴的许用扭转角。一般传动轴的允许扭转角取 $[\varphi] =$（0.5～1）°/m，精密传动轴取 $[\varphi] =$（0.25～0.5）°/m，精度要求不高的轴取 $[\varphi] =$（1～2）°/m。

光轴的扭转角为

$$\varphi = \frac{57.3Tl}{GI} \tag{6-8}$$

式中　T——轴的转矩，N·mm；

l——受扭长度，mm；

G——轴材料的切变模量，MPa（钢材料，$G = 8.1 \times 10^4$ MPa）；

I——轴的截面极惯性矩，mm^4（实心圆轴，$I = \pi d^4/32\ \mathrm{mm}^4$）。

阶梯轴的扭转变形角为阶梯轴各段扭转变形角之和，即

$$\varphi = \frac{57.3}{G}\sum_{i=1}^{n}\frac{T_i l_i}{I_i} \tag{6-9}$$

（二）轴的弯曲刚度校核计算

弯曲刚度条件为：挠度 $y \leqslant [y]$，偏转角 $\theta \leqslant [\theta]$，其中 $[y]$ 和 $[\theta]$ 分别为轴的许用挠度及许用偏转角。

光轴的设计可直接用材料力学中的公式计算其挠度或偏转角，阶梯轴的设计可近似将阶梯轴看成等直径圆轴，用当量轴径法转化为当量光轴计算其挠度和偏转角。当量轴径 d_e 为

$$d_e = \frac{\Sigma d_i l_i}{\Sigma l_i} \tag{6-10}$$

式中　d_i，l_i——第 i 个轴段的轴径和长度。

图 6-6 所示中标出了简支梁的挠度及偏转角。挠度即弯曲变形量，可根据轴的支承和负荷情况，直接利用《材料力学》中的挠曲线方程计算。对于阶梯轴的计算，用弯矩的分段函数和边界条件比较复杂，这里近似将阶梯轴看成等直径圆轴。若变形量为 y，则挠曲线微分方程为

$$EI = \frac{dy^2}{dx^2} = M(x) \tag{6-11}$$

式中　E——轴材料的弹性模量，kg/cm²（钢材料，$E = 2.1 \times 10^6$ kg/cm²）；

I——轴的截面极惯性矩，mm⁴（圆截面实心轴，$I = \pi d^4/64\text{mm}^4$）；

x——轴线方向；

$M(x)$——弯矩方程。

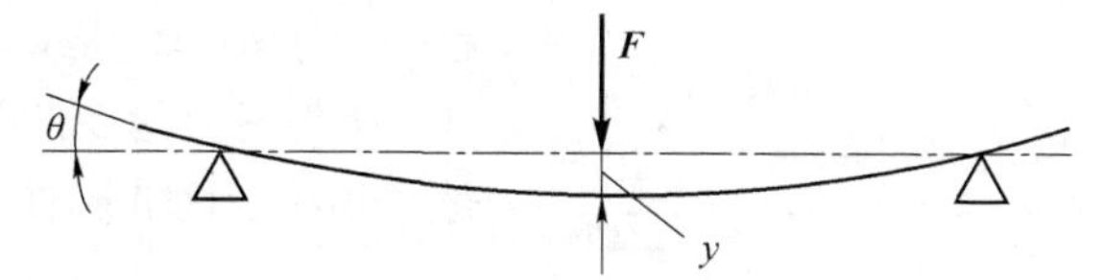

图 6-6　轴的弯曲刚度

积分后得变形量 y 为

$$y = \int \left[\int \frac{M(x)}{EI} dx \right] dx + C_1 x + C_2 \tag{6-12}$$

式中　C_1，C_2——积分常数，可由轴截面边界条件确定。

轴固定端的挠度为零，则 $x = 0$，$y = 0$。轴固定端的转角为零，则 $x = 0$，$\theta = dy/dx = 0$。

偏转角为在扭转力矩作用下轴的弹性变形角。以阶梯轴为例，设共有 i 段，各段长分别为 l_i，各段承受的转矩分别为 T_i，则轴的总偏转角为阶梯轴各段偏转角之和，即

$$\theta = \frac{32}{\pi G} \sum_{i=1}^{n} \frac{T_i l_i}{d_i^4} \tag{6-13}$$

式中　G——剪切弹性模量。

根据轴的工作情况，选择允许的弯曲和扭转变形量。对于一般转轴，许用变形量 $[y] = (0.000\,1 \sim 0.000\,5)L$，$L$ 为支点间的跨度；齿轮轴 $[y] = (0.01 \sim 0.03)m$，m 为齿轮模数，$[\theta] \leqslant 0.001$ rad。装滚动轴承的轴颈处，单列球轴承 $[\theta] \leqslant 0.005$ rad，球面球轴承 $[\theta] \leqslant 0.05$ rad，

圆柱滚子轴承 [θ] ≤0.002 5 rad。

不论是弯曲变形量 y 或扭转变形量 θ，都应等于或略小于允许的变形量。

提高轴的刚度主要有以下方法：

（1）将同等质量的实心轴换成空心轴。

（2）适当安排支承的数量和位置。

（3）尽量减少悬臂量。

（4）合理布置轴上零件的位置以改变受力情况。

值得注意的是：由于钢与碳钢的弹性模量相差不大，所以就刚度而言，将碳钢换成合金钢并无多大意义。

第三节　轴的结构设计

轴的结构设计的主要任务是确定轴的合理外形和结构尺寸。轴的结构设计应满足以下条件：

（1）精度要求、强度和刚度要求。

（2）轴上零件在沿轴线方向和圆周方向定位准确，固定可靠。

（3）轴上零件应便于装拆和调整。

（4）轴应具有良好的制造工艺性，尽量避免应力集中，受力合理。

根据前一节所述的轴的强度计算条件，可以看出，对于传递纯转矩的传动轴，其合成等效弯矩沿轴线方向处处相等，轴的结构形式理论上应是直径不变的圆柱形光轴。对于承受纯弯矩的芯轴或合成弯矩的转轴，轴上各截面处所承受的力矩并不相等，呈中间大、两端小的趋势。为满足沿轴线方向各处轴截面强度相同、所需材料最少的要求，轴的理论外形应是抛物线形而非圆柱形，如图 6－7 中虚线所示。

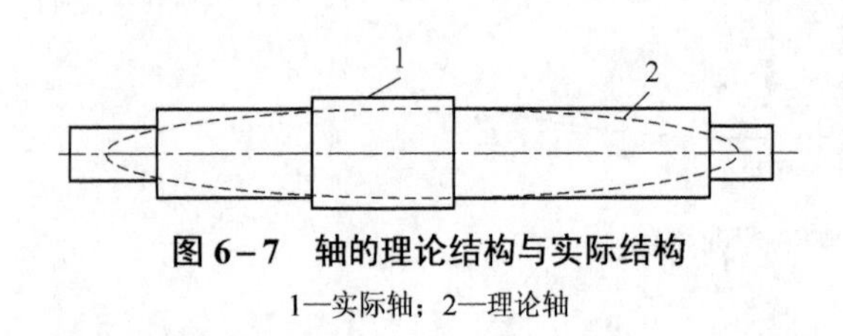

图 6－7　轴的理论结构与实际结构

1—实际轴；2—理论轴

实际设计时，考虑到轴上零件的定位、公差配合和精度等级，将大部分轴的合理外形设计成略大于理论轴外形的阶梯轴，如图 6－7 中实线所示。阶梯形状的轴方便安装轴承、齿轮以及其他的一些轴上零件，将它们隔开并固定。

轴的结构对整个传动部分的精度起着重要的作用，直接关系到轴的强度、刚度和回转精度等。轴的结构设计不合理，会制约轴的工作能力和轴上零件的工作可靠性，还会增加轴的制造成本及导致轴上零件装配的困难。

一、轴的各部分名称及其功能

图 6－8 所示为齿轮轴及其轴上的零件，其中，轴上零件有联轴器 1、轴承端盖 2、套筒 3、齿轮 4、滚动轴承 5 和调整垫片 6。

阶梯轴的组成主要有轴颈、轴头和轴身三部分。安装滚动轴承且被支承的轴段称为轴颈（图中轴段③、⑦），安装联轴器轮毂及齿轮轮毂的轴段称为轴头（图中轴段①、④），连接轴颈和轴头的部分称为轴身（图中轴段②、⑥），轴段 5 称为轴环（图中轴段⑤）。

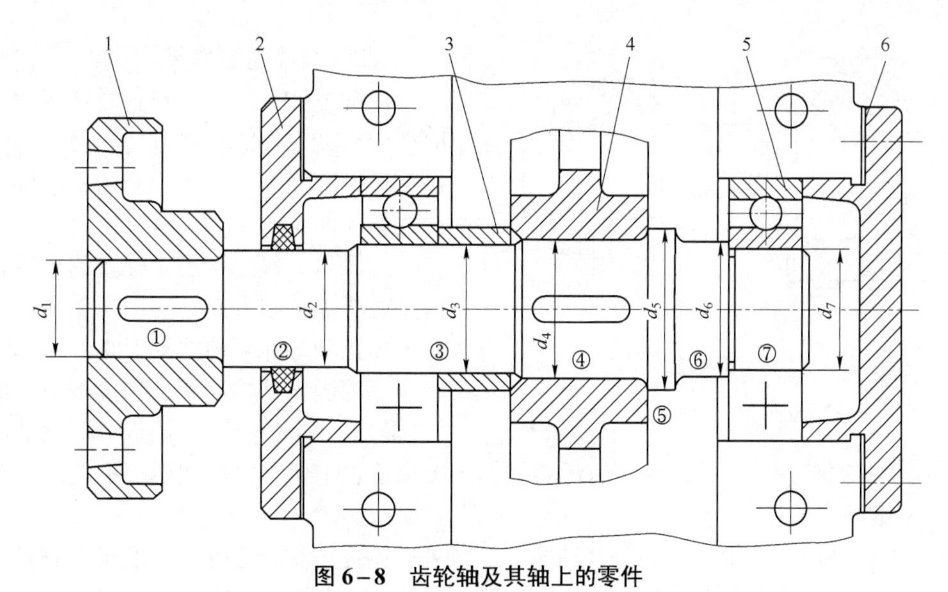

图 6－8　齿轮轴及其轴上的零件

1—联轴器；2—轴承端盖；3—套筒；4—齿轮；5—滚动轴承；6—调整垫片

二、轴上零件的轴向固定

零件安装在轴上要有准确的定位。轴上零件轴线方向固定的目的是防止零件的轴向窜动。零件的轴向定位是以轴肩、套筒、圆螺母、轴端挡圈、圆锥面、紧定螺钉、定位销和轴承端盖等来保证的。

（一）轴肩或轴环

在阶梯轴的直径变化处，设计有轴肩或轴环，如图 6－9 所示。轴肩定位多用于轴向力较大的场合。用于确定轴上零件轴向位置的轴肩称为定位轴肩，为便于安装零件而设计的轴肩称为非定位轴肩，见图 6－9（a）。轴肩高度 $h = (0.07 \sim 0.1)d$，长度 b 远小于直径 d 的阶梯轴段称为轴环，见图 6－9（b）。

如图 6－10 所示，为了使零件能靠紧轴肩而得到准确可靠的定位，直径分别为 D、d 轴段轴肩处的过渡圆角半径 r 必须小于与之相配的零件孔端部的圆角半径 R 或倒角尺寸 C。

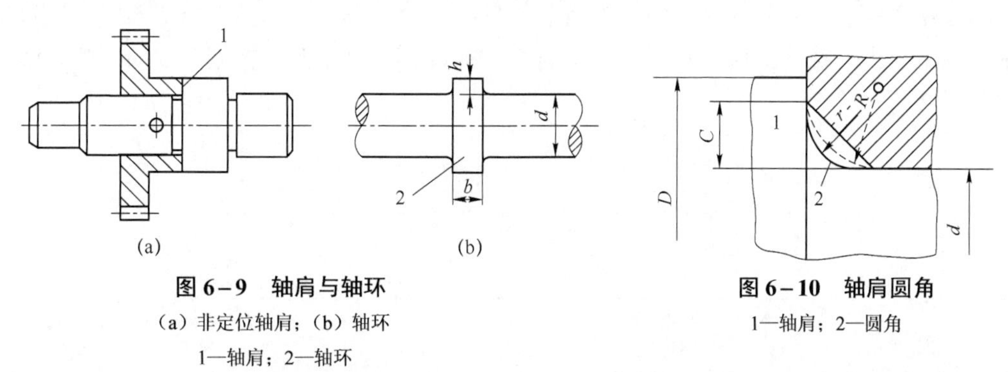

图 6－9　轴肩与轴环

（a）非定位轴肩；（b）轴环

1—轴肩；2—轴环

图 6－10　轴肩圆角

1—轴肩；2—圆角

轴肩或轴环定位结构简单，定位可靠，可承受较大的轴向力，但会使轴的轴径增大，阶梯处形成应力集中，当阶梯过多时不利于加工。该方法常用于齿轮、联轴器、轴承等的轴向定位。

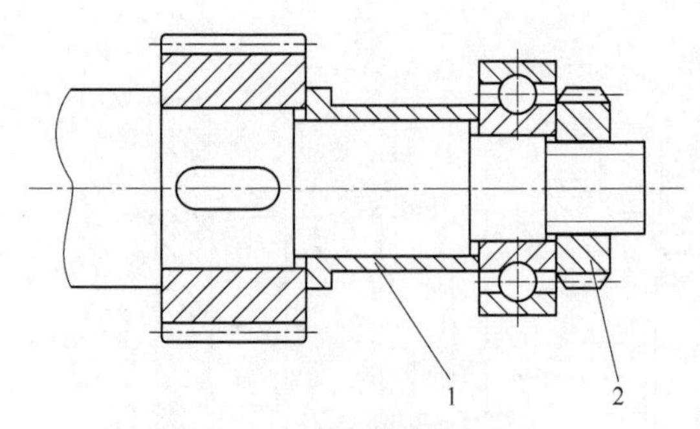

图 6-11　套筒与圆螺母定位

1—套筒；2—圆螺母

（二）套筒与圆螺母

如图 6-11 所示，设计时注意轴头长度应小于相配零件的轮毂宽度，另外套筒和零件的接触高度不能太小，套筒不能同时接触动面和静面。

圆螺母一般用于固定轴端的零件，为了固定时更加牢固可靠，可应用双圆螺母或圆螺母加止动垫片两种结构形式。

套筒固定结构简单，定位可靠，装拆方便，简化了轴的结构设计且不削弱轴的强度，可承受较大的轴向力，但不适宜高速运转的轴，多用于轴上两个零件间距离不大的场合。

（三）锥面定位

如图 6-12 所示，阶梯轴的端部轴段加工成外圆锥面，轴上零件的内圆锥面与轴的外圆锥面配合装配，与轴端压板［见图 6-12（a）］或轴端圆螺母［见图 6-12（b）］联合使用，可使零件获得双向轴向固定。

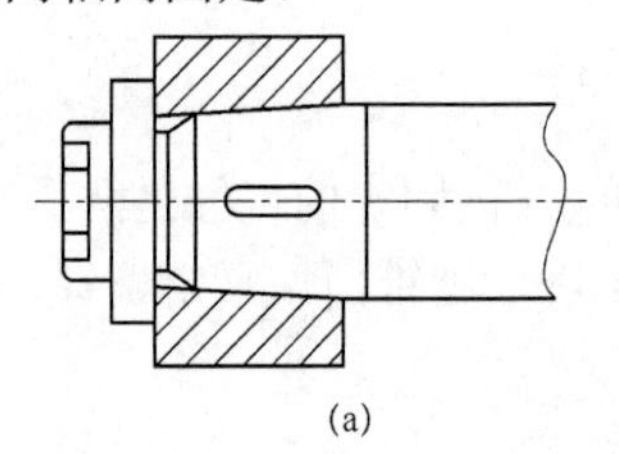

(a)

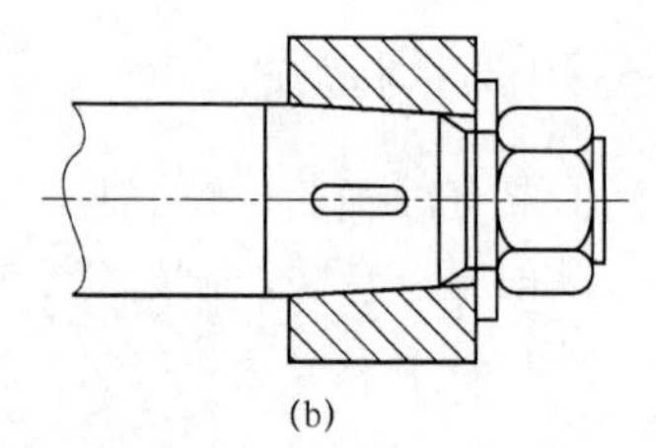

(b)

图 6-12　锥面定位

（a）轴端压板；（b）轴端圆螺母

锥面定位定心精度高，装拆方便，承载能力大，能承受冲击及振动载荷，常用于同心度要求较高的轴端零件的固定。

（四）紧定螺钉和锁紧挡圈

图 6-13 所示为采用紧定螺钉和锁紧挡圈定位。锥端紧定螺钉（压紧面为锥面）固定，螺钉的末端紧压在制有凹坑的轴的外表面上［见图 6-13（a）］，将轴上轮毂固定。螺钉锁紧挡圈为轴用挡圈，挡圈上加工有螺孔［见图 6-13（b）］，采用两个挡圈可双向限位，防止零件轴向窜动。

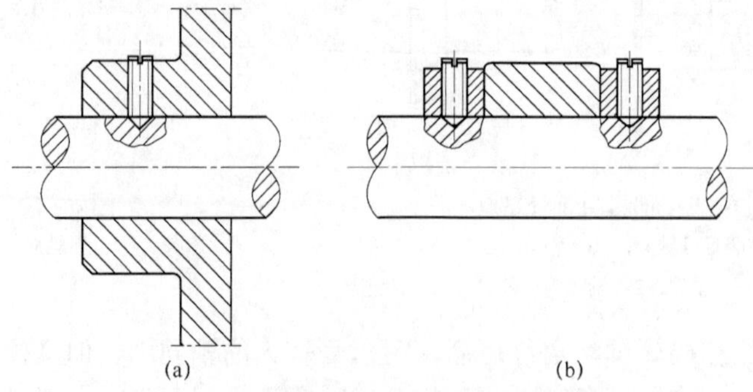

图 6-13　采用紧定螺钉和锁紧挡圈定位

（a）锥端紧定螺钉；（b）螺钉锁紧挡圈

紧定螺钉和锁紧挡圈定位结构简单，零件轴上的位置可调整并兼做周向固定，能承受的载荷较小，不宜用于转速较高的轴，常用于光轴上零件的固定。

三、轴上零件的周向固定

轴上零件圆周方向固定的目的是防止零件与轴产生相对转动。零件的周向固定是以键、销、过盈配合等来保证的。

（一）键连接

键是（一般用45钢制成）用来连接轴和轴上零件，并对它们起圆周方向的固定作用，以达到传递转矩的一种机械零件。键的两侧面为工作面，键连接是靠键和键槽侧面挤压传递转矩，键的上表面和轮毂槽底之间留有间隙，如图6－14所示。

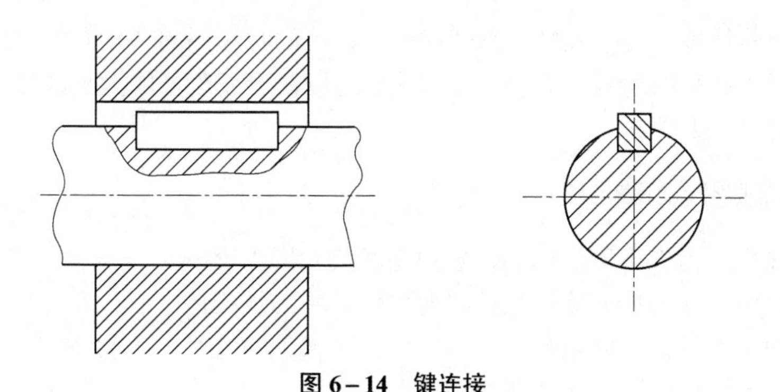

图6－14 键连接

键连接具有结构简单、装拆方便、对中性好等优点，因而应用广泛，但不能实现零件的轴向固定。

（二）销连接

销常用来固定两个零件之间的相对位置并传递不大的载荷。销是一种标准件，材料为35钢或45钢。常用的销有圆柱销和圆锥销。圆柱销依靠少量过盈固定在孔中，多次装拆会降低定位的精度和连接的紧固。

图6－15所示为圆锥销连接，用以固定零件、传递动力或定位元件。装配时，被连接件的两孔应同时粘铰，钻孔时按圆锥销小头直径选用钻头，用1:50锥度的铰刀铰孔。铰孔时用试装法控制孔径，以圆锥销自由插入全长的80%～85%为宜；然后用软锤敲入，敲入后销的大头可与被连接件表面平齐或露出，但不超过倒棱值。

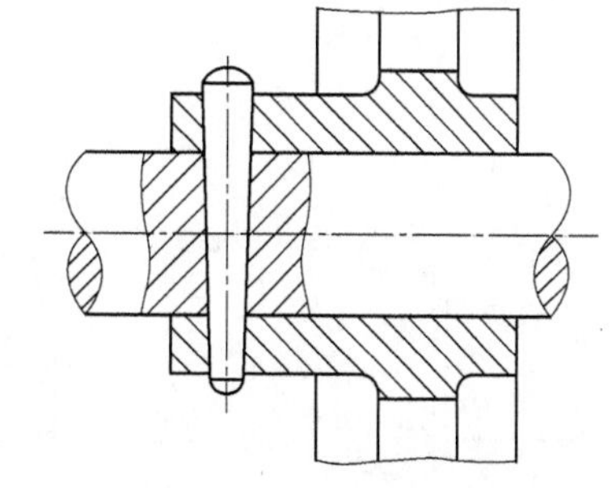

图6－15 圆锥销连接

销连接定位准确，装拆方便，用于固定不太重要、受转矩不大且同时需要轴向定位的零件。

（三）过盈连接

如图6－16所示，用轴与轴上零件之间的过盈量实现连接。过盈配合在配合表面上产生正压力，依靠此正压力产生的摩擦力传递载荷。过盈连接的配合表面常为圆柱面或圆锥面，如图6－16所示。

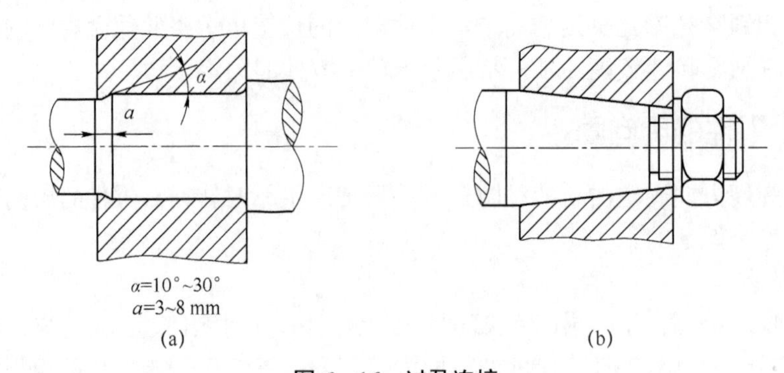

图 6－16　过盈连接

（a）圆柱面配合；（b）圆锥面配合

过盈连接结构简单，对中性好，承载能力高，可同时起周向和轴向定位的作用，用于承受较大振动和冲击载荷的场合。其缺点是承载能力取决于过盈量的大小，对配合面加工精度要求较高，装拆也不方便。

四、减小轴的应力集中

轴通常是在变应力作用下工作的，轴的截面尺寸发生突变处会产生应力集中，轴的疲劳破坏往往在此发生。轴的结构应尽量避免直径的突然变化，以免产生应力集中。阶梯轴的直径过渡处应尽可能用轴肩圆角来代替环形槽，并尽可能采用较大的圆角半径，如图 6－17 所示。

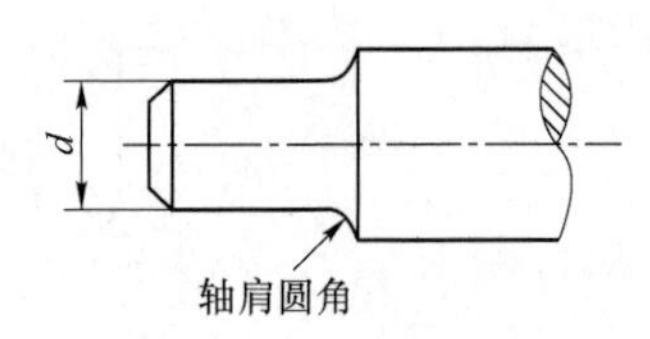

图 6－17　轴肩圆角

五、轴的结构工艺性

在满足使用要求的前提下，轴的结构越简单越好。设计轴时，应使轴的结构便于加工、测量、装拆和维修。为了便于加工，减少加工工具的种类，应使轴上的圆角半径、键槽的尺寸各自相同。为了便于装拆和维修，轴的配合直径应圆整为标准值，轴肩高度不能太大，轴端应加工出倒角，一般为 45°，如图 6－18（a）所示。过盈配合轴段前应采用较小的直径，配合段前端应加工出导向锥面。磨削加工的轴段应留有砂轮越程槽，如图 6－18（b）所示，切制螺纹的轴段应留有退刀槽，不同轴段的键槽应设计在轴的同一母线上。

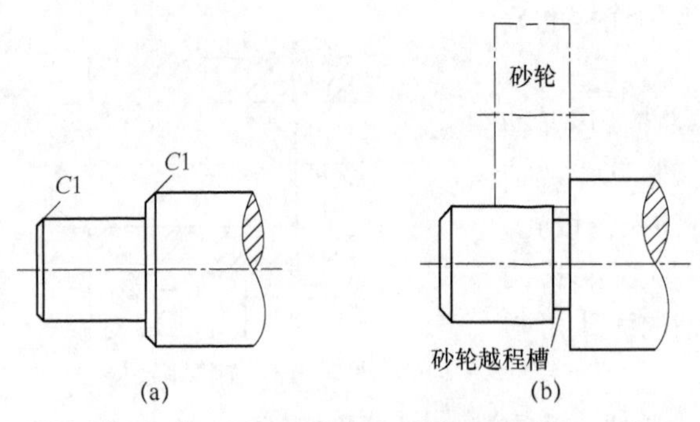

图 6－18　轴端倒角与砂轮越程槽

（a）轴端倒角；（b）砂轮越程槽

轴的结构设计目的是根据轴上零件的安装、定位以及轴的制造工艺等方面的要求，以及估算出轴最细处的直径，确定阶梯轴每一段的长度、直径和形状（圆柱形、锥形、螺纹），各段之间的过渡关系（圆角、倒角），与轴上零件的连接关系和轴的支承方式，选择材料、配合公差、表面粗糙度、热处理条件，合理地确定轴的结构形式和尺寸。

六、轴的设计步骤

轴设计时，要求所设计的轴具有足够的承载能力（强度、刚度），同时具有合理的结构（满足工艺要求及实现轴上零件的准确定位）。

轴的设计步骤具体如下：

（1）材料选择。

（2）初步估算轴的最小直径。

（3）几何结构设计（确定轴的结构形式及各轴段的直径和长度、保证轴上零件顺利拆装和调整、轴向和周向精确定位、使轴受力合理以及具有良好的加工工艺性）。

（4）强度、刚度计算校核。

（5）绘制工作图。

在轴的初始设计过程中，弯矩尚不可求，只能根据转矩，利用式（6-1）中扭转强度条件估算轴的直径。在满足工作要求的前提下，轴的外形应尽可能简单，简单的外形加工方便，热处理不易变形，并能减少应力集中，有利于提高轴的疲劳强度。复杂的外形结构不利于加工，且增加了应力集中点，造成热处理时产生轴的变形，也不利于提高轴的疲劳强度。

轴与轴上零件相配合的直径应尽量取标准系列，与滚动轴承配合的轴径应符合滚动轴承标准内径，与联轴器配合的轴径应符合联轴器的国家标准，轴上螺纹部分的直径应符合螺纹的国家标准，非配合直径允许采用非标准值，但是最好取整数。

轴的各段长度取决于轴上的零件或轴承，与轮毂配合的轴段长度应比轮毂的长度略短（为2～3 mm），以保证零件的轴向定位可靠。轴上的回转零件与箱体壁留有适当的空间，以免干涉。另外在确定轴的结构时，还要同时考虑轴上零件的固定方法。

以图6-19所示的减速机齿轮轴的设计为例，说明轴的设计过程。

由于减速箱机构空间的限制，在装配减速机时，总是先将齿轮轴、齿轮和套筒装好，再从左右两端分别装入轴承和轴承盖。这种工艺决定了轴的外形结构为中间粗、两头细的阶梯型。因此，轴上装有联轴器的轴段①（外伸端），其轴径为轴的最小直径，应根据轴所承受的转矩，由式（6-1）进行估算。实际设计时的轴径应比估算的略大并尽量取为整数。轴段②较轴段①稍粗，在轴段①和轴段②之间构成一定位轴肩，用以确定联轴器的轴向位置。联轴器的周向位置采用平键固定，轴段②的外径与端盖的密封圈相配合。为方便装拆滚动轴承，使轴段③的轴颈比轴段②稍粗，其直径要和所选用的滚动轴承内径相配合。轴颈的直径是轴承的安装尺寸，一般需查轴承手册取标准值，以满足拆卸轴承的要求。另外，为减少外购件的种类，同一根轴上的两个滚动轴承的型号应完全一致，因此轴段⑦和轴段③的直径也要相同。轴上齿轮的位置用轴环⑤、套筒和平键来固定。同样为了方便装拆齿轮，轴段④的轴径应比轴段③稍大。另外，从载荷分布的情况看，齿轮中间部分轴截面所受的弯矩最大，因此应加大该部分的轴径尺寸，以提高轴的弯曲强度。装在轴段③上的滚动轴承靠套筒和端盖来调整和固定其轴向位置，而两个滚动轴承内圈的周向位置靠它们与轴颈间的静配合来确定。此外，从加工工艺考虑，为便于轴颈的磨削，在轴段⑦上设计有一个砂轮越程槽。轴上所有需要配合的轴段由于其加工精度和表面粗糙度要求高，应将这些轴段与其中间段分开。轴段⑥为轴的过渡段。

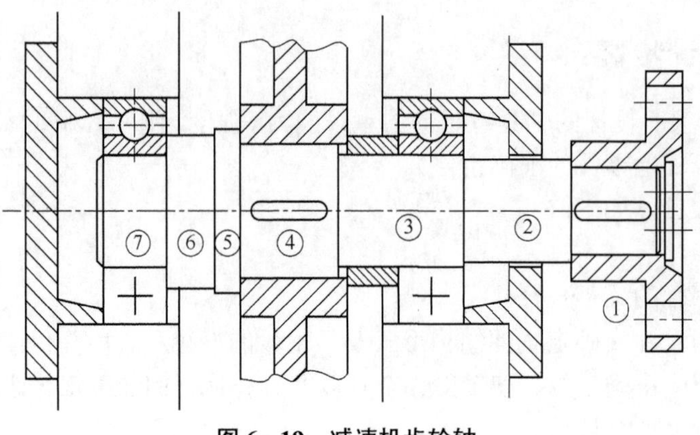

图 6-19　减速机齿轮轴

第四节　支承与轴系

一、轴系的组成及功能

当要求可动的零件和部件按规定方向做精确的转动时，常采用轴系来实现。轴系由轴及轴上零件组成，具有转速低、负荷小、无振动、旋转精度高的特点。

轴系的主要功能是支承旋转零件，传递转矩和运动。按其在传动链中所处的地位不同，轴系可分为传动轴系和主轴轴系，一般对传动轴的要求不高，而作为执行件的主轴对保证机械功能、完成机械运动有着直接的影响，因此对主轴有着较高的要求。本节着重讨论主轴轴系。

轴系中主轴的旋转运动依靠外力完成，常用的驱动方式有直接式、齿轮式、带轮式和内藏式等。图 6-20 所示的主轴结构由挡圈 1、皮带轮 2、密封环 3、轴承 4、轴承座 5、主轴 6 组成，其驱动方式为带轮式。带轮式驱动方式的特点是噪声较低，组装维修容易，成本低，但传动系统挠性大，扭转刚性低。

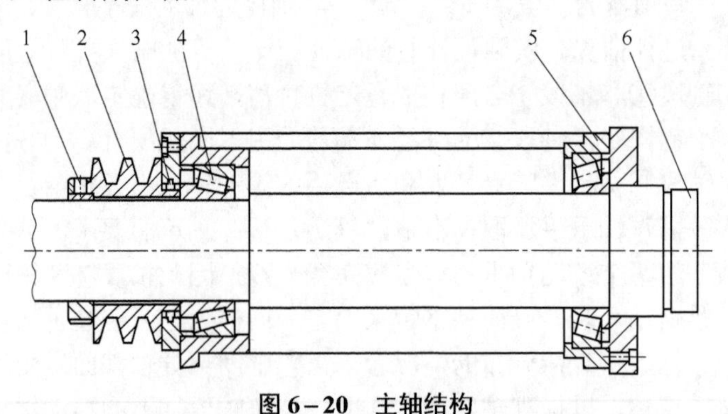

图 6-20　主轴结构

1—挡圈；2—皮带轮；3—密封环；4—轴承；5—轴承座；6—主轴

主轴轴系一般由主轴、轴承、安装于轴上的传动体、密封件及定位组件组成。主轴为一多段式阶梯梁（实心或中空），是轴系中最重要的结构元件，设计主轴时需考虑各阶梯段的等效惯性矩。轴承是支承轴颈的部件，有时也用来支承轴上的回转零件。

轴系中最常见的构成转动副的元件是轴承，其主要功用是支承和约束轴颈或轴上零件，使主轴绕固定旋转中心运动，减轻机器的磨损，提高机械效率。按轴承工作时的摩擦性质不同，通常采用的轴承有滑动轴承、滚动轴承。轴承座提供轴承支承及主轴安装界面。密封环用于保护主轴的轴承不受污染，确保轴承寿命。

主轴与轴承的组合设计，组成了主轴—轴承系统，形成了主轴的旋转组件。轴承的结构及配置影响着主轴的径向和轴向刚度，限制着主轴的最高转速和精度，以及承受载荷的程度。轴承间的跨距（轴承间的轴向距离）直接影响着主轴的负荷变形量。在轴承支点之外的轴长为主轴的悬伸量，取决于主轴端部的结构形式和尺寸、主轴轴承的布置形式及密封形式，在满足结构要求的前提下，应尽量缩短悬伸量以提高主轴的刚度。

主轴—轴承系统设计时，主要考虑的参量有轴承的选用与配置、主轴的内径与外径、轴承的跨距和主轴的悬伸量。

二、轴系的固定

为保证轴系能承受轴向力而不发生轴向窜动，需要合理地设计轴系的轴向支承、固定结构，常用的轴系支承、固定形式有以下几种。

（一）两端固定（又称双支点单向固定）

图 6－21 所示为两端固定的轴系。轴系两端由两个轴承支承，每个轴承分别承受一个单方向的轴向力。两端固定的结构较简单，适用于工作温度不高、支承跨距较小（跨距 $l\leqslant$ 400 mm）的轴系。为补偿轴的受热伸长，在装配时，轴承应留有 0.25～0.4 mm 的轴向间隙。间隙的大小常用轴承盖下的调整垫片或拧在轴承盖上的调节螺钉调整，调节十分方便。

（二）一端固定一端游动（又称单支点双向固定）

图 6－22 所示为一端固定一端游动的轴系。轴系由双向固定端的轴承承受轴向力并控制间隙，游动端轴承可沿轴向自由游动，以补偿轴的热胀冷缩。为避免松动，游动端轴承内圈应与轴固定。这种结构适用于轴较长、支承跨距较大、工作中温度变化较大的轴系。

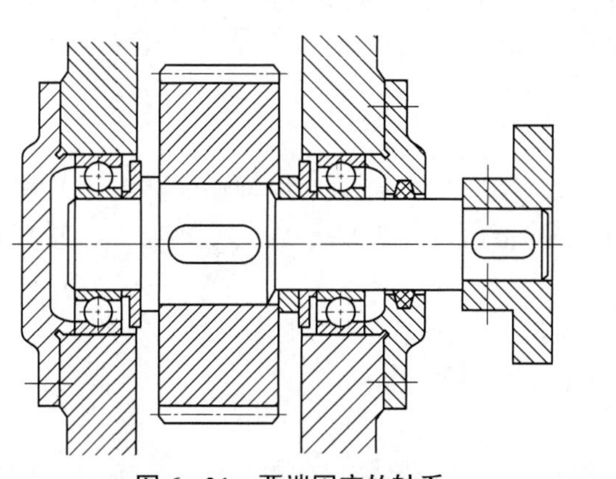

图 6－21　两端固定的轴系

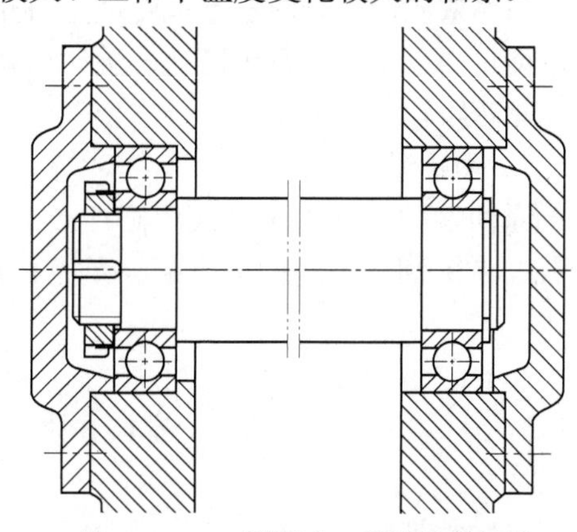

图 6－22　一端固定一端游动的轴系

（三）两端游动

图 6－23 所示为两端游动的轴系。轴系两端的支承轴承（采用圆柱滚子轴承）轴向均可游动，以适应人字齿轮传动工作时主、从动轮需对正的要求。该结构具有确定两轴相对轴向位置的功能，轴承不应对轴系的轴向位置再加以限制，否则将形成轴向过定位。当然这种结构形式用的较少，仅用于类似的特殊场合。

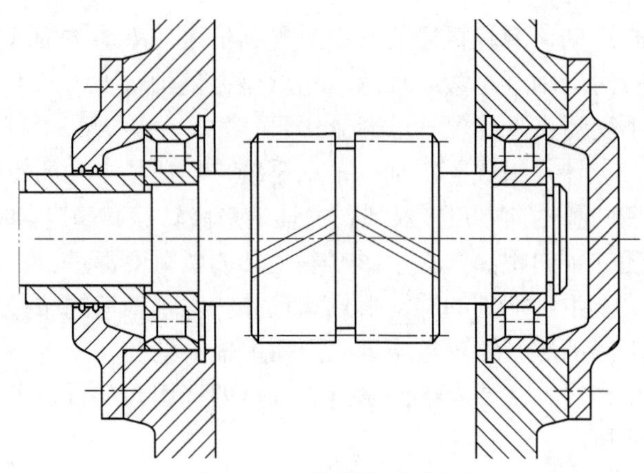

图 6-23　两端游动的轴系

上述的常见结构中，轴上零件和轴承在轴上的轴向位置多采用轴肩或套筒定位，定位端面应与轴线保持良好的垂直度。轴肩圆角半径必须小于相应的轴上零件或轴承的圆角半径或倒角宽度。对于滚动轴承的定位，轴肩高度应小于轴承内圈高度的 3/4，以便于拆卸轴承。

三、轴系轴向位置的调整

为方便地实现传动零件（如齿轮、蜗杆、蜗轮等）在轴系中具有准确的工作位置，要考虑轴系轴向位置的调整。

（一）两端固定

为补偿轴的受热伸长，在装配时，轴承应留有 0.25～0.4 mm 的轴向间隙。间隙的大小常用轴承盖下的调整垫片或拧在轴承盖上的调节螺钉调整，其调节十分方便。

（二）一端固定一端游动（又称单支点双向固定）

轴系由双向固定端的轴承承受轴向力并控制间隙，由轴向浮动的游动端轴承保证轴伸缩时支承能自由移动。为避免松动，游动端轴承内圈应与轴固定。这种结构适用于工作温度较高、支承跨距较大的轴系。

（三）两端游动

轴系两端的支承轴承（采用圆柱滚子轴承）轴向均可游动。主轴在回转时，其理想回转轴线与实际回转轴线的偏离跳动量应在规定的范围内，并满足加工、热处理、装配等工艺要求。

第五节　滑 动 轴 承

滑动轴承是一种工作在滑动摩擦状态下的轴承，其基本结构包括轴承座、轴套（或称轴瓦）和轴颈。滑动轴承具有一些独特的优点，主要应用于以下几种情况：工作转速特别高的轴承、要求对轴的支承位置特别精确的轴承、特重型的轴承、承受巨大的冲击和振动载荷的轴承、装配要求做成剖分式的轴承（如曲轴的轴承）、特殊条件下（如水或腐蚀性介质中）工作的轴承。在径向空间尺寸受到限制时，也常采用滑动轴承。

滑动轴承可看作具有相对滑动运动的转动副。在滑动轴承表面若能形成润滑膜将运动副表面分开，则滑动摩擦力可大大降低，由于运动副表面不直接接触，因此滑动轴承也避免了磨损。润滑膜的形成是滑动轴承能正常工作的基本条件，影响润滑膜形成的因素有润滑方式、运动副相对运动速度、润滑剂的物理性质和运动副表面的粗糙度等。滑动轴承的设计应根据轴承的工作条件，确定轴承的结构类型，选择润滑剂和润滑方法及确定轴承的几何参数。

滑动轴承的承载能力大，回转精度高，润滑膜具有抗冲击作用，因此，在工程上获得了广泛的应用。

一、径向滑动轴承

径向滑动轴承是轴承中应用最广泛的一种。径向滑动轴承主要承受径向载荷，其轴颈与轴承的配合部分多为圆柱形表面，主要用来支承水平旋转轴。其结构特点为：

（1）运动副接触面大，承载能力强，能承受冲击和振动。

（2）方向（置中、定向）精度较差，特别是磨损后，精度更低。

（3）摩擦力矩大。

（4）对温度变化比较敏感。

按结构形式，径向滑动轴承分为整体式和剖分式两种。

（一）整体式

整体式径向滑动轴承最简单的结构形式为直接在仪器的壳体或支承板上加工轴承孔。如果仪器壳体或支承板的材料不宜用作轴承孔，或壁过薄，可在轴孔内镶嵌轴套。

整体式径向滑动轴承的基本结构由轴承座、整体轴套（轴瓦）、轴颈和润滑装置组成，如图 6－24 所示。轴承座用螺栓与机架连接，顶部设有装油杯的螺纹孔，轴瓦上开有油杯孔，并在内表面开油沟以输送润滑油。滑动轴承与轴颈表面直接接触的构件是轴瓦，套筒式轴瓦压装在轴承座轴孔内，润滑油通过轴瓦上的油孔和轴承座上的油杯孔进入摩擦面。

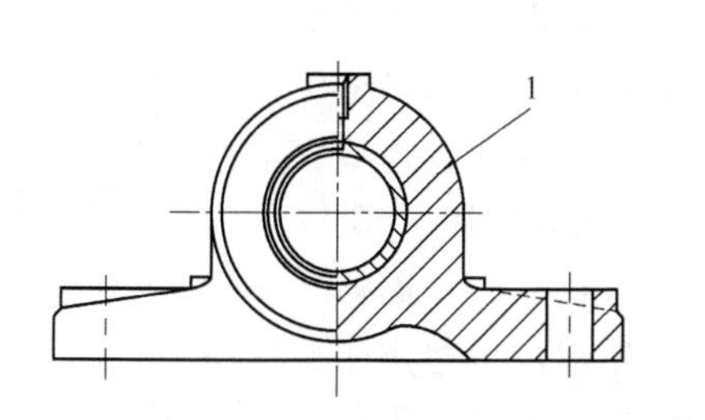

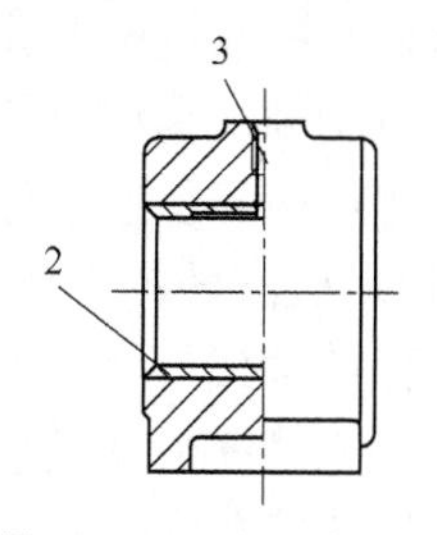

图 6－24　整体式径向滑动轴承

1—轴承座；2—整体轴套；3—油杯孔

整体式圆柱形径向滑动轴承结构简单、制造方便，刚度较大，缺点为轴颈与轴瓦滑动表面磨损后，间隙无法调整。由于轴颈只能从端部装入，轴必须做轴向移动，因此只能沿轴线方向装拆轴承。这种形式的滑动轴承仅适用于轴颈不大、低速轻载或间歇性工作的机器中。

（二）剖分式

剖分式轴承结构由轴承盖、轴承座、剖分轴瓦和双头螺柱等组成，如图 6－25 所示。

剖分式与整体式径向滑动轴承的根本区别在于将整体轴瓦变换为水平剖分轴瓦。剖分轴瓦分上轴瓦和下轴瓦两个零件，安装时上、下轴瓦的剖分面间放有垫片，当轴瓦工作面磨损后，可适当取出一些垫片或适当刮瓦，就可调整轴颈和轴瓦间的间隙。水平剖分后，相应地，轴承座也分为上、下两部分，上部分称为轴承盖，下部分称为轴承座，轴承盖和轴承座的剖分面常做成阶梯形，以便定位和防止工作时错动。

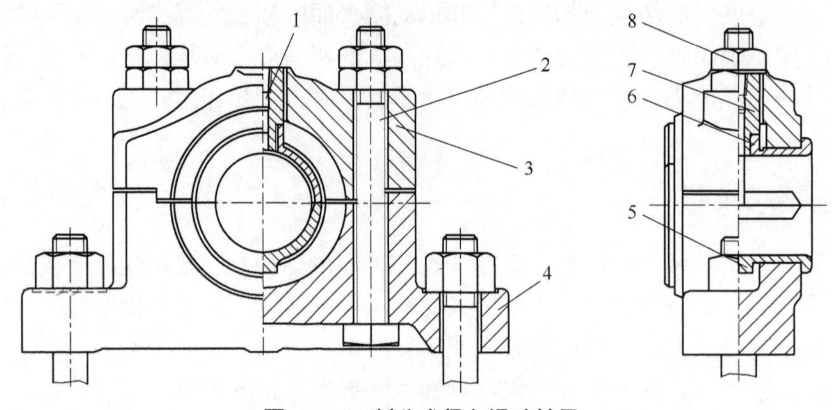

图 6-25 剖分式径向滑动轴承

1—油杯座孔；2—螺栓；3—轴承盖；4—轴承座；5—下轴瓦；6—上轴瓦；7—套管；8—螺母

与整体式径向滑动轴承相比，剖分式径向滑动轴承由于存在一些附属零件，尺寸较大，结构复杂。即便存在上述弱点，因为剖分式径向滑动轴承的结构形式方便沿径向方向装拆轴承，负荷能力较强，磨损后易于调整轴颈与轴承孔之间的间隙，从而提高轴的回转精度，因此其应用较为广泛。

（三）调心式径向滑动轴承

当轴颈较长，轴的刚度较小，或由于两轴承不是安装在同一刚性机架上，同心度较难保证时，都会造成轴瓦端部的局部接触，这将导致轴瓦局部磨损严重。为此，可采用调心式径向滑动轴承，如图 6-26 所示。

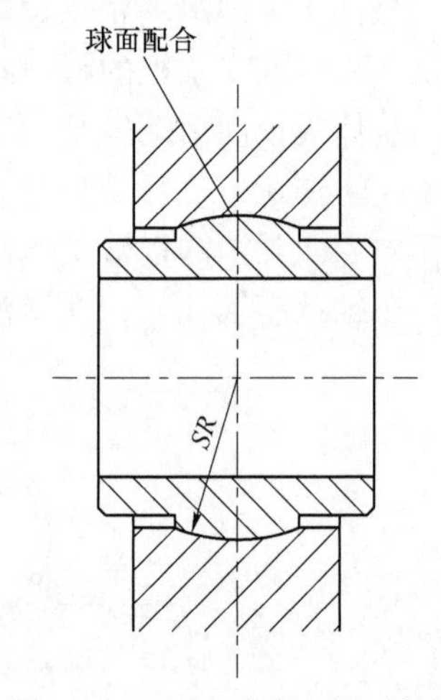

图 6-26 调心式径向滑动轴承

调心式径向滑动轴承也称自位轴承，轴瓦的外表面做成凸形球面，与轴承座内孔上的凹形球面相配合，轴瓦能自动调整轴向位置，以适应回转轴相对于轴承座内孔轴线的偏斜。当轴倾斜时，可保证轴颈与轴瓦配合表面接触良好，从而避免产生偏载。调心式径向滑动轴承一般成对使用，主要用于轴的刚度较小、轴承轴向宽度较大的场合。

二、轴瓦的形式和结构

轴瓦是介于轴颈与轴承座之间承受滑动摩擦的零件。按结构形式，轴瓦可分成整体式和剖分式（对开式）两类。整体式不便于装拆，可修复性差；剖分式安装和拆卸都方便，可修复性好。按材料类型，轴瓦可分为单材料和多材料两类。单材料是以黄铜、灰铸铁等制成的轴瓦，而多材料是以钢、铸铁或青铜作轴瓦基体，在其表面浇铸一层或两层很薄的减摩材料，称为轴承衬，分别如图 6-27～图 6-29 所示。

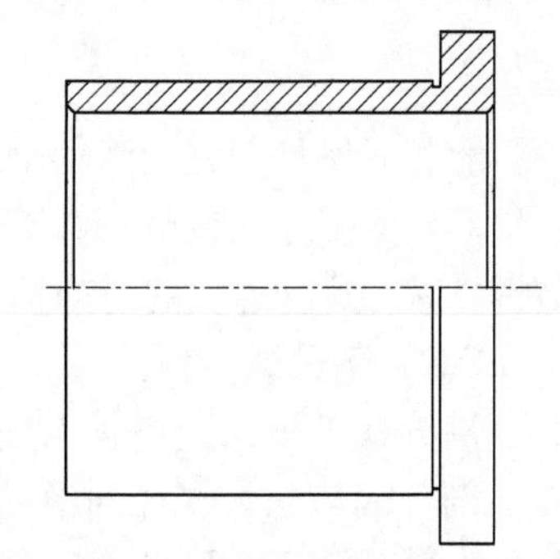

图 6-27 单材料、整体式厚壁轴瓦

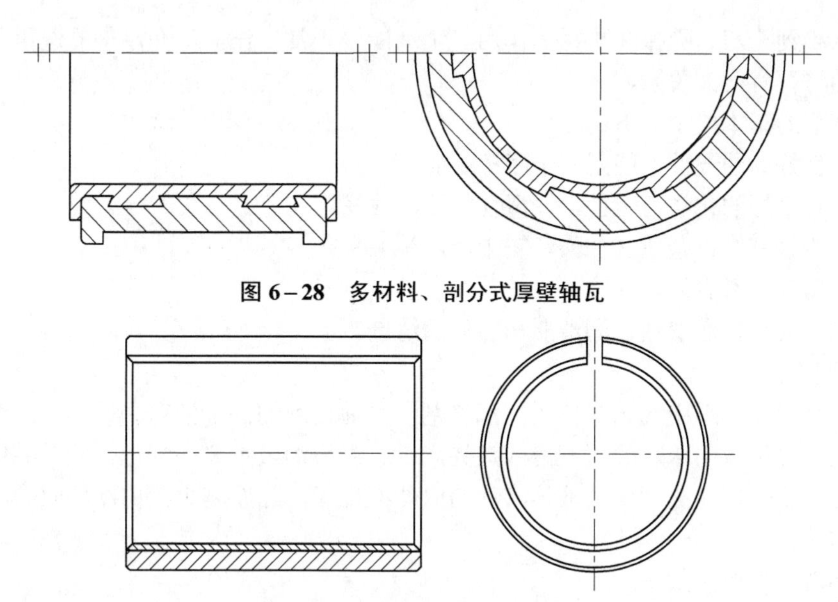

图 6－28　多材料、剖分式厚壁轴瓦

图 6－29　多材料、整体式薄壁轴瓦

三、止推滑动轴承

图 6－30 所示为几种较为简单的止推滑动轴承结构形式，由轴承座和止推轴颈组成，主要用于承受轴向载荷 $\boldsymbol{F}_{a}$。常用的轴颈结构形式有环形轴端式、单止推环式和多止推环式。

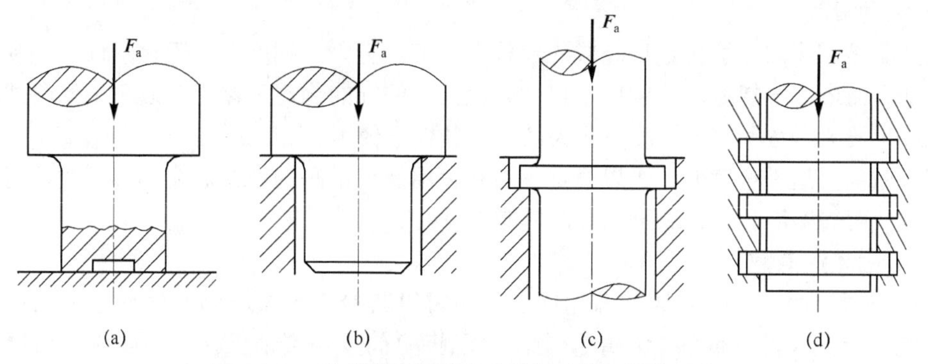

图 6－30　几种较为简单的止推滑动轴承结构形式

（a）环形轴端式 1；（b）环形轴端式 2；（c）单止推环式；（d）多止推环式

环形轴端式的结构形式分别见图 6－30（a）、（b），这种结构形式的止推滑动轴承为轴颈端面与轴承座接触并承受载荷，轴颈接触面上压力分布较均匀，润滑条件比实心式接触要好。单止推环式见图 6－30（c），这种结构形式的止推滑动轴承利用轴颈的环形端面作为止推面承载轴向力，结构简单，润滑方便，可承受双向轴向载荷，广泛用于低速、轻载的场合。多止推环式见图 6－30（d），这种结构形式的止推滑动轴承承载能力大，可承受较大的双向轴向载荷，但各环间载荷分布不均匀。

四、滑动轴承的润滑

滑动轴承润滑的主要目的是减轻工作表面的摩擦和磨损，提高轴承的效率和使用寿命，同时还可以起到冷却、吸振和防锈的作用。轴承能否正常工作，与润滑剂的选用及润滑装置的设计正确与否有很大关系。

对润滑剂的基本要求如下：

（1）有良好的油浸性，能附着于摩擦表面。

（2）具有良好的化学稳定性，润滑性能不易改变。

（3）不应含有有害杂质（如酸、灰尘、水等）。

（4）不腐蚀润滑表面。

润滑剂主要包括润滑油、润滑脂和固体润滑剂三类。

（一）润滑油

润滑油是滑动轴承中应用最广泛的润滑剂，目前使用的润滑油多为矿物油。润滑油有良好的流动性，可形成动压、静压润滑或边界润滑。润滑油最重要的物理性能是黏度，它是选择润滑油的主要依据。黏度表征液体流动的内摩擦性能，黏度越大，内摩擦阻力越大，液体的流动性越差。

选择润滑油的原则如下：

（1）轴承运转速度越高，选用润滑油的黏度越小，以减小磨损及能量损失。

（2）转速及负荷变化越大，润滑油的黏度越大。

（3）轴颈与轴瓦间的配合精度越高，润滑油的黏度越大。

（4）高温时（$t>60$ ℃），润滑油的黏度应高一些；低温时，润滑油的黏度可低一些。

（5）转速高、压力小时，润滑油的黏度应低一些；反之，润滑油的黏度应高一些。

（二）润滑脂

润滑脂是矿物油加稠化剂后制成的胶状润滑剂。因为其稠度大，无流动性，不易流失，可在滑动表面形成一层薄膜，所以承载能力较大。但它的物理、化学性质不如润滑油稳定，摩擦功耗也较大，故不宜在温度变化大或高速条件下使用。

润滑脂主要用于速度低、难以经常供油和使用要求不高的场合。实际应用时，可根据轴承的压强、圆周速度和工作温度选择润滑脂的牌号。

（三）固体润滑剂

常用的固体润滑剂有石墨和硫化钼，使用时以其粉剂涂敷、黏结或烧结在轴瓦表面，或以粉剂调配到润滑油或润滑脂中使用，也可将粉剂渗入到轴承材料中或成型后镶嵌在轴承中使用，用以提高其润滑性能，减少摩擦损失，提高轴承的使用寿命。它主要应用于有特殊要求的场合，例如要求环境清洁、真空或高温重载下工作的轴承，能获得良好的润滑效果。

为了将润滑油导入轴承的工作面，在轴瓦上设计有油孔、油槽和油室。油孔供油连续均匀，油量不大，应用于较重要的轴承；油槽供油量大，应用于连续运转、水平放置的轴承；油室起储油和稳定供油的作用，用于大型轴承。

比较常用的结构形式是轴瓦上开设油槽，油槽设计时需注意的几个问题是：油槽沿轴向不能开通，以防止润滑油从端部大量流失，如图 6-31 所示；对液体动压润滑轴承，油槽应开在非承载区（在轴承剖分面上），如图 6-32 所示；对混合润滑轴承，油槽应尽量延伸到最大压力区附近，如图 6-33 所示。

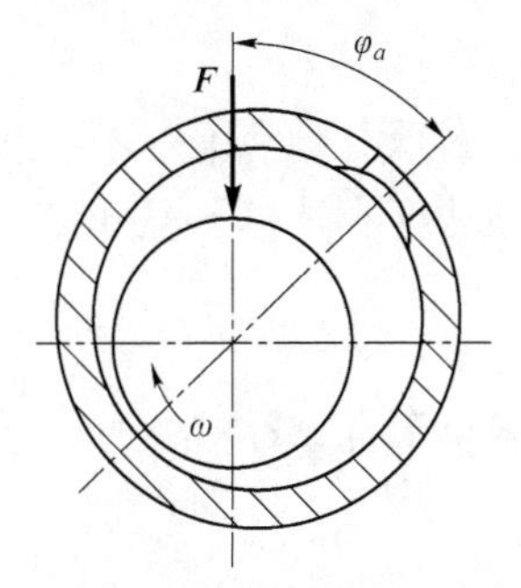

图 6-31　单轴向油槽开在非承载区（在最大油膜厚度处）

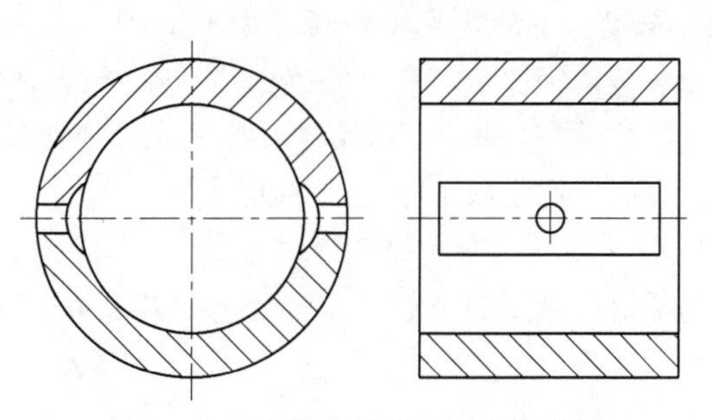

图 6-32　双轴向油槽开在非承载区

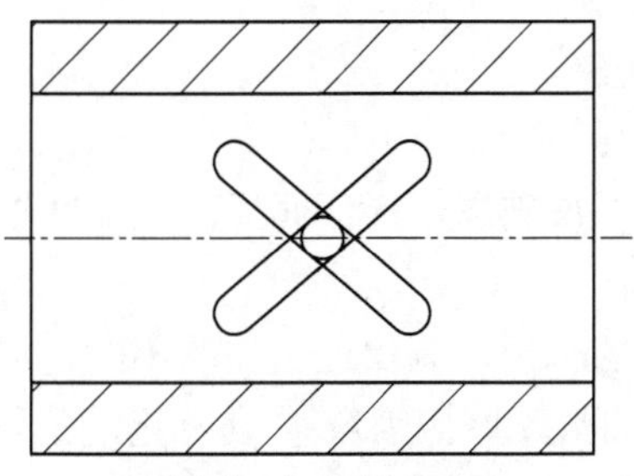

图 6-33　双斜向油槽

五、轴颈强度校核

实践证明，若能限制压强 $p \leqslant [p]$ 和压强与轴颈线速度的乘积 $pv \leqslant [pv]$，轴承是能够很好地工作的。

径向轴承的平均压强、线速度以及平均压强与线速度的乘积计算公式分别为

$$\begin{cases} p = \dfrac{F_r}{Bd} \leqslant [p] \\ v = \dfrac{\pi dn}{60 \times 1\,000} \leqslant [v] \\ pv = \dfrac{F_r}{Bd} \dfrac{\pi dn}{60 \times 1\,000} \leqslant [pv] \end{cases} \tag{6-14}$$

式中　F_r——作用在轴颈上的径向负荷，N；

B——轴颈长度，mm；

d——轴颈直径，mm；

p——轴颈（轴承）内的压强，MPa；

$[p]$——轴颈（轴承）材料的许用压强，MPa。

（一）径向滑动轴承的设计计算

设计时，已知轴颈直径 d、转速 n 和承受的径向载荷 F_r，按下述步骤进行。

1. 确定轴承的基本结构

根据工作条件和使用要求，确定轴承的结构形式，选择轴瓦材料。

2. 确定轴承的宽度（轴颈长度）B

一般按宽径比 B/d 及 d 来确定 B。B/d 越大，轴承的承载能力越大，但润滑油不易从两端流失，散热性差，轴承温升高；B/d 越小，则端泻流量大，摩擦功耗小，轴承温升低，但承载能力也低，通常取 $B/d=0.1$～0.5。

3. 验算轴承的单位平均压强 p

为了保证轴承有良好润滑而不致过度磨损，平均压强 p 应满足下列条件

$$p=\frac{F_r}{dB}\leqslant[p] \tag{6-15}$$

式中 F_r——径向载荷，N；

d——轴颈直径，mm；

B——轴承有效宽度，mm；

$[p]$——许用压强，MPa。

验算 p 的目的是保证油膜不被破坏，保证润滑，减少磨损。

4. 校核轴承的 pv 值

对于载荷较大或速度较高的轴承，为保证工作时不致过度发热产生胶合，应限制单位面积上的摩擦功率 fpv（f 为材料的滑动摩擦因数）。在稳定的工作条件下，f 可近似地视为常数。因此，pv 值间接反映了轴承的温升。防止轴承产生胶合，pv 值应满足下列条件

$$pv=\frac{F_r}{dB}\frac{\pi dn}{60\times1\,000}=\frac{F_r n}{19\,100B}\leqslant[pv] \tag{6-16}$$

式中 n——轴的转速，r/min；

$[pv]$——pv 的许用值，MPa·(m/s)。

限制 pv 值的目的是防止油温过高。

5. 校核滑动速度 v

对于平均压强 p 小的轴承，即使 p 和 pv 值验算合格，但由于滑动速度过高，也会发生由于加速磨损而使轴承报废的现象，因此，还应做速度 v 的验算。

$$v=\frac{\pi dn}{60\times1\,000} \tag{6-17}$$

式中 v——滑动速度，m/s。

6. 选择轴承的配合

根据不同的使用要求，合理地选择轴承的配合，以保证一定的间隙和旋转精度。

（二）止推滑动轴承的设计计算

止推滑动轴承的设计计算步骤与径向滑动轴承相同。

（1）根据轴向载荷 F_a 的大小、方向及空间尺寸等选择止推滑动轴承的结构形式，主要有实心式、空心式、单环式和多环式。

（2）多环式止推滑动轴承压力 p 的验算公式为

$$p=\frac{F_a}{z\pi\frac{d_1^2-d_2^2}{4}}\leqslant[p] \tag{6-18}$$

（3）pv 的验算公式为

$$pv=\frac{F_{\mathrm{a}}}{\frac{z\pi(d_1^{\ 2}-d_2^{\ 2})}{4}}\times\frac{\pi n(d_1+d_2)}{60\times1\,000\times2}\leqslant[pv] \tag{6-19}$$

式中　F_{a}——轴向载荷，N；

z——支承面的数目；

d_1——轴承孔的直径，mm；

n——轴颈的转速，r/min；

d_2——轴环的直径，mm；

$[p]$——许用压强，MPa。

第六节　滚动轴承

滚动轴承是以滚动摩擦为基本特点的一类轴承，具有很好的启动性能和承载能力，摩擦力矩小、磨损小，径向游隙小、置中精度高，对温度变化不敏感，具有互换性、维修方便，但径向结构尺寸大，承受冲击能力差，高速转动时噪声大等特点。滚动轴承已实现标准化、系列化、通用化，在机械系统中应用非常广泛。

图 6－34 所示为标准滚动轴承的结构。滚动轴承由带有滚道的外圈 1、内圈 2、滚动体 3 和隔开并导引滚动体的保持架 4 零件组成。

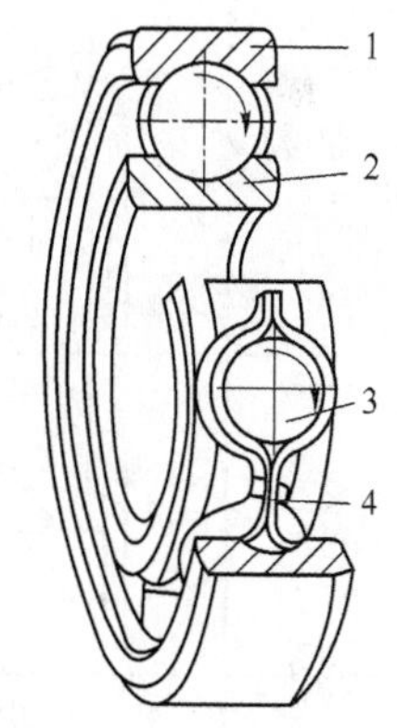

图 6－34　标准滚动轴承的结构

1—外圈；2—内圈；3—滚动体；4—保持架

通常内圈装在轴颈上，外圈装在轴承座中。内圈随轴回转，外圈固定，但也有外圈回转而内圈不动，或是内、外圈同时回转的场合。

一、常用的几种滚动轴承的基本类型

表 6－3 所示为常用的几种滚动轴承的基本类型。

表 6－3　常用的几种滚动轴承的基本类型

类型和代号	结构简图	性能及其应用
深沟球轴承 60000		主要承受径向载荷，也可承受不大的、任一方向的轴向载荷。结构简单，使用方便，摩擦阻力小，转速高，不耐冲击，不适合承受较重的载荷。它是生产批量最大，应用范围最广的一类轴承

续表

类型和代号	结构简图	性能及其应用
角接触球轴承 70000		适用于承受径向载荷和单向的轴向载荷，也可以承受一个方向的纯轴向载荷。滚动体与外圈滚道接触点法线与径向平面的夹角称为轴承接触角。接触角越大，轴向承载能力越高。配对安装时，可承受作用于两个方向上的轴向载荷。可在较高的转速下工作
圆柱滚子轴承 （外圈无挡边） N0000		主要承受径向载荷，承载能力高，对轴的偏斜或弯曲变形很敏感。外圈（或内圈）可以分离，可分别安装，不能承受轴向载荷。滚子由内圈（或外圈）的挡边轴向定位，工作时允许内、外圈有少量的轴向错动。此类轴承还可以不带内圈或外圈。可在高速下使用
圆锥滚子轴承 30000		可以同时承受较大的径向载荷和轴向载荷，属于向心推力轴承（30000 型以径向载荷为主，3000B 以轴向载荷为主）。内、外圈可以分离，可分别安装，通常成对使用。由于滚子端面与内圈挡边有滑动摩擦，故不宜在很高的转速下工作
滚针轴承 NA0000		只能承受径向载荷，承载能力大。在同等内径条件下，与其他相同类型的轴承相比，其外径最小。内圈或外圈可以分离，工作时允许内、外圈有少许轴向错动。一般无保持架，滚针间摩擦较大，极限转速低
推力球轴承 50000		只能承受轴向载荷，不能承受径向载荷。两个轴套的孔径不一，小孔径者与轴配合称为紧圈，大孔径者与轴有间隙，并支承在轴承座上称为活圈。高速时，因滚动体的离心力大，影响轴承的使用寿命，故只用于中速和低速的场合

滚动轴承的型号代号用来表明轴承的类型、内径、直径系列、宽度系列，一般最多为五位数字，字母表示前置代号，数字表示基本代号。例如，轴承代号 51204，第一位数字为类型代号，数字 5 代表推力球轴承。轴承内径由基本代号右起第一、二位数字表示，04 乘 5 就是内径尺寸 20 mm。右起第三位数字代表直径系列，2 表示轻系列。右起第四位数字 1 代表轴承的宽度系列，当宽度为 0 系列（正常系列）时，多数轴承在代号中可不标出宽度系列代号 0。外径及宽度数值根据代号查手册得到，外径为 40 mm，宽度为 14 mm。

与滚子轴承相比较，球轴承有较高的极限转速，故在高转速的情况下，优先考虑球轴承。

在内径相同的情况下，外径越小，滚动体就越小，故滚动体加在外圈滚道上的离心力就越小，因而也就更适合在高转速的状态下工作。

在轴承座没有剖分面而必须沿轴向安装和拆卸零部件的时候，应优先选用内、外圈可分离的轴承（如 N0000、NA0000、30000 等）。

常用的滚动轴承已标准化，由专门的工厂大批量生产，在机械设备中得到了广泛的应用。

设计时只需根据工作条件选择合适的类型，依据寿命计算规格尺寸，并进行滚动轴承的组合结构设计即可。在分析和设计滚动轴承的组合结构时，主要应考虑轴系的固定，轴承与轴、轴承座的配合，轴承的润滑和密封，提高轴系的刚度等方面问题。显然，此时考虑的也应是整个轴系，而不仅仅是轴承本身。

二、滚动轴承的固定

滚动轴承内、外圈的周向固定是靠内圈与轴间以及外圈与机座孔间的配合来保证的。其轴向定位可根据不同的情况选用不同的定位方法，如表 6-4 所示。

表 6-4 滚动轴承的轴向定位

内圈的定位					
定位元件	简图	应用说明	定位元件	简图	应用说明
螺母	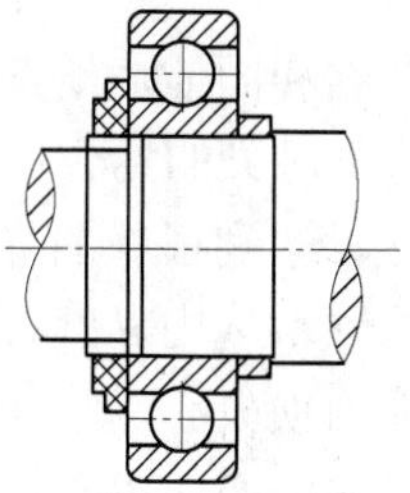	用于轴承转速较高，承受较大轴向载荷的情况，螺母和轴承套圈接触的端面与轴的旋转中心线垂直。为防止螺母在旋转过程中松弛，可用止动垫圈紧固	轴用弹性挡圈	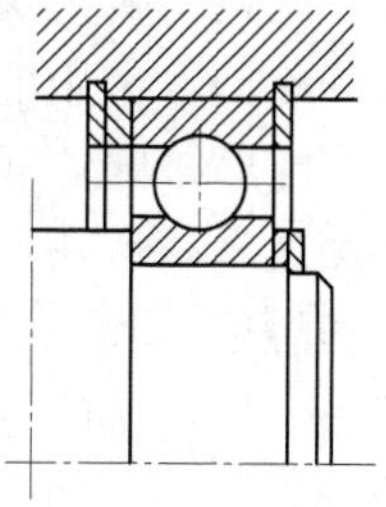	在轴向载荷不大、轴承转速不高、轴颈上加工螺纹有困难的情况下，采用端面是矩形的弹性挡圈进行轴向定位，该种方法装卸方便，占位置小，制造简单
端面止推垫圈	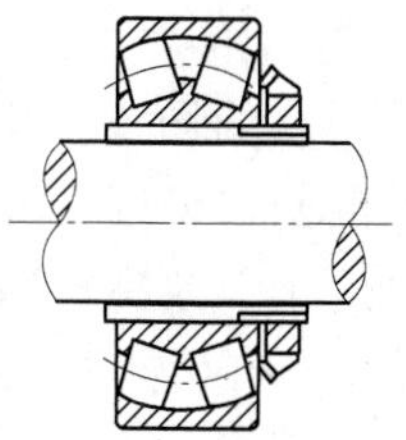	在轴向载荷较大，转速又比较高，轴颈上车螺纹有困难的情况下，采用两半并合的螺纹环卡到轴的凹槽内，再用螺钉紧固的方法	紧定套	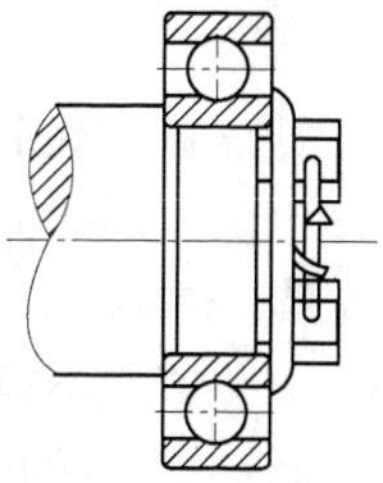	对轴承转速不高，承受平稳径向载荷与不大的轴向载荷的调心轴承，在轴颈上用锥形紧定套安装，紧定套用螺母和止动垫圈定位
外圈的定位					
定位元件	简图	应用说明	定位元件	简图	应用说明
端盖	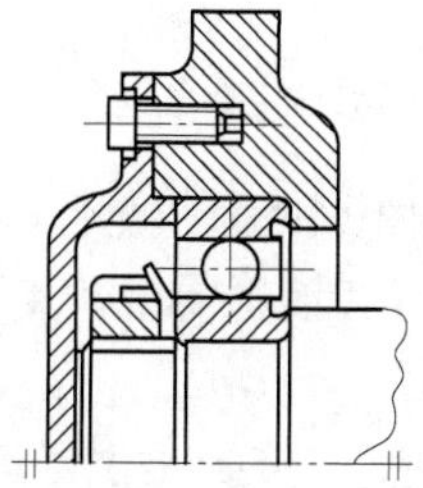	适用于转速高，轴向载荷大的各种向心轴承。端盖用螺钉压紧轴承外圈，端盖上可做密封装置	止动环	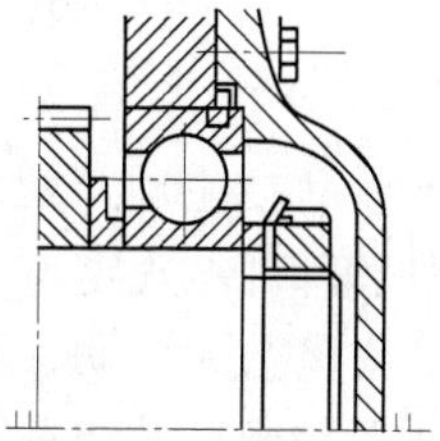	当轴承外壳孔内由于条件限制，不能加工止动挡边，必须缩减轮廓尺寸时，可采用轴承外圈上带止动槽的深沟球轴承，用止动环定位

三、滚动轴承的公差配合

由于滚动轴承的配合关系到回转零件的回转精度和轴系支承的可靠性，因此，在选择滚动轴承配合时要注意：

（1）滚动轴承是标准件，选择配合时，轴承内圈与轴的配合采用基孔制，轴承外圈与轴承座的配合采用基轴制。

（2）一般转速较高、负载较大、振动较严重或工作温度较高的场合，应采用较紧的配合。当载荷方向不变时，转动套圈的配合应比固定套圈的紧一些。经常拆卸的轴承以及游动支承的轴承外圈，应采用较松的配合。

四、滚动轴承的润滑和密封

润滑和密封对于滚动轴承的使用寿命具有十分重要的影响。

滚动轴承必须进行润滑，以降低工作时的摩擦功耗，减少轴颈或轴承磨损。此外，润滑剂还有冷却、吸振、防锈和减少噪声等作用。

根据工作条件的不同，常用的润滑剂有三类：润滑油、润滑脂和固体润滑剂。一般情况下多采用润滑油和润滑脂，固体润滑剂多在高温、高速及要求防止污染的场合使用。

润滑油根据黏度选择，取决于速度、载荷、温度等因素，可以达到很好的降温、冷却效果，特别适用于工作温度比较高的滚动轴承。载荷大、温度高的轴承选用黏度大的润滑油，易形成油膜。载荷小、转速快的轴承选用黏度较小的润滑油，搅油损失小、冷却好。高速轴承通常采用喷油或油雾润滑。油面高度不应超过轴承最低滚动体的中心，以免产生过大的搅油损耗和热量。滚动轴承采用油润滑的缺点是轴承需保持良好的密封状态，避免润滑油的泄漏。另外，油润滑需要设置比较复杂的供油装置，在操作和使用上不如润滑脂方便，加大了滚动轴承的维护工作量。

润滑脂主要用于速度低、载荷大，不需经常加油、使用要求不高的场合。其优点在于流动性小，不容易出现泄漏，形成的油膜强度好，更利于滚动轴承的密封使用。滚动轴承以润滑脂润滑也存在有缺点，和润滑油相比，润滑脂摩擦力矩较大，对于需要高速运转的滚动轴承适用性较低。润滑脂装填量不得超过轴承空间的1/3～1/2，否则会引起轴承过热。

滚动轴承密封的目的在于防止灰尘、水分和杂物侵入轴承内，同时防止润滑剂流失。常用的轴承密封装置有端盖密封与轴上密封。端盖密封，用垫片或止口即可密封，见图6－8，调整垫片6起端盖密封作用。轴上密封常用接触式毡圈密封，图6－8中，轴承端盖2与轴身②之间为毡圈密封。

第七节　精 密 轴 系

精密轴系是一种包括主轴及相关轴上零件（高精度的滑动轴承和滚动轴承）的组合件。当要求可动的零件和部件按规定方向做精确地转动时，常采用精密轴系实现。精密轴系具有转速低、负荷小、大多数无振动、旋转精度高的特点。

精密轴系是很多精密机械和精密仪器的关键部件，轴系的精度直接影响仪器的测量精度。精密轴轴系的基本要求如下：

（1）较高的回转精度。回转精度指实际回转轴线与理想回转轴线的偏差，是衡量精密轴系性能最主要的指标。其包含径向跳动、轴向窜动和倾角回转误差。

（2）转动灵活、轻便平滑。主轴应转动灵活、平稳，没有阻滞现象，设计时使轴系的摩擦力矩为最小，并选择合适的润滑剂。

（3）具有足够的刚度。具有足够的刚度指主轴在外加载荷的作用下抵抗变形的能力。

（4）良好的结构工艺性。在结构、材料、加工、装配和调整等方面，采取各种措施，保证轴系的精度，并使成本最低。

（5）较长的使用寿命。较长的使用寿命指主轴保持原始精度的时间。由于精密轴系的旋转精度很高，即使较小的磨损、温度变化导致的微小热变形等，都会影响轴系的精度。所以设计时应采取相应措施，使轴系较长时间内保持原始的设计精度。

常见的精密轴系有圆柱轴系、圆锥轴系、半运动学式轴系和平面轴系。

一、圆柱轴系

圆柱轴系由圆柱轴颈和具有圆柱孔的轴套组成。图6－35所示为圆柱竖轴轴系，其结构简单，加工方便，易于获得较高的制造精度，承载能力大，耐冲击。轴与轴套接触面积大，摩擦力矩大，配合面间的间隙无法调整，回转精度不高，定中心精度完全由加工保证，磨损后精度无法修复。

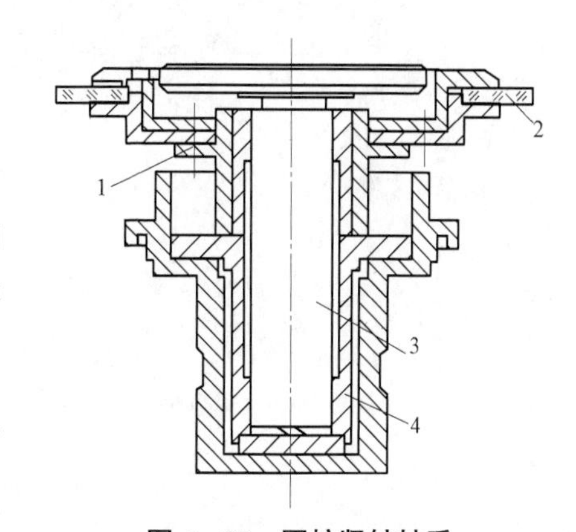

图6－35　圆柱竖轴轴系

1—度盘托架；2—光学度盘；3—主轴；4—轴套

通常将轴和轴套中部车去一部分，以减少摩擦面积和精加工面，而又不降低仪器回转部分旋转的稳定性。如果转动部分的质量稍有偏心，不会引起轴的晃动，提高了仪器回转部分旋转的稳定性。

在圆柱竖轴轴颈下端设计有一个凸起的锥形头（或一个钢球），或利用圆柱轴颈下端的圆环面承载，以竖轴下端的钢球或圆环面承受大部分轴向载荷，其目的是减小轴端面的接触面积，以减少对轴套的压力，使摩擦力矩减小，比整个轴端面大面积接触转动灵活些。

图 6－36 所示为圆柱横轴轴系，具体是蜗轮蜗杆副光学分度头的高精度滚动轴承轴系。右轴端装有独特的顶尖装置，用顶尖和拨盘夹持工件并使之回转和分度定位。为防止在受到轴向力时产生轴向窜动，圆柱横轴轴系也要采用与竖轴轴系相类似的轴肩止推或轴端止推方式定位。为确保分度头同尾座轴线的同心，将分度头重新安装在底座上时，定位装置可使它准确地处于原来的位置。

圆柱轴系的结构特点是结构简单，制造方便，易于大量生产；承载能力大，耐冲击；磨损后轴系间隙无法调整，回转精度不高，定中心精度完全由加工保证；摩擦力矩大；对温度适应性差。为保证仪器在不同温度下工作，轴颈和轴承应尽量采用线膨胀系数相近的不同材料，但又降低了轴系的耐磨性，加大了摩擦力矩，这是设计中应权衡考虑的问题。

在设计和制造时，可以根据使用要求分析轴系的结构参数和有关公差，如图6－37所示。轴系的置中误差指转动轴线平移的程度，该误差可用δ表示［见图 6－37（a）］，是轴颈轴线对轴承轴线的最大偏移量。

$$\delta = \frac{\Delta}{2} \tag{6-20}$$

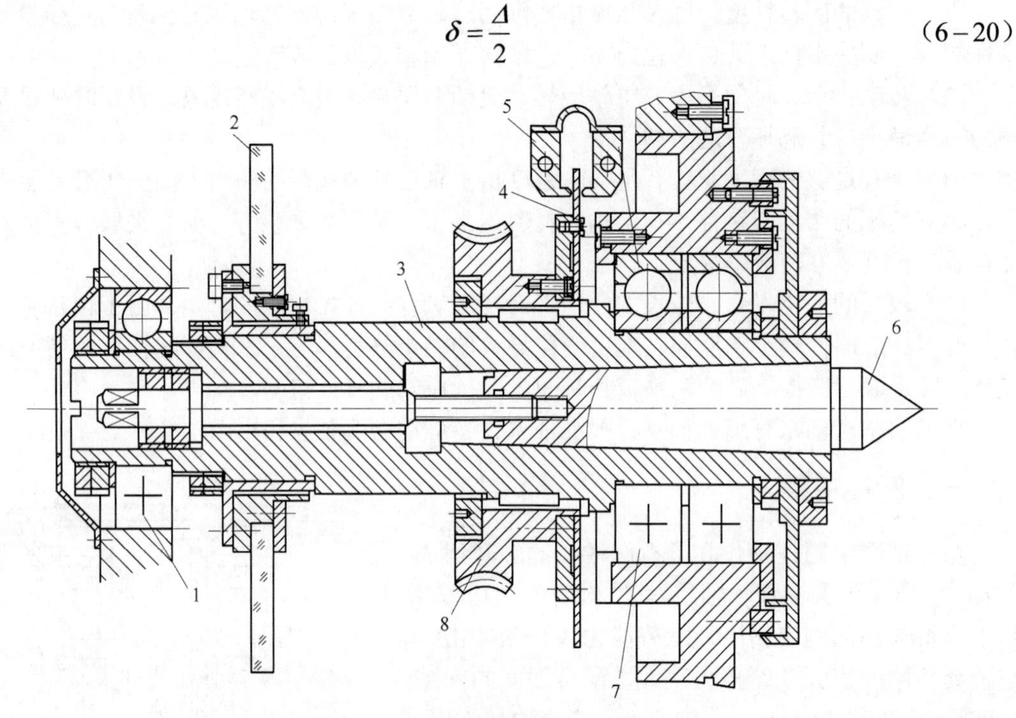

图 6-36　光学分度头圆柱横轴轴系

1，7—滚动轴承；2—度盘；3—主轴；4—锁紧片；5—卡子；6—顶尖；8—蜗轮

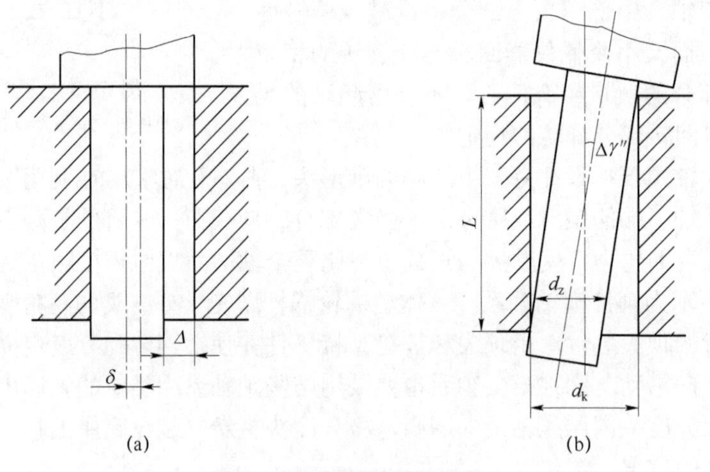

图 6-37　圆柱轴系的误差

（a）轴线的最大偏移；（b）轴系的方向误差

轴系的方向误差由 $\Delta\gamma''$ 表示，如图 6-37（b）所示，指转动轴线摆动的幅度，由主轴与轴套间的间隙引起，间隙将使轴产生晃动，影响轴系的旋转精度。

$$\Delta\gamma'' = \frac{d_k - d_z}{L}\rho'' \tag{6-21}$$

式中　d_k——孔的直径；

d_z——轴的直径；

L——轴颈的工作长度；

ρ''——将弧度转化为秒的换算系数。

二、圆锥轴系

圆锥轴系由圆锥形轴颈和圆锥形轴套组成。圆锥轴系中的锥面能自动定中，间隙可通过调整达到很小，磨损后可利用轴颈的轴向移动来调整间隙，易于修复精度。置中精度和定向精度高，但摩擦力矩大，对温度变化较敏感。锥形轴和轴套加工制造复杂，轴颈和轴套分别用研磨工具研光，再配对微量研磨，因而成本高，且没有互换性。

圆锥轴系一般为垂直轴系，形成方位旋转轴线，实现方位角位置测量，有上平面式、下顶点式和悬垂式。

（一）上平面式

图 6-38 所示为上平面式圆锥轴系。

在图 6-38 中，轴的半锥角为 α，轴套的上端面 A 承受轴向载荷，装配时修切上端面 A 以保证轴系的间隙。锥面只作定向和定中心的作用，间隙小，旋转精度高。用轴肩承载，摩擦力臂长且接触面积大，摩擦力矩大，灵活性差，磨损后间隙调整困难。

（二）下顶点式

图 6-39 所示为下顶点式圆锥轴系。

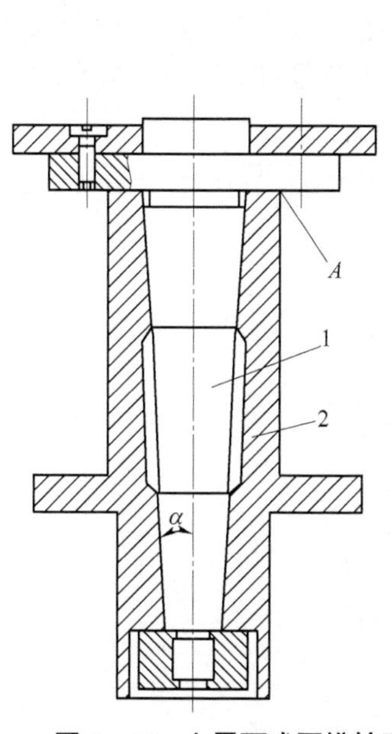

图 6-38　上平面式圆锥轴系

1—主轴；2—轴套

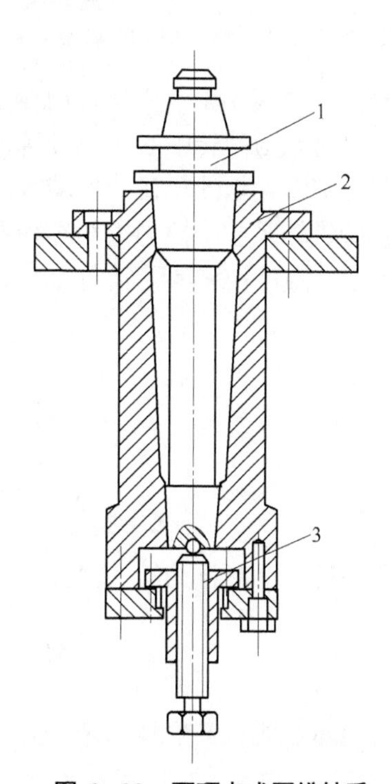

图 6-39　下顶点式圆锥轴系

1—主轴；2—轴套；3—球头调节螺钉

利用轴下端中心的球头承受轴向载荷以减少对轴套的压力，摩擦力矩小，转动灵活，易于调节，磨损后间隙易于调整。转动时易摆动，适合于低速、中心载荷的条件。

（三）悬垂式

图 6-40 所示为悬垂式圆锥轴系。

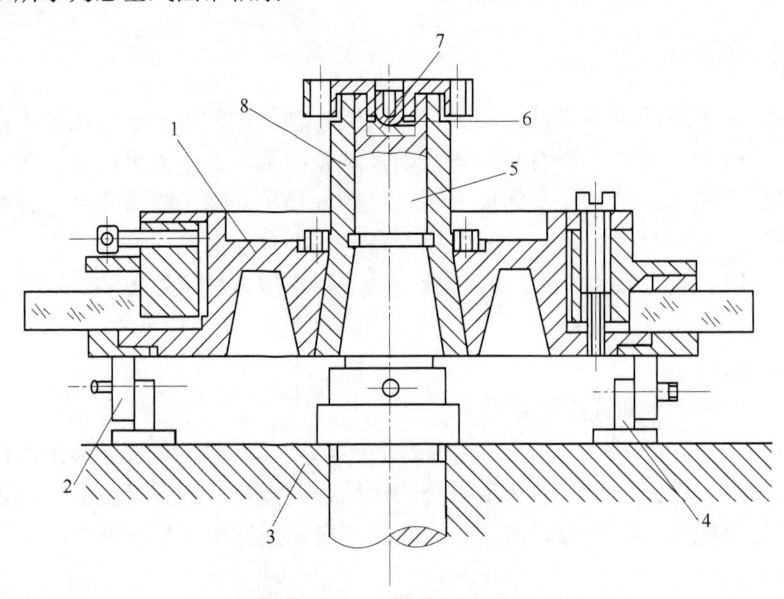

图 6-40 悬垂式圆锥轴系

1—度盘托架；2—滚动轴承（3 个在圆周上分布）；3—底座；4—轴承座；5—主轴；6—滚珠；7—调节螺钉；8—轴套

回转部分由 3 个滚动轴承支承，用偏心结构调节轴承的高度，使 3 个轴承均匀地支撑起回转部分。由于轴承与回转中心距离较远，产生的摩擦力矩较大，在轴上部增加一个辅助支点，分担一部分滚动轴承的载荷，可减少摩擦力矩，提高轴承寿命，减少度盘托架的变形。

以下分析圆锥轴系中摩擦力矩与结构参数的关系。

图 6-41 中，圆锥轴承承受轴向力 F_a，法向压力 F_{N1}、F_{N2}，设 $F_{N1}=F_{N2}=F_N$，则

$$F_N=\frac{F_a}{2\sin\alpha} \tag{6-22}$$

摩擦力矩 M_f

$$M_f=f\frac{F_a}{2\sin\alpha}\frac{d_1+d_2}{4} \tag{6-23}$$

用轴肩承载时，其摩擦力矩 M_f 为

$$M_f=\frac{1}{3}fF_a\frac{d_1^3-d^3}{d_1^2-d^2} \tag{6-24}$$

用球头螺钉承载时，其摩擦力矩 M_f 为

$$M_f=\frac{3}{16}\pi fF_a r \tag{6-25}$$

锥形轴的半锥角越小，则置中精度和定向精度越高，工作越稳定。一般 2α 角在 4°～15°内选取。设计时应采用线膨胀系数小、摩擦系数小的材料，主轴与轴套应采用线膨胀系数接近的材料，当采用相同材料时，应用热处理方法使轴颈的硬度大于轴承的硬度。

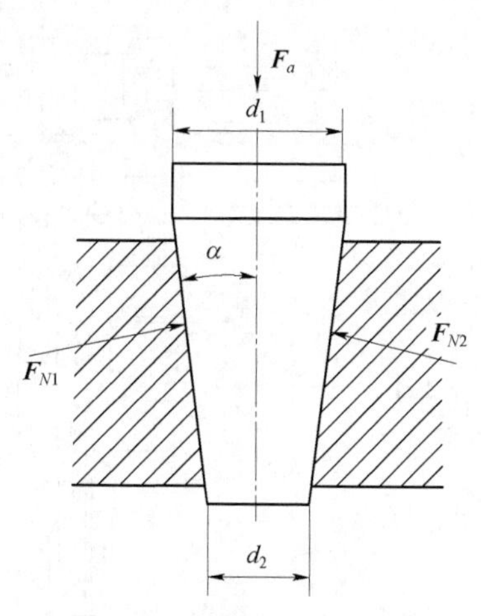

图 6－41　圆锥轴系的误差

三、半运动学式轴系

根据运动学原理，每个零件在空间中都有 6 个自由度，运动学结构用 5 个点限制 5 个自由度，再用一个点构成“封闭”，保证相对运动关系，如图 6－42 所示。

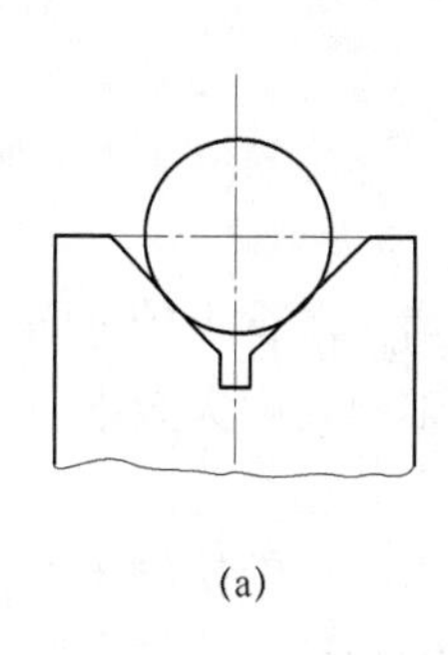

(a)

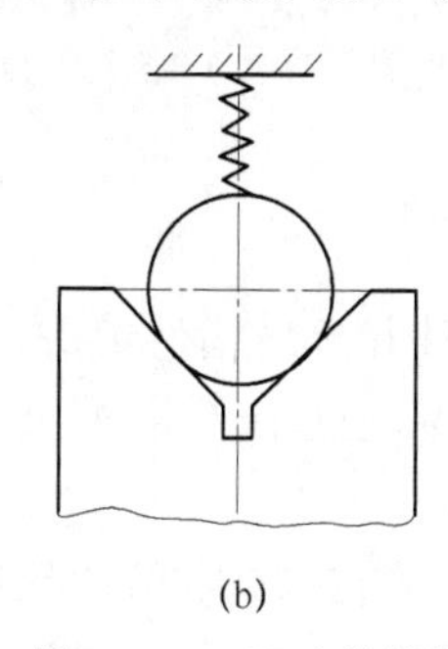

(b)

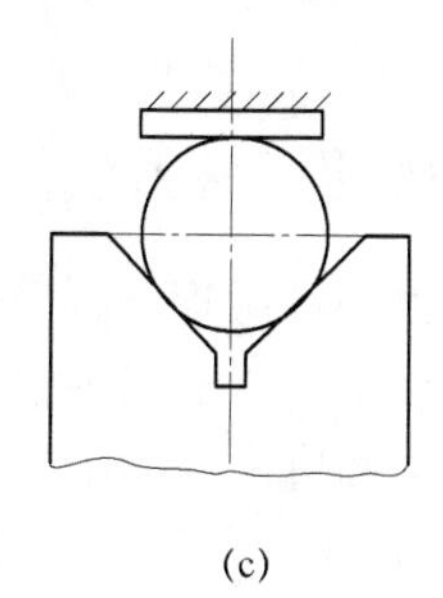

(c)

图 6－42　运动学结构

（a）自由度限制；（b）力封闭；（c）形封闭

运动学结构没有间隙，可避免多余的接触点，没有多余的支点引起应力，产生变形，不会出现“过定位”的现象。

按照运动学原理设计轴系结构易于获得较高的加工精度，减少精加工面，减小摩擦力矩，提高定中精度。V 形架的角度误差不影响运动精度，但接触点局部应力较大，会引起磨损。因此，运动学结构只适用于小负荷、相对运动速度低、工作精度要求高的结构中。

为了扩大运动学结构的用途，提出了半运动学结构，即用小面积或线接触代替点接触的结构。实际应用中精密轴系采用的结构按运动学原理变化而来，尽量接近运动学原理，称为半运动学式轴系，如图 6－43 所示。图 6－43（a）为上锥面滚动圆柱轴系，图 6－43（b）为下锥面滚动圆柱轴系，两者均为半运动学式轴系。

半运动学式轴系的特点是：自动定心，置中精度高，摩擦力矩小，特别是启动摩擦力矩小；主轴启动灵活，能承受较大的载荷且磨损小；对温度变化不敏感，不发生卡滞现象，刚度好，磨损小，寿命长，能用于高速转动，装配时研磨工作量小，利于批量生产。但是，安装结构复杂，工艺要求高，承受冲击及振动能力较弱，转速高时有噪声，成本较高。

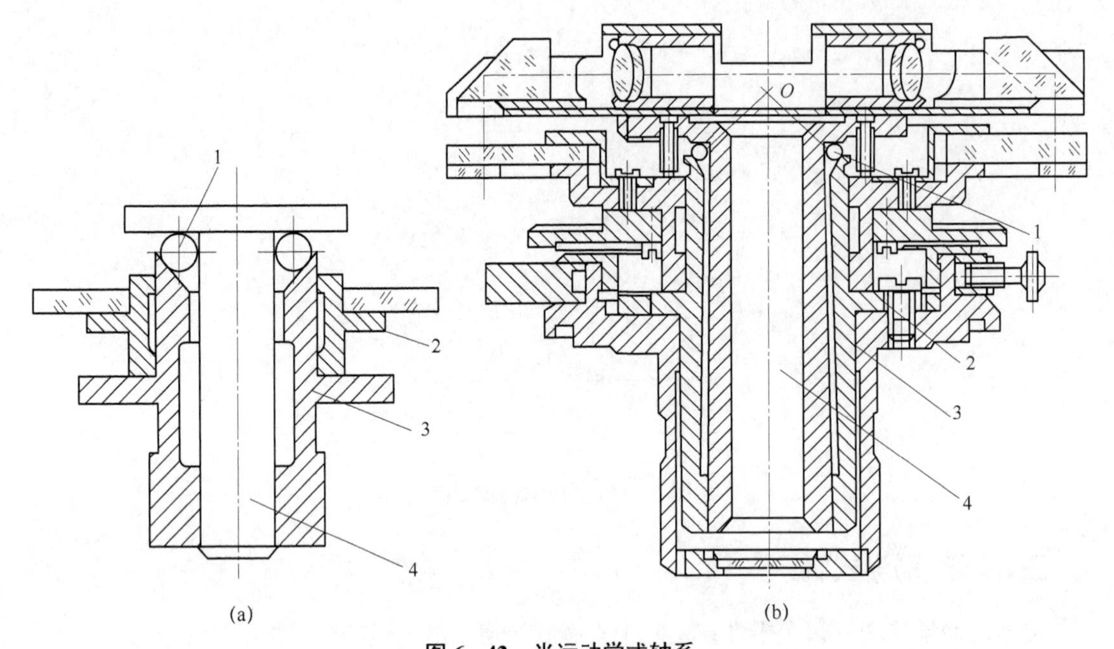

图 6-43 半运动学式轴系

（a）上锥面滚动圆柱轴系；（b）下锥面滚动圆柱轴系

1—钢球；2—度盘支座；3—上锥面轴套；4—主轴

四、平面轴系

平面轴系由钢球、平面保持架组件和旋转构件组成。平面轴系增大了钢球的分布直径，旋转精度很高，提高了仪器的置中精度，减小了定中心轴的长度，轴向长度大大缩短，降低了仪器的高度，提高了仪器的稳定性。

图 6-44 所示中，旋转件 1 通过一圈钢球压在静止件 3 上，利用钢球的接触平面控制轴晃动，旋转件 1 下面的圆环面及轴套定中、定向。轴系利用平面接触承受轴向力，高度低，体积小，克服了上平面滑动圆柱轴系摩擦力矩大、转向不灵活等缺点。但精度不稳定，转动过于灵活，需使用黏度较大的油脂，以使其转动较平稳，噪声小。

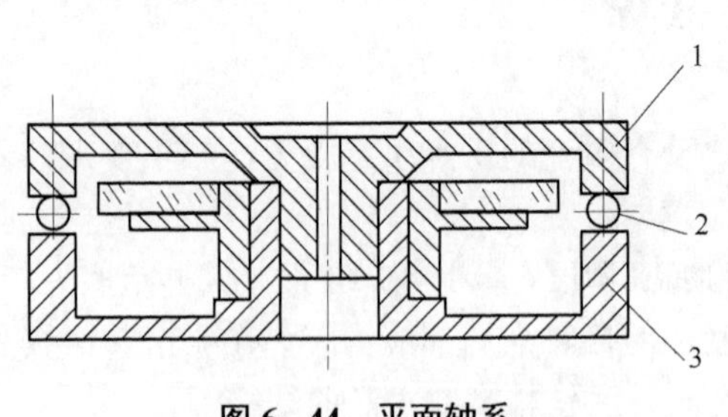

图 6-44 平面轴系

1—旋转件；2—钢球；3—静止件

在图 6-44 的平面轴系中，将钢球的圆度误差和直径误差控制在一定的范围内，上、下平面的工作面十分光滑而平直，芯轴和轴套只起定中心的作用，而主轴的晃动只取决于钢球及上、下平面的形状误差。因此，上、下平面的精度非常重要，材料应有很高的硬度，并经过研磨。

图 6-45 所示为立式车床工作台的主轴轴承系统。

立式车床的工作台是金属切削机床中的一种车床，可保证工作台的端面跳动与径向跳动在要求的精度以内。采用高精度可调径向间隙双列短圆柱滚子轴承定心，轴向采用推力球轴承，具有旋转精度高、承载能力大、热变形小的特点。

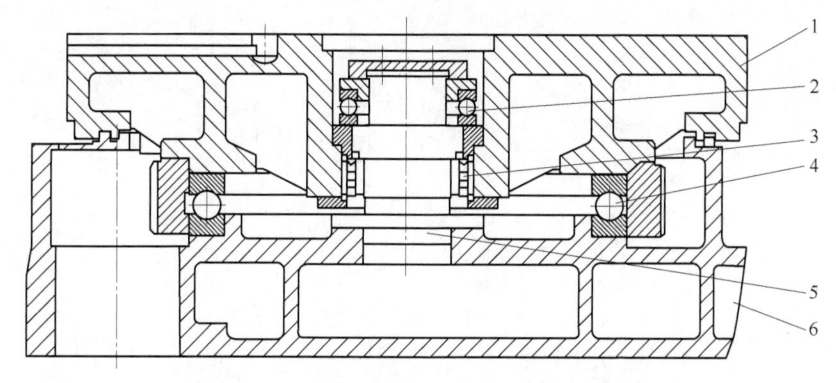

图 6-45　立式车床工作台的主轴轴承系统

1—工作台；2—上推力球轴承；3—双列圆柱滚子轴承；4—主推力球轴承；5—主轴；6—工作台底座

该平面轴系的优点是结构简单，摩擦力小，转动灵活，可在无间隙或预紧条件下工作，有利于提高旋转精度和刚度。其主要缺点是轴系径向尺寸较大，精度受到钢球精度的限制。

第八节　联轴器及离合器

联轴器及离合器是精密轴系中的常用轴上零件，也是机械装置中常用的部件，用于轴与轴的连接，并传递运动和转矩。

联轴器一般由两个半联轴器及一个连接件组成，其主要功用是用来连接两根轴，使之一起转动并传递转矩。离合器是使两根转动轴随时接合或分离的一种装置。可操纵传动的断续，进行轴间的变速或换向。

联轴器与离合器的相同点是两者同为连接轴的组合件。联轴器与离合器的根本区别为联轴器只有在运动停止后，用拆卸的方法才能把两轴分开，而离合器则可在运动中随时使两轴分离和接合。

一、联轴器的特性

应用联轴器可以方便地将组成机械系统的各部分（驱动部分、传动部分、执行部分）连接起来。用联轴器连接两根轴时，被连接的两轴一般属于两个不同的部件。由于制造及安装误差、承载后的变形以及温度变化的影响等，两轴的轴线往往不能保证严格的对中，即两轴的相对位置发生了变化，从而存在着某种程度的相对位移和偏差。

图 6-46 所示为被连接的两轴可能发生相对位移或偏斜的情况。如果这些位移或偏斜得不到补偿，将会在轴、轴承、联轴器上引起附加动载荷，甚至发生振动。因此，在不能避免两轴相对位移的情况下，设计联轴器时，要求从结构上采取各种不同的措施，使之能够适应一定范围的相对位移。这也说明，联轴器除了能传递转矩外，还应具有补偿两轴偏移、缓冲与减振等性能。

联轴器常在下列情况下使用：

（1）考虑加工制造的方便及刚度条件，当轴的长径比超过一定的数值时需要对长轴进行分段，再用联轴器将其连接成一个整体。

（2）当轴端零件需要常拆常卸时，对轴进行分段并用以联轴器连接，使零件拆卸方便。

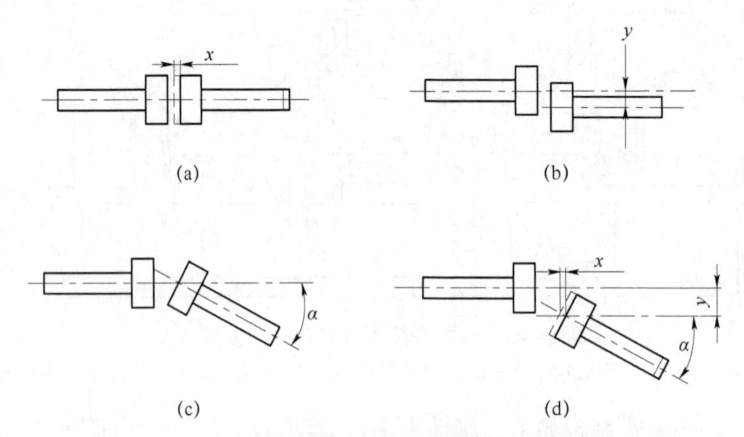

图 6-46　被连接的两轴可能发生相对位移或偏斜的情况

(a) 轴向位移 x；(b) 径向位移 y；(c) 角位移 α；(d) 综合位移 x、y、α

（3）当轴的一端有振动，而另一端需要隔离振动冲击时，可利用联轴器的减振性能将轴分段并连接。

（4）有时也可以作为一种安全装置用来防止被连接件承受过大的载荷，起到过载保护的作用。

二、联轴器的种类

联轴器分为刚性联轴器和挠性联轴器两大类。

（一）刚性联轴器

刚性联轴器对被连接两轴间的各种相对位移无补偿能力，对两轴对中性的要求高。当两轴有相对位移时，会在结构内引起附加载荷。刚性联轴器的结构比较简单。

（二）挠性联轴器

挠性联轴器对被连接两轴间的相对位移有补偿能力，具体可分为无弹性元件挠性联轴器及有弹性元件挠性联轴器。无弹性元件挠性联轴器具有挠性，可补偿两轴的相对位移，但由于联轴器中无弹性元件，因此不能缓冲减振。有弹性元件挠性联轴器中装有弹性元件，不仅可以补偿两轴间的相对位移，而且具有缓冲减振的能力。弹性元件储蓄的能量越多，联轴器的减振能力越强。但弹性元件的存在易引起输入、输出轴的运动滞后。

三、常用的联轴器

常用的刚性联轴器有套筒联轴器、凸缘联轴器和夹壳联轴器等。

（一）套筒联轴器

图 6-47 所示为套筒联轴器。图 6-47（a）中用一个套筒通过两个半圆键将两轴连接在一起，再用紧定螺钉实现轴向固定；图 6-47（b）中用一个套筒通过两个平键将两轴连接在一起，再用紧定螺钉实现轴向固定。被连接的两轴既可与套筒键连接，也可与销连接。套筒联轴器适用于轴过于细长，必须分段的情形，不具有补偿被连接两轴轴线相对偏移的能力，也不具有缓冲减振性能，但结构简单，径向尺寸小。只有在载荷平稳，转速稳定，能保证被

连两轴轴线相对偏移极小的情况下，才可选用。选用套筒联轴器时要求被连接两轴几何轴线准确重合，两个键须在同一条母线上或两锥销位置相互垂直。

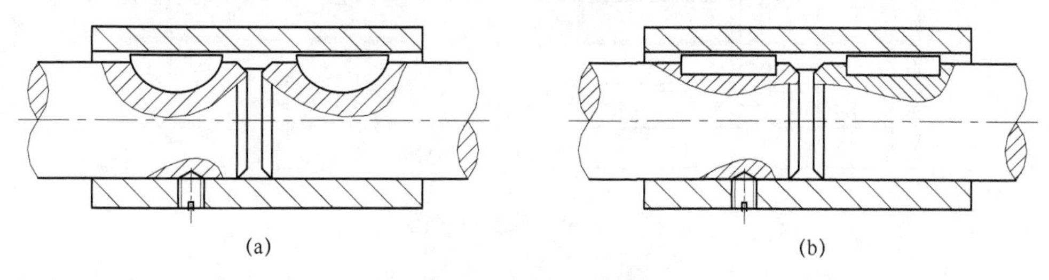

图 6–47　套筒联轴器

（a）半圆键连接；（b）平键连接

（二）凸缘联轴器

凸缘联轴器是刚性联轴器中应用较为广泛的一种。如图 6–48 所示，由两个带凸缘的半联轴器和一组螺栓组成，半联轴器通过键分别与两轴端周向连接，再用螺栓将两个半联轴器的凸缘组连成一体，从而传递运动和转矩。凸缘联轴器常采用两种对中结构，图 6–48（a）为两半联轴器的凸肩和凹槽相嵌合而对中，靠螺栓在凸缘结合面预紧产生摩擦力矩来传递转矩对中性好；图 6–48（b）用螺栓对中，靠螺栓在凸缘结合面剪切和挤压来传递转矩，能传递较大的转矩，卸下螺栓即可分离两轴，不用移动轴，装拆较方便。

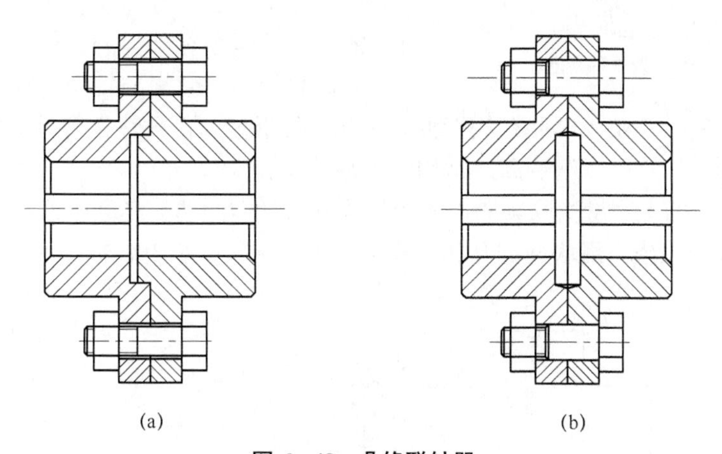

图 6–48　凸缘联轴器

（a）凸肩和凹槽相嵌合；（b）螺栓对中

凸缘联轴器的特点是结构简单，成本低，维护容易，能传递较大的转矩，对中精度可靠。由于对连接两轴的相对位移无补偿能力，故对两轴的对中性要求很高。凸缘联轴器常用于转速低、冲击小、轴的刚性大且对中性较好的场合。

（三）夹壳联轴器

图 6–49 所示的夹壳联轴器是利用两个沿轴向剖分的夹壳，或将套筒做成剖分夹壳结构，通过拧紧螺栓产生的预紧力使两夹壳与轴连接，靠两半联轴器表面间的摩擦力传递转矩，利用平键做辅助连接。为了改善平衡状况，螺栓应正、倒相间安装。

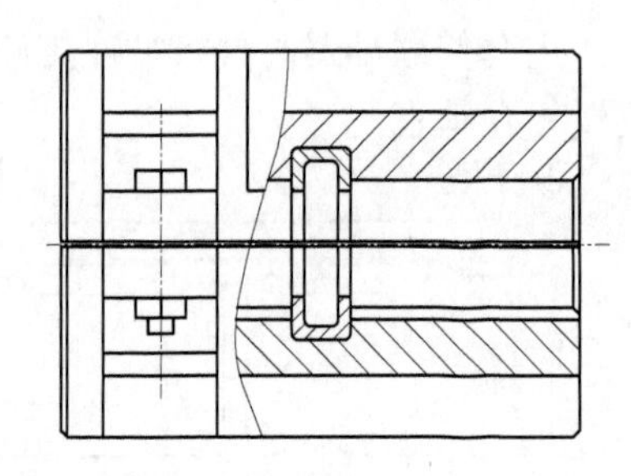
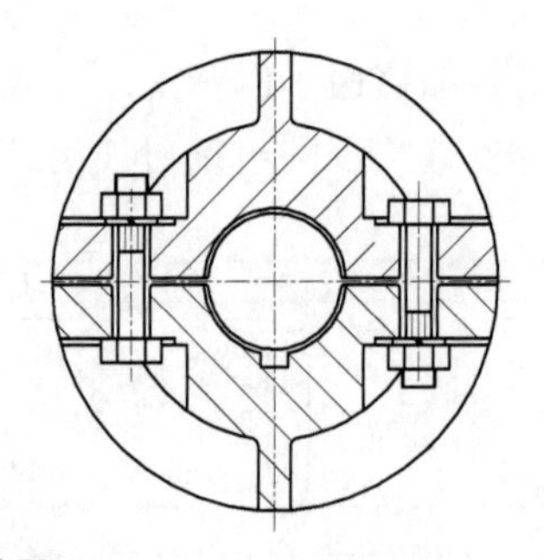

图 6-49　夹壳联轴器

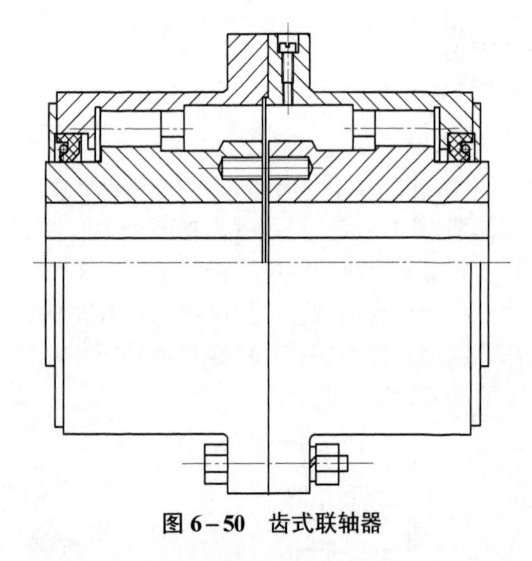

图 6-50　齿式联轴器

夹壳联轴器不具备轴向、径向和角向的补偿性能。装配和拆卸时轴不需要轴向移动，结构简单，装拆很方便。但不能连接直径不同的两轴，两轴轴线对中精度低，高速旋转时会产生离心力且不易平衡，只适用于低速和载荷平稳的场合。

常用的挠性联轴器有无弹性元件的齿式联轴器、十字滑块联轴器、万向联轴器，有弹性元件的弹性柱销联轴器、星形或梅花形弹性联轴器、膜片联轴器等。

图 6-50 所示的齿式联轴器由两个有内齿的外壳及两个有外齿的套筒组成，外壳与套筒的齿数相同，套筒与轴用键连接，两外壳间用螺栓连接，两端密封，空腔内储存润滑油。齿式联轴器能补偿被连接两轴的不对中和偏斜，传递转矩大，但结构笨重，造价高，常用于重型传动。

图 6-51 所示的十字滑块联轴器由两个端面开有径向凹槽的半联轴器 1、3 与两端各具有凸榫的十字滑块 2 组成，滑块两侧互相垂直的凸榫分别与两个半联轴器的凹槽组成移动副。

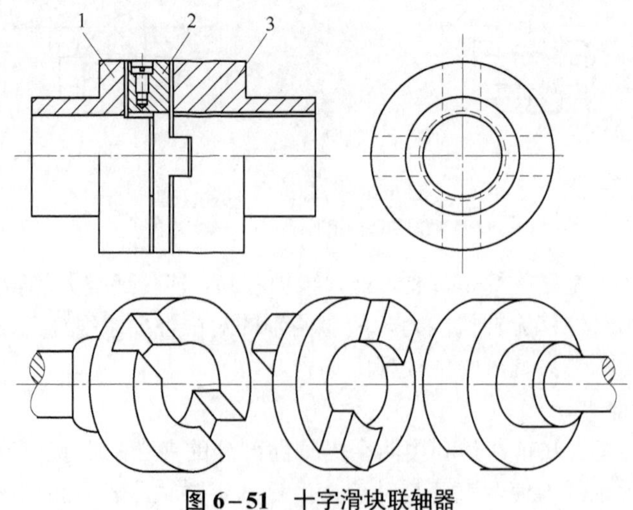

图 6-51　十字滑块联轴器

1，3—半联轴器；2—十字滑块

联轴器工作时，当两轴存在不对中和偏斜时，十字滑块随两轴转动的同时又相对两轴在凹槽内滑动，以补偿两轴的径向位移。这种联轴器径向补偿能力较大（$y \leqslant 0.04d$，d为轴的直径），同时也有少量的角度和轴向补偿能力。

十字滑块联轴器的结构简单，尺寸紧凑，适用于被连接轴有较大的径向偏移、小功率、中等力矩、高转速而无剧烈冲击的场合。在两轴间有相对位移的情况下工作时，由于十字滑块偏心回转会产生离心力，并给轴和轴承带来附加动载荷，从而增大动载荷及磨损，所以不宜用于高速的场合。缺点是空回误差大，槽与凸台间的磨损大。

图 6－52 所示的十字轴式万向联轴器连接两相交轴，其交角α可达 35°～45°，轴线交角随机械运转而不断变化时，仍可正常传动；但当两轴交角过大时，传动效率会显著降低。

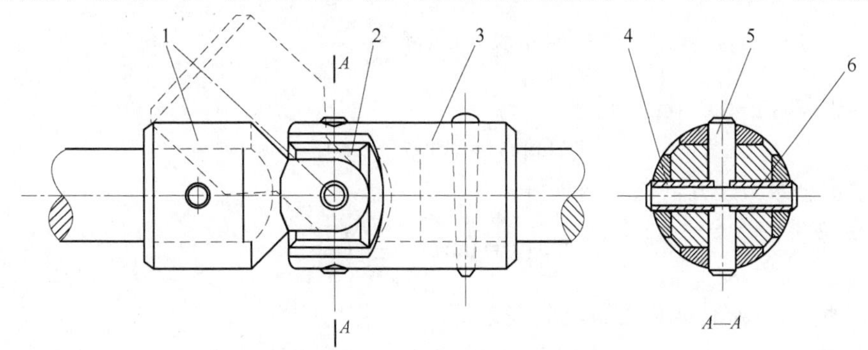

图 6－52　十字轴式万向联轴器

1，3—叉形接头；2—中间件；4—销套；5—销轴；6—铆钉

十字轴式万向联轴器的结构特点是两传动轴末端各有一个叉形支架，用铰链与中间的十字形构件相连，两叉与十字形构件组成轴线垂直的转动副，十字形构件的中心位于两轴的交点处。

单万向联轴器的传动比为

$$\frac{\omega_3}{\omega_1}=\frac{\frac{\mathrm{d}\phi_3}{\mathrm{d}t}}{\frac{\mathrm{d}\phi_1}{\mathrm{d}t}}=\frac{\cos\alpha}{1-\sin^2\alpha\cos^2\phi_1} \tag{6–26}$$

两轴平均传动比为 1，但瞬时传动比是动态变化的，主动轴与从动轴的瞬时传动比不为常数，该传动比不仅随主动轴转角ϕ_1、从动轴转角ϕ_3而变化，还与两轴之间的夹角α有关。当主动轴角速度 ω_1 为常数时，从动轴的角速度 ω_3 并不是常数，而是在一定范围内（$\omega_1\cos\alpha \leqslant \omega_3 \leqslant \omega_1/\cos\alpha$）产生周期性的变化，因而在传动中将产生附加动载荷。就单万向联轴器而言，两轴间的夹角α越大，从动轴速度波动越明显。

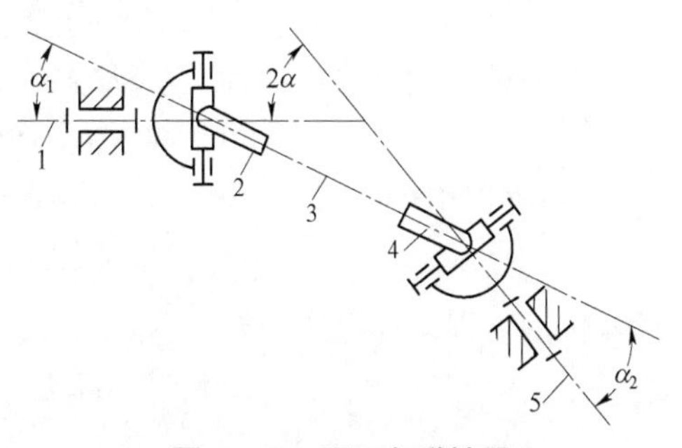

图 6－53　双万向联轴器

1—主动轴；2—万向接叉 1；3—中间轴；4—万向接叉 2；5—从动轴

为避免单万向联轴器中从动轴角速度产生周期性变化而产生的速度波动，常将两个单万向联轴器串联使用，构成双万向联轴器，如图 6－53 所示。

双万向联轴器的传动比

$$\frac{\omega_1}{\omega_5}=\frac{\cos\alpha_1}{1-\sin^2\alpha_1\cos^2\phi_1}\frac{1-\sin^2\alpha_2\cos^2\phi_5}{\cos\alpha_2} \tag{6–27}$$

等角位移传动应满足的条件：主动轴 1、从动轴 5 和中间轴 3 三轴共面；主动轴、从动轴的轴线与中间轴的轴间夹角应相等，即 $\alpha_1 = \alpha_2$；中间轴两端的叉面应位于同一平面内。

在使用双万向联轴器的读数传动系统中，应对它的传动误差进行估算。根据传动关系有

$$\tan\varphi_2=\frac{\tan\varphi_3}{\cos\alpha_2}$$

$$\tan\varphi_1=\frac{\tan\varphi_3}{\cos\alpha_1}$$

$$\tan\varphi_2=\tan\varphi_1\frac{\cos\alpha_1}{\cos\alpha_2}$$

设传动误差 $\Delta\varphi=\varphi_2-\varphi_1$，则

$$\tan\varphi_2=\tan(\varphi_1+\Delta\varphi)$$

右项按泰勒级数展开，取前两项得

$$\tan\varphi_2=\tan\varphi_1+\frac{\Delta\varphi}{\cos^2\varphi_1}$$

将上式所得 $\tan\varphi_2$ 代入以上传动角关系式，得

$$\tan\varphi_1+\frac{\Delta\varphi}{\cos^2\varphi_1}=\tan\varphi_1\frac{\cos\alpha_1}{\cos\alpha_2}$$

两边同除以 $\tan\varphi_1$ 得

$$1+\frac{\Delta\varphi}{\cos^2\varphi_1\dfrac{\sin\varphi_1}{\cos\varphi_1}}=\frac{\cos\alpha_1}{\cos\alpha_2}$$

所以

$$\frac{\Delta\varphi}{\cos\varphi_1\sin\varphi_1}=\frac{\cos\alpha_1-\cos\alpha_2}{\cos\alpha_2}$$

两边同除以 2，得

$$\frac{\Delta\varphi}{2\cos\varphi_1\sin\varphi_1}=\frac{\cos\alpha_1-\cos\alpha_2}{2\cos\alpha_2}$$

所以

$$\Delta\varphi=\frac{\cos\alpha_1-\cos\alpha_2}{2\cos\alpha_2}\sin 2\varphi_1$$

又假设中间轴与主动轴、从动轴的夹角误差 $\Delta\alpha=\alpha_2-\alpha_1$，则

$$\cos\alpha_1=\cos(a_2-\Delta\alpha)=\cos\alpha_2\cos\Delta\alpha+\sin\alpha_2\sin\Delta\alpha$$

因 $\Delta\alpha$ 值很小，故 $\cos\Delta\alpha\approx 1$，$\sin\Delta\alpha\approx\Delta\alpha$，则

$$\cos\alpha_1\approx\cos\alpha_2+\Delta\alpha\sin\alpha_2$$

代入传动角误差计算式，得

$$\Delta\varphi=\frac{\cos\alpha_2+\Delta\alpha\sin\alpha_2-\cos\alpha_2}{2\cos\alpha_2}\sin 2\varphi_1$$

$$\Delta\varphi=\frac{\Delta\alpha}{2}\tan\alpha_2\sin 2\varphi_1 \tag{6–28}$$

式（6–28）即双万向联轴器传动角的误差计算公式。

当 $\varphi_1 = 45°$ 时，$\Delta\varphi$ 最大，其值为

$$\Delta\varphi_{\max} = \frac{\Delta\alpha}{2}\tan\alpha_2 \tag{6–29}$$

双万向联轴器的空回可按下式计算

$$\Delta\varphi = \frac{1}{R}(\varDelta_{1,3} + \varDelta_{3,2} + 2\varDelta_4) \tag{6–30}$$

式中　R——万向接头环的外圆半径；

$\varDelta_{1,3}$——件 1 上的件 5 与件 3 间间隙；

$\varDelta_{3,2}$——件 2 上的件 5 与件 3 间间隙；

$\varDelta_4$——圆柱销与件 4 间间隙。

万向联轴器结构紧凑，维护方便，广泛应用于汽车、机床等机器的传动中。小型的十字轴式万向联轴器已经标准化，设计时可按标准选用。

图 6–54 所示的弹性柱销联轴器构造与凸缘联轴器相似，只是用弹性柱销代替了连接螺纹，工作时通过两半联轴器及中间的胶木或尼龙柱销传递转矩，利用柱销弹性变形补偿较大的轴向位移，并允许微量的径向位移和角位移，有一定的缓冲和吸振能力。为了防止柱销脱落，在半联轴器的外侧，用螺钉固定了挡板。这种联轴器质量小，结构简单，但弹性柱销易磨损，寿命较短，用于冲击载荷小，正反转变化较多和启动频繁的中、小功率传动中。

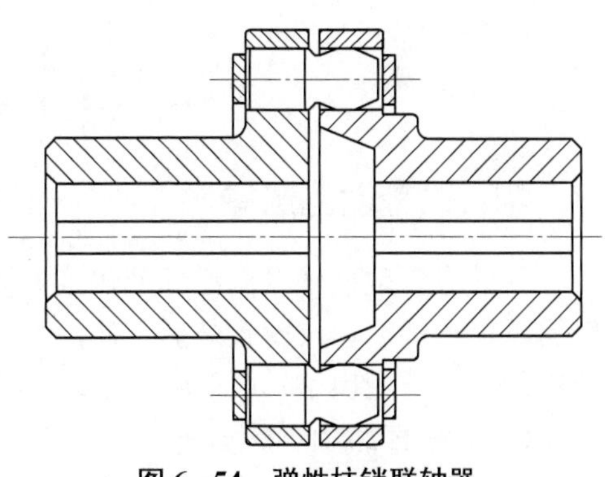

图 6–54　弹性柱销联轴器

图 6–55 所示的星形弹性联轴器在两半联轴器上均制有凸牙，用橡胶等类材料制成的星形弹性元件放置在两半联轴器的凸牙之间，工作时星形弹性元件受压缩并传递转矩。梅花形弹性联轴器结构形式与工作原理与星形弹性联轴器相似，只是以梅花形弹性元件取代星形弹性元件，在工作时可进一步提高缓冲减振能力。

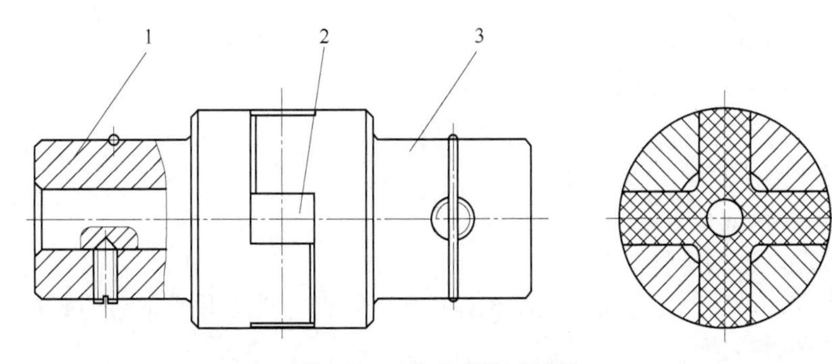

图 6–55　星形弹性联轴器

1，3—半联轴器；2—星形弹性件

图 6–56 所示膜片联轴器的弹性元件为多个环形金属薄片叠合而成的膜片，膜片圆周上有若干个螺栓孔，用铰制孔用螺栓交错间隔地与半联轴器连接，运动时依靠金属膜片连接主

从动轴并传递转矩。由于存在弹性元件，工作时能够补偿两轴线的不对中，允许被连接两轴有一定的轴向、径向和角向位移。结构简单，质量小，体积小，拆装方便，弹性元件的连接之间没有间隙，不需要润滑，对环境的适应性强；但扭转弹性较低，缓冲减振性能差，主要用于载荷平稳的高速传动。

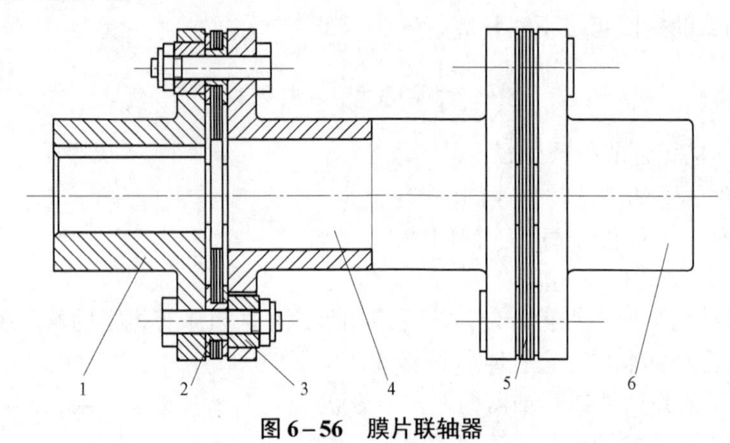

图 6-56　膜片联轴器

1，6—半联轴器；2—衬套；3—垫圈；4—中间轴；5—膜片组

四、联轴器的选择

目前大多数联轴器已经标准化或规格化，一般机械设计者的任务是选用联轴器。刚性联轴器不仅结构简单，而且装拆方便，可用于低速、刚性大的传动；弹性联轴器具有较好的综合性能，广泛应用于一般的中、小功率传动中。选择的基本步骤如下所述。

（一）选择联轴器的类型

应全面了解工作载荷的大小和性质、转速高低、工作环境等，结合常用联轴器的性能、应用范围及使用场合选择联轴器的类型。低速、刚性大的短轴可选用刚性联轴器；低速、刚性小的长轴可选用无弹性元件挠性联轴器；对于高速、有振动和冲击的机械，选用带有弹性元件挠性联轴器；传递转矩较大的重型机械选用齿式联轴器；轴线位置有较大变动的两轴，应选用万向联轴器。

（二）计算联轴器的计算转矩

联轴器的计算转矩 T_{ca} 公式为

$$T_{ca}=K_A T$$

式中　T——联轴器所传递的公称转矩；

K_A——工作情况系数。

（三）确定联轴器的型号

按 $T_{ca} \leqslant [T]$，由联轴器标准确定联轴器的型号，$[T]$ 为联轴器的许用转矩。

（四）校核最大转速

被连接轴的转速 n 不应超过联轴器许用的最高转速 n_{max}。

（五）协调轴孔直径

被连接两轴的直径和形状（圆柱或圆锥）均可以不同，但必须使直径在所选联轴器型号规定的范围内，形状也应满足相应要求。

（六）规定部件相应的安装精度

联轴器允许轴的相对位移偏差是有一定范围的，因此，必须保证轴及相应部件的安装精度。

（七）进行必要的校核

联轴器除了要满足转矩和转速的要求外，必要时还应对联轴器中的零件进行承载能力校核，如对非金属元件的许用温度校核等。

五、离合器的分类

离合器的功用是连接两根轴，使之一起转动并传递转矩，两轴不论在停止或运转过程中都能随时地接合或分离。因此，离合器主要用来操纵机器传动的断续，以便进行变速或换向。

按其工作原理不同，离合器可分为嵌入式和摩擦式两类。

按离合控制方法不同，离合器可分为操纵式和自动式两类。

按操纵方式不同，离合器可分为机械离合器、电磁离合器、液压离合器和气压离合器等。

可自动离合的离合器有安全离合器、超越离合器和离心离合器等，在特定条件下，自动地接合或分离。

对离合器的基本要求是分离、接合迅速，平稳无冲击，分离彻底，准确可靠；结构简单，质量小，惯性小，外形尺寸小，工作安全，效率高；接合元件耐磨性好，使用寿命长，散热条件好；操纵方便省力，制造容易，调整维修方便。

六、常用的离合器

图 6－57 所示的牙嵌离合器属于操纵嵌入式离合器，它是由端面带齿的两个半离合器组成，依靠两个半离合器端面齿间的啮合传递运动和转矩。

工作时利用操纵杆使安装在从动轴上的半离合器（右侧可动部分）沿轴向移动，从而实现离合器上端面带牙的两套筒之间的接合或分离。

牙形有三角形、梯形、锯齿形。梯形牙可以补偿磨损后的牙侧间隙，锯齿形只能单向工作，反转时具有较大的轴向分力，会迫使离合器自行分离。制造要求是各牙在圆周上应精确等分，以使载荷均匀分布。承载能力取决于齿根的弯曲强度。

牙嵌离合器结构简单，外廓尺寸较小，能传递较大的转矩，接合后两半离合器没有相对滑动，能保证被连接两轴精确地同步转动。牙嵌离合器只宜在两轴的转速差较小或相对静止的情况下接合，否则齿与齿会发生很大冲击，不仅影响齿的寿命，而且在高速转动的情况下离合容易打坏端面齿。

图 6－58 所示的单片式圆盘摩擦离合器在主动轴和从动轴上分别安装了摩擦盘，操纵环可使从动轴上的摩擦盘沿轴线移动，接合时以力 F 将从动盘压在主动盘上，主动轴上的转矩即由两盘接触面间产生的摩擦力矩传递到从动轴上。这种离合器结构简单，散热性好，易于分离，但只能传递较小的转矩，且径向尺寸大。

为了传递较大的转矩，可采用多个摩擦片叠加在一起的多片式圆盘摩擦离合器，移动操纵环压紧或放松多个摩擦片，来实现两轴的接合或分离。

摩擦离合器可使两轴在任何角速度下进行接合或分离，改变摩擦面间的压力即可调节从动轴的加速时间，接合时冲击和振动较小，但接合过程中，摩擦盘之间不可避免地会出现打滑现象，从而引起发热和磨损，因此，不宜用于精度要求较高的传动链中。工作时也可以合理地利用打滑现象，即当载荷超过极限转矩时，利用摩擦片接触面间的打滑限制离合器所传递的最大转矩，过载时可保护其他零件免受损坏。

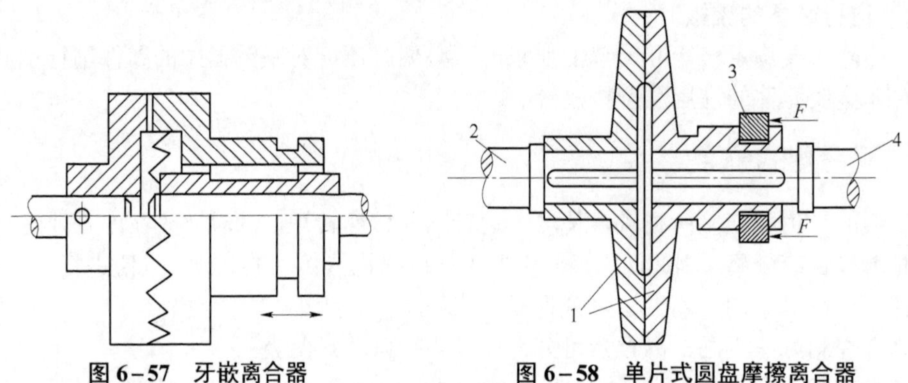

图 6-57　牙嵌离合器

图 6-58　单片式圆盘摩擦离合器

1—摩擦盘；2—主动轴；3—操纵环；4—从动轴

图 6-59 所示的安全离合器（过载打滑离合器）在所传递的转矩超过一定数值时自动分离，当转矩减小时，离合器又自动接合，可根据主、从动轴间运动方向的不同实现接合或分离。

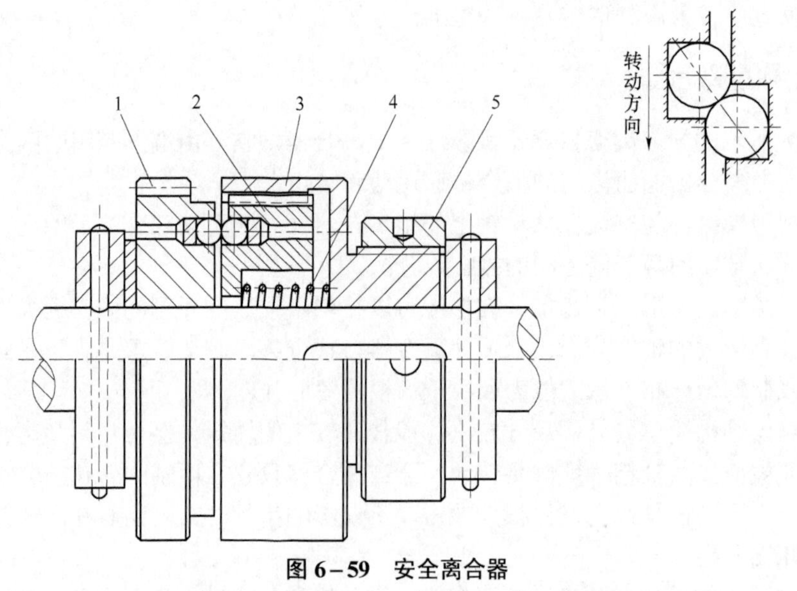

图 6-59　安全离合器

1—主动齿轮；2—从动盘；3—外套筒；4—弹簧；5—调节螺母

主动齿轮传来的转矩通过滚珠、从动盘、外套筒而传给从动轴。当转矩超过许用值时，弹簧被过大的轴向分力压缩，使从动盘向右移动，原来交错压紧的滚珠因被放松而相互滑动，此时主动齿轮空转，从动轴即停止转动。当载荷恢复正常时，又可重新传递转矩。弹簧压力的大小可用螺母来调节。

图 6-60 所示的超越离合器（定向离合器）根据主、从动轴间的运动方向不同来实现接合或分离。

离合器由爪轮、套筒、滚柱和弹簧顶杆组成。当爪轮为主动轮并做顺时针回转时，滚柱将被摩擦力推动而滚向空隙的收缩部分，滚柱被楔紧在爪轮的楔形槽内，使滚柱与爪轮、套筒相接触，因而带动套筒一起转动，这时离合器处于接合状态。当爪轮反转时，滚柱受摩擦力的作用，被推到槽中较宽的部分，不再楔紧在槽内，这时离合器处于分离状态。

超越离合器只能传递单向的转矩，所以也称为定向离合器，在机械中用来防止逆转及完成单向运动。

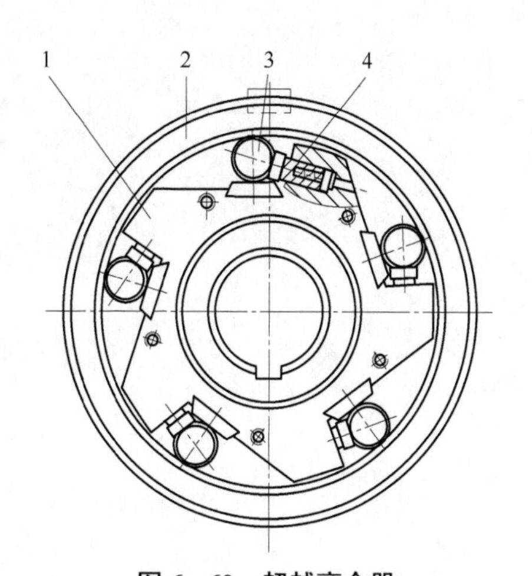

图 6-60　超越离合器

1—爪轮；2—套筒；3—滚柱；4—弹簧顶杆

七、离合器的选用

嵌入式离合器的结构简单，外形尺寸较小，两轴间的连接无相对运动，一般适用于低速离合、转矩不大的场合。

摩擦式离合器可在任何转速下实现两轴的接合或分离，接合过程平稳，冲击振动较小，有过载保护作用，但尺寸较大，在接合或分离过程中要产生滑动摩擦，故发热量大，磨损也较大。

安全（过载打滑）离合器应用于机器工作时转矩超过规定值的情形下，可自行断开或打滑，以保证机器中的主要零件不因过载而损坏，断开连接后能够自动恢复工作能力，用于经常过载处。

超越（定向）离合器应用于当工作轴施加反向转矩时，连接件将发生脱开而使从动轴自动停止转动，以保护机器中的重要零件不致损坏。